JN189762

Rで学ぶ
個体群生態学と
統計モデリング

■ 岡村 寛　著 ■

共立出版

まえがき

水産資源研究所というところで働いていたころ，国内の水産資源の評価・管理に関するリーダーを拝命して，新たな管理方式の開発に取り組んだ．当時，国内水産資源の管理においては，B_{limit}（生まれてくる魚の量が有意に減少しないような最少の親の量）と呼ばれる魚の資源量の限界値が基準となっていて，その基準を下回らないように，下回っている場合はその基準に戻っていくように，将来の漁獲量を決定するというのが将来漁獲量の決定ルールになっていた．いくつかの資源は低い資源量から回復してきて，B_{limit} に近づいていたが，B_{limit} を超えたときにどのような管理を行うべきか，ということが議論になった．さらに，当時の決定ルールによって算定される漁獲可能量は不安定であり，年によって大きく変わる例があること，不確実性を無視した決定論的な評価が重視されリスク管理という考えが使用されていないこと，管理規則の柔軟性が不足しており非効率的な管理となっていると考えられる場合や，その一方で，明確なルールの不足により，資源の減少が問題視され，早急な対策が必要であるという共通認識があるにも関わらず，適切な処置を迅速に行えていないという事例も見られた．

古典的な水産資源の管理においては，最大持続生産量 MSY が目標とされるが，MSY はその推定の難しさ，前提・仮定の非現実性，実行性の問題などから，特に国内では忌み嫌われ，科学的に正しくない机上の空論であり，使うべきでないもの，という考えが主流であった．そのため，目標値とすべき B_{MSY}（MSY にあたる資源量）が取り上げられることはなく，B_{limit} が目標のような扱いになっていた．B_{limit} は限界値であるので，将来の資源量推定値が B_{limit} より上なら，生まれてくる魚の量が大きく減少しないのだから，一定の割合を獲り続けてよいだろうが，将来の資源量推定値が B_{limit} を下回るようであれば，漁獲して良い資源量の割合を下げて早く回復するようにしなければならない．つまり，B_{limit} をはさんで，資源量の大小で漁獲戦略が異なる非対称なものになっている．このことは漁獲可能量算定における大きな不安定性の要因となっていた．

B_{limit} はデータから推定される推定値であるので，不確実性を伴っている．それ故，B_{limit} を目標にした管理では，B_{limit} のまわりをうろつくことになってしまう．これは，B_{limit} を境に，それを下回るとき漁獲を削減するというルールのもとでは，生物個体群が本来有する避けられない不確実性によって，年による漁獲可能量の不安定性が必然的に生じるということを意味する．不確実性を考えれば，そのまわりをうろつかないように，B_{limit} より有意に高い資源量を維持しようということになるのだが，不確実性を考えない場合には，そのような戦略に結びついていかない．また，不確実性を考えないことにより，翌年の予測が外れた場合に資源評価が間違っていたということになり，科学の信頼性がゆらいでしまう．そのようないいかげんな評価結果に基づいた管理戦略など信用できるか，となって，本来なら漁獲枠を下げるべきである場合にも，下げることができず，現状維持がずっと続けられるということが起こり得る．

すなわち，その当時に課題となっていた問題たちは，それぞれ独立ではなく，ひとつの問題は別の問題につながっていたのだった．ひとつを修正しようと思っても，もうひとつの問題がネックになる．あるいは，ひとつの問題を修正できれば，それは他の問題の修正にもなるのだった．問題を解決するには，根本から変えてやらないといけない．

きちんとした目標値を定めることである．それはなにか？　それは，MSY に対応する資源量 B_{MSY} である．我々は，資源を持続的に利用したい．資源を持続しながら，できるだけ多くの漁獲を得たい，とするならば，それは MSY であるはずである．しかし，もともとの MSY の問題がなくなるわけではない．MSY が嫌われるには，嫌われるだけの理由があるのであり，その批判は妥当なのである．そのままの MSY では駄目であって，新たな MSY が必要である．そして，それは日本の漁業管理にあったものでなければならない．なぜなら，日本では MSY がすごく嫌われているのだから，これまでの MSY とは違う，これまでの問題を解決した MSY なんですよ，と説明できなければならないのだ．その答えは，原点回帰であり，同時に原点からの乖離・発展・

昇華が必要なのだった．まさに温故知新を実践することが求められていた．

ということで，そのときから，我々の研究グループで，新たなMSYに基づいた管理のやり方を模索する旅がはじまった．不確実性を無視するのではなく，不確実性を取り込んで，不確実性があってもころころ変わらないで持続的に資源を維持していけるようなもの．少ないデータでも安定して目標値が決定できるもの．漁業者が受け入れやすく，従来のものと比較して，メリット・デメリットをきちんと説明できるもの．リスクを評価してそれに基づいて管理を行うもの．ブラックボックスになりすぎず，シンプルな考え方のもとで理解がしやすいもの．しかし，理解のしやすさのために必要な計算や数学を犠牲にすることがないようなもの．統計手法やシミュレーションを駆使して，様々な問題に対する答えを見出していく作業．ひとつの問題が解決したと思っても，また別の問題が出現する．うまくいったと喜んでいたら，プログラムにエラーが見つかって嫌な汗が全身から吹き出した．そんなこんなで，日本国内の水産資源の現状に見合った，現代的で，不確実性に強く，持続的管理を実現する可能性をより大きくする，新しい管理方式の原型に我々は辿り着いたのだった．

水産資源の新しい評価・管理を導入していくにあたって，漁業者をはじめとする現場の皆さんに新たな方法を説明していく必要がある．新しい方法には，現代的な統計手法やシミュレーションがふんだんに使用され，限られた時間の中で，統計学や数学の素養がない人たちにその意義を伝えるのは至難である．そんなときよく言われたのが，「中学生にでもわかるように説明しなさい」ということである．しかし，「中学生にわかる」とはどういうことなのだろうか．そもそも「わかる」とは一体どういうことなのだろうか．「わかる」ということがなんなのか，本当にわからなければ，ヒトに「わかる」ように話すことなどできないではないか．そんな悶々とした気持ちの中で，図書館で出会ったのが，佐伯胖氏の著作『「わかる」ということの意味』であった．そこに書かれていた答えは明白だった．「わかる」とはなにか．それは「参加」するということである．高校生のとき，よくわからないことがあって，教科書の該当箇所をノートに写していた．すると，同級生が「なにやってるの？」と覗き込み，教科書をただ写しているとわかると，「あ，そんなことしてるんだ」と馬鹿にしたように笑った．たしかに，それはダサい，当時でさえダサかったのだろう．だが，なぜボクはそれを写していたのだろうか．それは，「わかる」ためである．「わかる」ためにコピーすることで，体験を擬似的に共有していたのだ．つまり，それを発見した人の発見時の気持ちを共有することで，「わかろう」としていたのである．

「学ぶ」という言葉は「真似る」と似ており，学ぶにはまず真似ろという人がいる．なぜ真似ると学べるのか．そのことを体験できるからである．それが擬似的であろうが，そうでなかろうが，それを自分で経験し，実行し，体験することで，人は本当の意味で「わかる」のである．私自身が，なにかを「わかった」と感じたとき，それは自分の体験を通して，実感することにより，そこに達してはじめて「わかった」となったのだ．山に登るというとき，実際に自分の足でこつこつ登らないと，山に登ったとは言えないだろう．どこでもドアを使って，エベレスト山頂に行ってきました，というものを，あなたは素晴らしい冒険家ですね，という人はいないだろう．王道はないのだ．自分の手で足で頭でそれを味わい，はいつくばって舐め尽くすしかないのである．「わかる」は過酷なのだ．

体験を共有できるような本，参加できる本を書ければと思った．なので，この本には文章とRのコードが混ざり合っている．だから，読者には，読みながら，Rコードをぽちぽち打ち込んで体験して欲しい．そしてそこに書かれていることを味わって欲しい．そんな本がある．『Statistical Rethinking』という本である (McElreath 2016)．ボクも，その本をRコードを打ち込み，実行しながら読んだ．『Statistical Rethinking』のもうひとつの魅力として，その書き方のスタイルがある．それは専門書らしくなく，その本の各章はちょっとしたエピソードや物語から始まる．そこで語られる統計手法に関係したエピソード（こぼれ話）から，統計手法の専門的な話に入り，さらにRコードを実行することにより，そこで語られていることを実際に体験することができる．専門書の中に書かれた一見関係ないような物語やエピソードを読むのが好きだった．だから，そんな本が書いてみたいな，と思った．まるで物語のような，冒険小説のような，そしてその物語に読者が参加できるゲームのような，だけどちゃんと教科書でもある，そんな本．そんな本が書けたらな，と．

共立出版の山内千尋さんから，（紆余曲折あった上で）私の単著で個体群生態学の本を書いて良いと言っていただいたとき，そのような本を書いてみようとパソコンに向かった．しかし，エピソードや物語がまったく浮かばないのである．そもそもそんなに物語など知らないし，いいかげんなことを書くのも気がひける．あぁ，俺には『Statistical Rethinking』みたいな本，書けやしねえんだ，無謀だったんだ，といきなりの絶望感．だが，物語があって，統計の専門的な話があって，R コードで実践する機会があって，みたいな本を書いてみたいという欲望は死にはしなかった．あきらめが悪いのだ．俺は物語を知らない，それなら俺の物語を書こう，自分の体験をなんとなく物語っぽくして書いてみよう，と思いたった．それなら嘘ではないので，リアリティも出るだろう．だが，そのまま書くのも恥ずかしいし，面白くもないので，本当にあったのかなかったのかわからないような物語調にして書くことにした．各章の統計手法になんとなく関連しているような話で，（自分の体験をもとにして）ありそうななさそうなこぼれ話みたいな話を考えるのが，なかなか大変で，変な話で頭がいっぱいになって日常生活を失敗するようなことがよくあった．そんなときは，考えているのが変な話なので，ボクなにやってるんだろ...，と悲しい気分になるのだった．

そうして書いていったのがこの本である．だからこの本は少し変な本である．普通ではない．こんな変な本を書いて怒られないのだろうか．そもそも面白いのだろうか．そんな不安の中で，山内さんに原稿を送れば，面白いのでこのまま書いていってください，というお返事．山内さんも（良い意味で）変な人なのである．そして，この本は書き上げられた．この本は，ボクの物語であり，ボクの研究体験であり，そういったことを味わいながら，生態学，中でも個体群生態学における統計モデリングについて学ぶための入門書でもある，という変な本であり，ちょっと頭がおかしいのかしら？　という本なのである．物語を楽しみ，統計学を楽しみ，個体群生態学を楽しみ，R コードを楽しみ，そうして，いろいろなことを共有し，疑似体験しているうちに，なにか学んでしまった，というような本になることを目指した本なのである．願わくば，その試みが成功して，すべての人ではないとしても，読者の何人かは面白い読書体験であったと思っていただけるといいのになぁ，と思うのである．

本書の構成として，第 1 章—第 5 章では統計学っぽい話がまとめられている．一般化線形モデルのような生態学データを分析する際によく使う手法について，特に，他の本ではあまり詳しく語られないような少々マニアックではあるが，知っていると便利な方法についてもできるだけ紹介するように意識した．第 6 章からは，主に生物個体群データを扱う分析手法について紹介している．第 6 章以降は，第 1 章から第 5 章の統計手法を使用することになるので，そのような手法の取り扱いに慣れていることが望ましいだろう．各章にはRコードがついており，それらを実行することで，紹介された手法を実際にどのように利用するのかを体験できるようになっている．紙面の都合で各コードに詳細な解説はつけていないが，著者のGitHubページ(https://github.com/OkamuraHiroshi/EcoStats)には詳細な解説をつけたRコードと本書で使用するデータが置いてあるので，必要な読者は活用していただきたい．

この本の執筆にあたって，励まし，本の完成を応援してくださった共立出版株式会社の山内千尋氏・天田友理氏に感謝したい．この本の構成は，日本大学の非常勤講師として，夏期集中講座で生物統計学の講義を行った内容をもとにしている．非常勤講師の職を紹介してくださった日本大学 生物資源科学部の鈴木美和教授にも感謝したい．さらに，原稿を読んで丁寧な感想をくださった国立環境研究所 生物多様性領域 主任研究員の深谷肇一博士，水産研究・教育機構 水産資源研究センター 主任研究員の西嶋翔太博士にも感謝する．最後に，この本は，青年期になって，しかし少年の心を失わずにいる若き日の私の父に捧げよう．父さんが面白いと言ってくれるかどうかわからない．でも，ボクがなにを書きたかったのか，きっとわかってくれるだろう．

2025年3月

岡村　寛

目　次

第3章　線形回帰モデルとその拡張

第4章　線形回帰モデルのさらなる拡張

第5章　非線形回帰モデルと機械学習

第6章　個体数推定のための統計モデル

生態学のデータと統計学

本書では，生態学のデータを分析するための基本的な統計の考え方・手法について学んでいくことになる．最初に，統計学がなぜ必要であるか，を考える．そして，それが生態学のデータを扱う上で，どのように使用されるかを見ていこう．さらに，確率変数とはどういうものであるか，平均や分散などの基本的な要約統計量について学ぼう．そして，複雑な統計量の分散の近似手法であるデルタ法，条件付確率とベイズの公式，ブートストラップ法やシミュレーションの基礎を学ぶ．

1.1　なぜ統計学が必要か？

この本では，生態学のデータを分析するために，統計手法・統計モデルを多用する．なぜ統計学を学ぶ必要があるのだろうか？　北海道大学柔道部での壮絶な経験を描いた増田俊也氏の『七帝柔道記』には次のような一節がある．

“だが，そもそもやりたいことと自分の向き不向きは別だということを，私は柔道でとてつもなく才能のある道警特練選手たちとぶつかり合うなかで理解してきていた．動物生態学には統計学が必須のツールだと最近知り，嫌な気持ちにもなっていた．”

増田氏は，動物生態学を研究したいと思って，大学に入学したが，動物生態学は動物が好きというだけでは足りず，統計学というものを学ばないといけないと知り，その落胆の気持ちがますます増田氏を柔道にのめりこませるのである．筆者が昔，国際会議に出たときに，外国人の研究者に大学で何を専攻していたかと聞くと，生態学とか海洋学のような特定の領域に加えて，統計学と答える人が多かった．俺は狸の生態学と統計学をやっていた，とか，あたしは蛙の行動の研究と統計学をやっていたわ，という感じである．一見，統計学とは無縁そうな人でも，XX 学と統計学，と答える（XX 学はメメ学と読むのではなく，XX には生物とか経済とかが入る）．そのとき，外国では，統計学というのが必須の教養として，ついてくるものなのだな，と思ったものである．動物生態学に統計学が必須なのか，というのはわからないが，統計学や統計的な考え方を知っておいて損はないであろうし，それが強力な武器となることは間違いないことであろう．

では，なぜ統計学が強力な武器となるのか．それは，生態学は，動植物を観察し，その観察結果をデータ化して，そのデータから動植物の生態を知ろう，または，そのような生態になるに至った理由（原因）を知ろう，というような学問だからである．そこでは，動植物の観察記録がデータとなり，そのデータを解析しなければいけない．今でいうところのデータサイエンスである．データサイエンスというのは，統計学者ジョン・テューキー (John Tukey) が唱えた“(探索的）データ解析”から来たものだそうである (Efron and Hastie 2016)．データサイエンスと統計学は密接に関係があり，生態学データに統計学が必要になりそうであることが想像できる．

だが，なぜ統計学なのであろうか？　ある生物の行動を観測することを考えてみよう．たとえば，あなたに恋人がいるとして，その恋人は今あなたの横で鼻をほじっているとしよう．その行動の意味はなんであろうか？　数分後に，恋人は寝転がってなにやらぶつぶつ言っている．そしてやにわに立ち上がり，パソコンに向かうと猛然とキーボードを叩き始めた．わかった！　恋人は研究者だ！　とあなたは言うかもしれない．いいえ，違います．鼻くそをほじって，その記録をパソコンに残している鼻くそ道の達人でした．このように，データから，そのデータが意味することを当てるのは難しいことである．

多くのデータは単なる数字の羅列にすぎない．そのような数字から，その意味を，そこに内在する生命の声を聞き出すのには，数字を読み解くスキルがいる．特に，生態学は，根本的な原理について不明なところが多く，物理法則で説明できるというようなものではない．データをとれば，それはとるごとにまったく違う結果になることもまれではない．それがなぜなのか．そのようなデータから真実を引き出すことなどできるのだろうか？

統計学は，それをする手助けをしてくれる．物理学や化学には，一般に前提となる原理があり，それを実験などで調べるということになるだろう．しかし，統計学では，先にデータがある．このデータがどのような原理のもとに得られたものかわからない．むしろ，データから，その原理を推測してやろう，というような話なのである．帰納的な推論といわれるものであり，はじめにデータありき，という場合が多い（個体群/保全）生態学や水産学の世界では，統計学が非常に有用な道具として機能することになる．

ということで，この本の前半では，統計学の話が出てくることになる（というか，統計学の話しかしない）．この章では，統計学の考え方に慣れるために，統計的なデータの取り扱いの基本的な考え方について，特に本書で必要となるものに焦点をあてて，見ていくことにしよう．

1.2　確率と統計量

“確率” は，統計学の基礎となる考え方である．確率とは，ある事象の起こりやすさを示す指標値であり，身近には天気予報の降水確率がある．翌日の降水確率が 0% なら，雨は降らないだろうし，降水確率が 100% ならきっと降るだろう，ということになる．確率は，このように，正の値で，0 から 1 までの値をとる（パーセントなら 0% から 100% まで）．明日雨が降るか降らないか，という事象には確率が付与されるが，このようにそれが起こる確率がつく変数を確率変数 (random variable) と呼ぶ．生態学でいえば，たとえばある時刻，ある空に上空を飛ぶある鳥の個体数は，ときには何十羽ということもあるだろうし，なにも飛んでいないということもあるであろうから，確率変数となる．鳥にとっては，それは計画どおりの行動に基づくものであり，ランダムではないかもしれない．しかし，観測する我々には，それはランダムな結果に見える．そのような観測にランダムな誤差を伴う変数が確率変数である．

確率を使った推論の簡単な例として次のような問題を考えてみよう．

「太郎くんはホエールウォッチングに行きました．太郎くんは 20 頭のクジラを見ることができました．クジラを発見する確率が 0.1 だとすると，この海域には何頭のクジラがいますか？」

クジラの発見頭数は確率変数である．今，我々はその海域にいるクジラの個体数を知りたい．幸い，発見する確率が 0.1 だとわかっているので，次のような数式を立てることができるだろう：

$$N \times 0.1 = 20$$

これをNに対して解くと，$\hat{N} = 200$という結果が得られる（データから推定された量の場合，帽子のような記号をかぶせて推定値ですよ，ということを示す．帽子マークをハット記号という）．これは一見，馬鹿馬鹿しい簡単な話であるように思われるが，いろいろ考え出すとややこしい．

「調子にのった太郎くんは翌日もホエールウォッチングに行きました．ところが，今回，太郎くんはなんと一頭もクジラを発見することができませんでした！　この海域には何頭のクジラがいますか？」

太郎くんは再び上と同じ計算を行う．そして，$\hat{N} = 0$という答えを得た．わーん，クジラさんが絶滅しちゃったよぉ，泣き出す太郎くんの肩をさすりながら，その人は言った．

「泣くのはおよし．だって，クジラはちゃんといるんだから」

「あなたは誰？」

「わたしは通りすがりの生態学者です」

太郎くんが海の中のクジラの数を知るにはどうしたら良いのだろうか．それは，本書を読み進むにつれてだんだんと明らかになっていくであろう．ここでは，まず統計量の要約の仕方について簡単に紹介しよう．確率変数は，サンプルをとるごとに変わるのであるから，そのままではなんなのか，その特徴がはっきりしない．そこで，それを要約して確率変数の特徴を取り出してやろう，というのが要約統計量である．たとえば，3年B組の皆さんと言われても，どんなクラスなのかわからない．ほら，不良生徒がいっぱいいて...，あ，B組か，となる．太郎くんはその後もホエールウォッチングを繰り返し，次のようなデータを得たとする．

```
whale <- c(20,0,5,10,15)
```

要約統計量として広く使用されるのは平均値である．平均値は，データの和をとって，そのデータの個数（サンプルサイズ）で割ることで求められる．

```
sum(whale)/length(whale)
```

```
[1] 10
```

このデータから，クジラの発見個体数の平均値は10であるとわかった(mean(whale)としても良い)．大体10頭ぐらいが発見されるということは，発見確率が10%なら，100頭存在すると考えるのが妥当そうである．このように，平均値をとるというのは，その確率変数の特徴をとらえるのに良さそうである．

確率変数を代表する値として平均値はとても便利であるが，それだと問題がある場合もある．たとえば，最後の日はあまりに多くのクジラが発見されたために，途中で面倒くさくなって記録するのをやめた結果であったとしよう．実際の発見数は，

```
whale2 <- c(20,0,5,10,1500)
```

であったとする．このとき，平均値は，307となる．これは非常に大きな値であり，最後の大きな数字がきいた結果である．その他の日は，多くても数十頭であるので，数百という値が，この確率変数の代表値として適当であるかについては疑問を抱くところである．

平均値と異なる代表値のひとつに中央値というのがある．中央値は，データを下から上まで順番に並べて，真ん中の値をとる，というものである（真ん中が2つであれば，その平均値をとる）．計算してみよう．

```
c(median(whale), median(whale2))
```

```
[1] 10 10
```

最後の数字が15でも，1500でも，中央値は10となっている．このように中央値は，外れ値に頑健であり，便利である．確率変数の代表値としては，他に幾何平均，調和平均，最頻値，トリム平均などがある．どの代表値を使用するかは，その状況に依存して決まることになるだろうが，一般には平均値や中央値が広く使われている．

クジラの例では，推定したいのは個体数であった．個体数は未知である．そ

して，その未知の個体数から，確率0.1で一部のクジラを観測して，データを得る．個体数のような未知の量をパラメータ (parameter) という．そして，そのパラメータが与えられたとき，クジラのデータが得られる背景となる確率が決まるが，この確率の集合体を確率分布 (probability distribution) と呼ぶ．データ x_i $(i = 1, \ldots, n)$ は，パラメータ θ をもつ確率分布 $f(x|\theta)$ に従うという場合，それを

$$x_i \sim f(x|\theta)$$

と書くことにする．データ x から θ を推測したい．θ は海の中のクジラの個体数であったり，明日晴れる確率であったりする．

さて，データはランダムではあるが，そのランダム性の中に埋もれたなんらかの法則性を発見したい，というのが我々の願いである．法則性という部分で，数式で表されるモデル $f(x|\theta)$ を必要とする．そのようなモデルを統計モデル (statistical model) と呼ぼう．我々は，第3章において最初の統計モデル（線形回帰モデル）に出会うことになるだろう．通常，個々のデータ x_i は同じ確率分布 $f(x|\theta)$ から独立に抽出されたものであるとされる．これを独立同分布に従う（independent and identically distributed, iid と略記される）という．

平均などは，確率変数の特徴を一点で表し，大変重宝するが，確率変数の特徴はそれだけではない．たとえば，上の2つのデータ `whale` と `whale2` は，中央値は同じ10であったが，`whale2` は最後のデータが1500であるので，そのデータは他のデータからかなり離れたものとなっている．このような変数の特徴をどのようにしてとらえることができるだろうか？　それには分散を計算すれば良い．分散は，データの平均からの偏差の2乗の平均であり，平均のまわりのばらつきの程度を表すものである．平均を $\mu = E(x)$ として（E は期待値 (Expectation) の E），その推定量を $\hat{\mu} = \sum x_i/n$ とするとき，分散 (variance) は，

$$\hat{\sigma}^2 = \mathrm{var}(x) = \frac{1}{n-1}\sum_{i=1}^{n}(x_i - \hat{\mu})^2$$

となる（本来は，var にも ^ をつけるべきだろうが，記号が煩雑になるため省略した）．平均のまわりのばらつき $r_i = x_i - \hat{\mu}$ を残差 (residual) という．

ここで，分散は2乗和をnで割らずに$n-1$で割っているが，これはnで割った場合はサンプルの分散の推定量$\hat{\sigma}^2$の期待値が母集団の分散σ^2よりも少し小さくなるためである．$n-1$で割ることにより，何度もサンプリングを行って，分散を計算すれば，その分散の期待値は真の分散に等しくなる．一方，nで割った場合は，分散の期待値は真の分散より小さくなり，nが大きければ問題は小さいが，nが小さいときは結構な過小評価になってしまう．そこで，$n-1$で割る不偏分散 (unbiased variance) が使用されるのが普通である．

なぜ$n-1$で割らないといけないのかは，母集団の分散をσ^2とするとき，$E(\sum r_i^2)=(n-1)\sigma^2$となることから証明できる．ここでは，直感的な説明を与えよう．$x_1,\ldots,x_n$が独立であるとき，自由に動ける変数の数はn個であるが，$n-1$で割るということは，自由度（degrees of freedom, 独立な変数の個数）が1だけ減っているということを意味する（分散は，残差の2乗の“平均”なので，独立な変数がn個あればnで割り，独立な変数が$n-1$個であれば，$n-1$で割るのが自然である）．自由度が1減っているということを簡単に調べてみよう．2つの変数x_1とx_2を考える．その残差は，$r_1=x_1-(x_1+x_2)/2=(x_1-x_2)/2$，$r_2=x_2-(x_1+x_2)/2=-(x_1-x_2)/2$となる．残差は，どちらもひとつの値$x_1-x_2$で記述されることになり，$r_1$が決まれば，$r_2$も決まる．つまり，2個の独立なデータの残差は1個の独立な残差で構成されている，ということになる．自由度が1だけ減っている．

同様に，3つの変数x_1,x_2,x_3を考えるとどうなるだろうか？　残差は，$r_1=(2x_1-x_2-x_3)/3$，$r_2=(-x_1+2x_2-x_3)/3$，$r_3=(-x_1-x_2+2x_3)/3$となる．r_1の分子を$y=2x_1-x_2-x_3$として，$z=x_2-x_3$とすると，2つめの分子は$-2(y-3z)$，3つめの分子は$-2(y+3z)$と表すことができる．つまり，3つの残差は，2つの値y,zで決定され，自由度は2になっているということがわかった．変数の数を4以上にしても，同様に残差の自由度が必ず1だけ減っているということを示すことができる．このように，独立なn個の変数の残差の自由度は1だけ減って$n-1$になっているというのが，2乗和を$n-1$で割る理由である．線形代数を知っている人は，これが行列の階数（ランク）の話であるということが理解できるだろう（上のyとzは，残差の式のxの係数の行列を変形して階段行列にすることにより得られる）．

データ `whale` とデータ `whale2` に対して分散を計算してみよう．

```
c(var(whale), var(whale2))
```

```
[1]      62.5 444820.0
```

`whale` に比して，`whale2` の分散ははるかに大きな値となり，`whale2` は `whale` よりもばらつきが大きいということがわかる．分散は，残差の2乗の平均なので，そのままだと平均と同じスケールにならず，平均と比較して見るときには不便である．そこで，分散の平方根をとる．これを標準偏差 (standard deviation) という ($\hat{\sigma} = \mathrm{sd}(x) = \sqrt{\mathrm{var}(x)}$)．標準偏差は，同様に，

```
c(sd(whale), sd(whale2))
```

```
[1]   7.905694 666.948274
```

と計算できる．この値は，平均値と比較可能であるので，`whale` の平均は 10 であったが，その標準偏差は平均より小さいということが見てとれる．一方，`whale2` の平均は 307 であり，標準偏差はその倍以上になっている．

平均と分散を知ることによって，確率分布の特徴を知ることができるようになった．最後に，標準誤差 (standard error) について見ておこう．平均と分散は，その確率分布を要約し，特徴を示すものであったが，平均や分散の推定量も確率変数となっており，サンプリングを行うたびに異なる値となるのである．平均の分散は，もと（=母集団）の分散を σ^2 とすると，

$$\mathrm{var}(\hat{\mu}) = \mathrm{var}\left(\frac{1}{n}\sum x_i\right) = \frac{1}{n^2}\sum \mathrm{var}(x_i) = \frac{1}{n^2}n \times \hat{\sigma}^2 = \frac{1}{n}\hat{\sigma}^2$$

となるので，標準誤差は $\sqrt{\mathrm{var}(\hat{\mu})} = \hat{\sigma}/\sqrt{n}$ となる．標準誤差を計算してみると，

```
( se <- c(sd(whale), sd(whale2))/sqrt(length(whale)) )
```

```
[1]   3.535534 298.268336
```

となり，平均値の誤差は whale が 35% ($= 3.54/10 \times 100 = 35.4$) ぐらいであり，whale2 は 100% ($= 298.3/307 \times 100 = 97.17$) に近いということがわかる．これを数値として求めてみよう．

```
mu <- c(mean(whale), mean(whale2))
( cv <- se/mu )
```

```
[1] 0.3535534 0.9715581
```

標準偏差や標準誤差を平均で割ったものは，相対的な変動の大きさを示し，変動係数 (coefficient of variation, CV) と呼ばれる．平均が大きいと標準偏差や標準誤差も大きくなるという場合がよくあるので，標準偏差や標準誤差だけでは，どの程度誤差が大きいのかわからない．そこで，平均で割ることにより，スケールを揃えた上で，誤差の大きさの程度を比較することができるのが変動係数である．

1.3　共分散と相関

2 つの変数の間の関係に興味がある場合がある．たとえば，生物の成長は年齢とともに異なるだろう．また，捕食者の数は餌の量とともに増加すると考えられるかもしれない．このように，変数間の関係を知りたいという状況がしばしばある．ある変数が大きくなったら，別の変数は大きくなるか，小さくなるか，それはどのような量で見ることができるだろうか．

2 つの変数間の関係を知るために，共分散 (covariance) という統計量が考えられている．2 つの変数 x と y があって，それぞれの平均を μ_x，μ_y と書くとしよう．x と y の不偏共分散は，

$$\mathrm{cov}(x, y) = \frac{1}{n-1} \sum_{i=1}^{n} (x_i - \hat{\mu}_x)(y_i - \hat{\mu}_y)$$

で与えられる．上の式で，$y = x$ とすると，$\mathrm{cov}(x, y) = \mathrm{var}(x)$ となる．R の MASS パッケージにあるデータ cats を使って計算してみよう．cats には，実験で使用された 144 匹の猫の雌雄（Sex），体重（Bwt（単位 kg）），心臓重

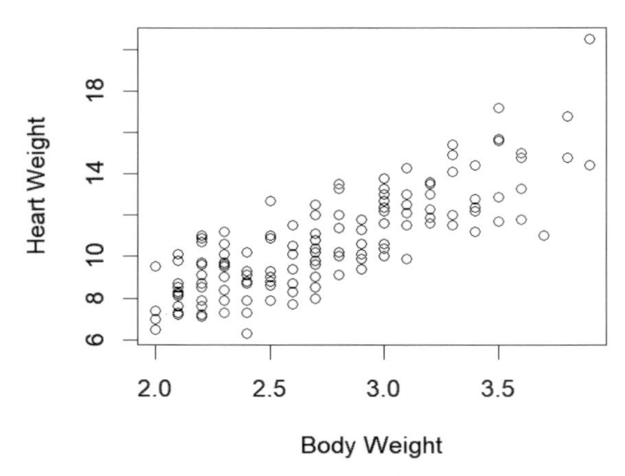

図 1.1 データ cats の体重と心臓重量の散布図

量（Hwt（単位 g））が記録されている．体重と心臓重量の間の共分散を計算してみよう．

```
library(MASS)
data(cats)
dat <- cats
plot(dat$Bwt, dat$Hwt, xlab="Body Weight", ylab="Heart Weight")
cov(dat$Bwt, dat$Hwt)
```

```
[1] 0.9501127
```

体重と心臓重量の間には，体重が増加すると心臓重量も増加するという関係が見てとれ（図 1.1），共分散も正の値になっている．関係がないときは共分散は小さくなるだろう．それを見るために，体重のほうをランダムに並べ替えてから，同じ計算をしてみよう．

```
set.seed(1)
perm <- sample(nrow(dat))
plot(dat$Bwt[perm], dat$Hwt, xlab="Body Weight",
```

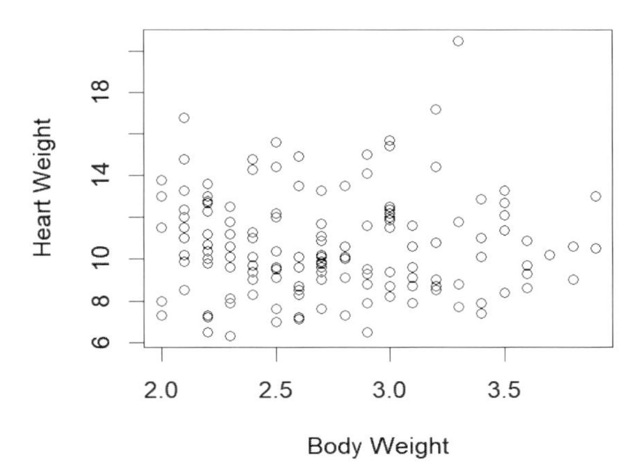

図 1.2 体重を並べ替えて関係をなくしたときの体重と心臓重量の散布図

```
  ylab="Heart Weight")
cov(dat$Bwt[perm], dat$Hwt)
```

```
[1] -0.008278943
```

今度は小さな値になった．実際，図 1.2 のプロットも体重と心臓重量の間に関係があるようには見えない（そうなるようにデータを作り直したのではあるが）．

共分散は 2 つの変数の間の関係を表しているが，分散や標準偏差と同様に，そのままだとわかりにくいところがあり，変動係数のように相対値にすると良い．それが相関係数 (correlation coefficient) である．相関係数の定義は，

$$\mathrm{cor}(x,y) = \frac{\mathrm{cov}(x,y)}{\mathrm{sd}(x)\mathrm{sd}(y)}$$

となる．相関係数は -1 から 1 までの間の値をもつ．x から平均を引いたものを標準偏差で割ることを標準化という．標準化した変数は，平均 0 で分散 1（分散の平方根である標準偏差も 1）となる．標準化した変数 $r_x = (x - \mu_x)/\sigma_x$ と $r_y = (y - \mu_y)/\sigma_y$ を使用すると，相関係数は $\mathrm{cor}(x,y) = \frac{1}{n-1}\sum r_x r_y$ と書ける．このとき，

$$\begin{aligned}
\frac{1}{n-1}\sum(r_x \pm r_y)^2 &= \frac{1}{n-1}\sum(r_x^2 \pm 2r_x r_y + r_y^2) \\
&= \frac{1}{n-1}\sum r_x^2 \pm \frac{2}{n-1}\sum r_x r_y + \frac{1}{n-1}\sum r_y^2 \\
&= 1 \pm 2\mathrm{cor}(x,y) + 1 = 2(1 \pm \mathrm{cor}(x,y))
\end{aligned}$$

となるが，これはゼロ以上の値なので，$-1 \leq \mathrm{cor}(x,y) \leq 1$ が成り立つ（別証明として，共分散を 2 つのベクトル $\nu(x) = x - \mu_x$ と $\nu(y) = y - \mu_y$ の内積とみなすと，相関は 2 つのベクトルがなす角度 θ によって，$\mathrm{cor}(x,y) = \cos\theta$ となる．これより，$\cos\theta$ は -1 から 1 までの値をとるので，相関係数もまた -1 から 1 までの値をとる．$\theta = 0$ のとき，2 つの残差ベクトル $\nu(x)$ と $\nu(y)$ はまったく同じ方向を向いており，相関は 1 となる．$\theta = \pi$ なら，2 つの残差は完全に反対を向いており，相関は -1 である．2 つの残差が直交しているとき，相関は 0 となる，といったようにベクトルと角度で考えるほうが，相関係数の意味をイメージしやすいかもしれない）．

実際のデータに対して，相関係数を計算してみよう．

```
cor(dat$Bwt, dat$Hwt)
cor(dat$Bwt[perm], dat$Hwt)
```

```
[1] 0.8041274
[1] -0.00700688
```

体重と心臓重量の相関は 0.8 であり，かなり 1 に近い．一方，体重をばらばらに並べ替えた場合の相関はほとんど 0 となっている．

相関係数は，2 つの変数間の線形な関係の強弱を測る指標であるので，非線形な関係がある場合には適切ではない．たとえば，

```
x <- seq(0,1,by=0.1)
y <- x*(1-x)
plot(x, y, col="blue", pch=16)
cor(x, y)
```

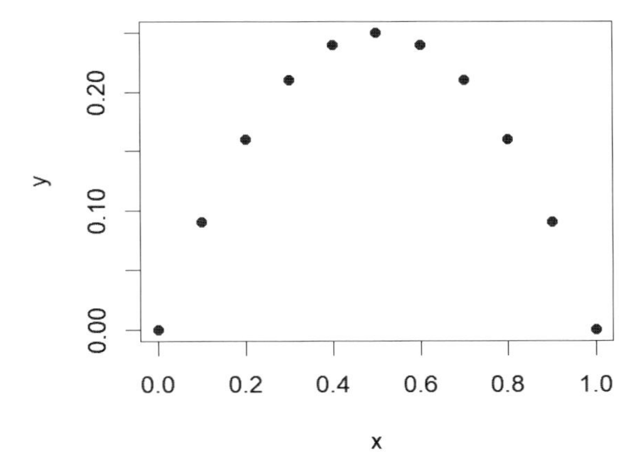

図 **1.3** x と y は独立ではないが無相関となる例

```
[1] -7.587675e-17
```

x と y の間には明らかな関係があるが（図 1.3），相関係数はほとんど 0 である．したがって，x と y が独立なら相関は 0 となるが，相関が 0 であっても x と y が独立であるとは限らないということになる．

2 変数の分散を対角成分にもち，共分散を非対角成分とした行列

$$\begin{pmatrix} \mathrm{var}(x) & \mathrm{cov}(x,y) \\ \mathrm{cov}(x,y) & \mathrm{var}(y) \end{pmatrix}$$

を分散共分散行列 (variance-covariance matrix) という．x を猫の体重，y を心臓重量とするとき，それらの分散共分散行列を計算してみよう．

```
( Sigma <- cov(cbind(dat$Bwt, dat$Hwt)) )
```

```
          [,1]      [,2]
[1,] 0.2355225 0.9501127
[2,] 0.9501127 5.9274514
```

1.4 デルタ法

ある変数xの平均・分散や変数xとyの共分散について学んだが，xのある関数$f(x)$の平均・分散を知りたいというような場合がある．たとえば，動物の生残率Sは自然死亡係数Mに対して，$S = \exp(-M)$となるとする．我々が調査データによって，SもしくはMの分散を知った場合，それらを変換した$M = -\log(S)$もしくは$S = \exp(-M)$の平均・分散がどうなるかということを知りたい．

ある変数xの平均μや分散σ^2がわかっている場合，関数$f(x)$の平均は，$f(x)$をμのまわりでテイラー展開 (Taylor expansion) して，

$$f(x) = f(\mu) + (x-\mu)f'(\mu) + 0.5(x-\mu)^2 f''(\mu) + \cdots$$

の期待値を計算すると，2次の項まで考えれば，

$$E\left[f(x)\right] = f(\mu) + 0.5E\left[(x-\mu)^2\right]f''(\mu) = f(\mu) + 0.5\sigma^2 f''(\mu)$$

となる（1次の項までだと，1次の項の期待値は0となり，平均は単に$f(\mu)$となって，精度が十分ではない場合があるので，2次まで利用する）．ここで，xの期待値$E(x) = \mu$，分散$E[(x-\mu)^2] = \sigma^2$を使用した．分散も同様に計算して，今度は1次の項まで考えると，

$$\mathrm{var}\left[f(x)\right] = \left[f'(\mu)\right]^2 \mathrm{var}(x) = \left[f'(\mu)\right]^2 \sigma^2$$

となる．このようにして，確率変数の変換の分散を変換前の分散と導関数から近似する方法をデルタ法 (delta method) という．

$f(x)$として，対数関数$\log$を考えてみよう．$\log(x)$の1階微分は$1/x$，2階微分は$-1/x^2$であるから，上の期待値の式から，

$$E(\log x) \approx \log\mu - 0.5\sigma^2/\mu^2 = \log\mu - 0.5\mathrm{CV}^2$$

となる．対数をとった$\log x$から，μの不偏推定量を得ようと思うと，

$$\hat{\mu} = \exp\left[E(\log x) + 0.5\mathrm{CV}^2\right]$$

となることがわかる．これは，後で出てくる対数正規分布の平均の式と対応し

ている（第2章）．分散は，

$$\mathrm{var}(\log x) \approx \sigma^2/\mu^2 = \mathrm{CV}^2$$

となる．つまり，対数をとった場合の分散はもとのスケールでの変数の変動係数で近似できる，ということである．逆に言えば，スケールの違うものを比較したいときに，対数をとって比較すると良いということがわかる．データ cats の心臓重量の対数値の標準偏差を直接計算したものと，デルタ法により CV で近似した結果得られるものを比較すると，

```
c(sd(log(dat$Hwt)), sd(dat$Hwt)/mean(dat$Hwt))
```

```
[1] 0.2222196 0.2290224
```

となり，ほとんど同じような値となっている．

同様に，x, y の関数 $f(x, y)$ の分散共分散行列は，デルタ法によって，

$$\begin{pmatrix} \dot{f}_x(\mu_x, \mu_y) \\ \dot{f}_y(\mu_x, \mu_y) \end{pmatrix}^{\mathsf{T}} \begin{pmatrix} \mathrm{var}(x) & \mathrm{cov}(x, y) \\ \mathrm{cov}(x, y) & \mathrm{var}(y) \end{pmatrix} \begin{pmatrix} \dot{f}_x(\mu_x, \mu_y) \\ \dot{f}_y(\mu_x, \mu_y) \end{pmatrix}$$

で与えられる（ここで，$\dot{f}_x$ は f の x での偏微分 $\partial f/\partial x$ など）．変数の数が増えた場合も同様である．例として，上のデータ cats の心臓重量と体重の比の対数の分散をデルタ法で計算してみよう．$\log(Hwt/Bwt) = \log(Hwt) - \log(Bwt)$ となるので，$x = Bwt$，$y = Hwt$ として，上の式にあてはめる．

```
D_f <- c(-1/mean(dat$Bwt), 1/mean(dat$Hwt))
sigmasq_logHperB <- t(D_f)%*%Sigma%*%D_f
( sigma_logHperB <- sqrt(sigmasq_logHperB) )
sd(log(dat$Hwt/dat$Bwt))
```

```
          [,1]
[1,] 0.1362752
[1] 0.134368
```

この場合も，デルタ法の近似によって得られた標準偏差は，実際の比の対数の標準偏差とほぼ同じ値となった．

デルタ法は，非常に便利であり，生態学においてよく使われるテクニックである．特に，後で述べる最尤推定法において，推定パラメータの合成から計算される量の精度評価で力を発揮する．通常の統計学のテキストではあまり紹介されていない場合が多いので，覚えておくといざというときに役に立つだろう．関数が複雑で手計算での微分が困難なときは，数値微分を使ったり，自動微分を使うという手が考えられる．

1.5　条件付確率とベイズの定理

データ $x_1, \ldots, x_n$ はそれぞれ独立であるということを仮定してきた．事象 A が起こる確率を $P(A)$ とするとき，A と B が同時に起こる同時確率 (joint probability) を $P(A, B)$ と書く．事象 B が起こったという条件のもとで，事象 A が起こる条件付確率 (conditional probability) は $P(A|B)$ と書き，

$$P(A|B) = \frac{P(A, B)}{P(B)}$$

となる．2つの事象 A と B が独立なときは，$P(A, B) = P(A)P(B)$ となるので，$P(A|B) = P(A)$ が成り立つ．同様に，$P(B|A) = P(A, B)/P(A)$ なので，分子の $P(A, B)$ に $P(B|A)P(A)$ を代入すると，

$$P(A|B) = \frac{P(B|A)P(A)}{P(B)}$$

となる．この式は，A を未知パラメータ θ，B をデータ x とすると，

$$P(\theta|x) = \frac{P(x|\theta)P(\theta)}{P(x)} = \frac{P(x|\theta)P(\theta)}{\int P(x|\theta)P(\theta)d\theta}$$

となり，これは，パラメータ θ の事前確率 $P(\theta)$ をデータを得る確率 $P(x|\theta)$ で更新して，データ x を得たという条件のもとでのパラメータ θ の事後確率 $P(\theta|x)$ に変換しており，ベイズの定理 (Bayes' theorem) と呼ばれるものとなっている．

分母のデータの発生確率（周辺確率分布 (marginal probability distribution) という）

$$P(x) = \int P(x|\theta)P(\theta)d\theta$$

では，積分の計算が必要となるが，モデルが複雑になってくると，パラメータは多次元になり，多重積分の計算が必要になる．これは，計算的にかなりの重労働である．そこで，積分計算を近似する様々な方法が考えられている．本書の後の章では，そのような方法を学ぶことになる．

簡単な数値例を見てみよう．

```
mat <- matrix(c(58,43,41,46,25,44), nrow=2, ncol=3)
rownames(mat) <- c("immature","mature")
colnames(mat) <- c("1990-1999","2000-2009","2010-2019")
```

上の mat という表形式のデータは，ある動物の未成熟 (immature) と成熟 (mature) の観測数を年代ごと（1990 年代，2000 年代，2010 年代）に記録したものである．条件付確率を計算するため，全サンプルサイズで割ることにより比率（確率）データにする．

```
pmat <- mat/sum(mat)
print(mat)
print(round(pmat, 2))
```

```
         1990-1999 2000-2009 2010-2019
immature        58        41        25
mature          43        46        44

         1990-1999 2000-2009 2010-2019
immature      0.23      0.16      0.10
mature        0.17      0.18      0.17
```

条件付確率は，たとえば 1990 年代に未成熟個体の発生確率はいくらであろうか？というようなことになる．上の表 pmat は，$P(A, B)$ にあたるので，条件付確率を計算するためには，その分母に来るものである周辺和を計算する必要がある．

```
pmat_r <- rowSums(pmat)
pmat_c <- colSums(pmat)
c(pmat[1,1]/pmat_r[1], mat[1,1]/sum(mat[1,]))
  # 未成熟だった場合の 1990 年代の割合
c(pmat[1,1]/pmat_c[1], mat[1,1]/sum(mat[,1]))
  # 1990 年代の未成熟の割合
```

```
 immature
0.4677419 0.4677419
1990-1999
0.5742574 0.5742574
```

条件付確率の公式で計算した割合と，サンプルをもともとその条件に制限した上で割合を計算した結果は合致している．

となりでサンプルを処理していた先輩が，右肩をとんとんと叩き，ひと息ついて，「疲れちゃった...」と言った．「そろそろ夕飯の時間か... そうだ．賭けをしないか？ 今，俺が計測しているこの未成熟個体は何年代のサンプルでしょうか？ あたったら夕飯おごってやるよ．でも，はずれたらお前のおごりな」「えっ，ちょっと待ってくださいよぉ...」「うっさい．どの年代のサンプルか，さぁ，さぁ，早く答えた，答えた」さて，この唐突で理不尽なクイズに，あなたはどの年代と答えるべきであろうか？

この問題にベイズの定理を使って答えてみよう．あなたは頭の中で素早く考える．まず年代は等しく 10 年ごとであるので，年代 θ（=1990 年代，2000 年代，2010 年代）の事前確率はそれぞれ 1/3 とする（もし，これまでの経験で，先輩が 1990 年代のサンプルを使っている可能性が高いということをあなたが知っているなら，(1/2, 1/4, 1/4) のような事前確率もアリだろう）．サンプルが 1990 年代のものであるという事実が与えられたとき未成熟となる確率は，上のように 0.57 となり，同様にサンプルが 2000 年代のものであれば... あなたの頭の中の計算を R コードで書くと，

```
p_imat <- sapply(1:3, function(i) pmat[1,i]/colSums(pmat)[i])
prior <- c(1/3,1/3,1/3)
```

```
( post_bayes <- p_imat*prior/sum(p_imat*prior) )
```

```
1990-1999 2000-2009 2010-2019
0.4078995 0.3347427 0.2573579
```

となる．あなたは言う．「1990 年代にベットします」トンカツ定食をおいしそうに頬張るあなたに，先輩は「ちくしょう．なんでわかったんだよ．お前はいつも運だけは良いんだよなぁ...」とぶつくさ言っている．あなたは，心の中のトーマス・ベイズ師にお礼を言うのだった．

1.6 ブートストラップとシミュレーション

この章の最後に，簡単なブートストラップ法と簡単なシミュレーションの例をみておこう．ブートストラップもシミュレーションも後の章でたびたび出てくるが，シミュレーションをして理解を深めることが体験学習として重要であるので，早めに紹介をしておく．

上の様々なデータで見てきたように，我々がもっているデータは通常ひとつである．しかし，統計推論においては，そのようなデータが繰り返しサンプルされて，それぞれ異なるが同じようなデータが無数にある（あり得る）のだが，そのうちのひとつがたまたま起こって，それを今実際に手にしている，ということを想定している．無数にあるサンプリング結果のうちのひとつが，我々が今手にしているデータで，その手元にあるひとつのサンプルから（起こり得たが，観測はされていない）無数にあるサンプルを生み出した母集団を推測してやろう，というのが統計的推測ということになる．たったひとつのサンプルから，全体を推定してやろうということなので，これはなかなか大変な仕事である，と想像できる．

ブラッドリー・エフロン (Bradley Efron) は，ブートストラップ (bootstrap) という方法を開発した（図 1.4）．あなたの手元にあるサンプルが $x_1, x_2, \ldots, x_n$ であるとしよう．これから，そのサンプルを生み出したもとの母集団を推定したい．Efron が考えたやり方は，手元にあるサンプルを母集団分布であるとみなして，それから（重複を許して）たくさんのサンプルを生成するということである（手元にあるサンプルから，あらためてサンプルを繰り返すという

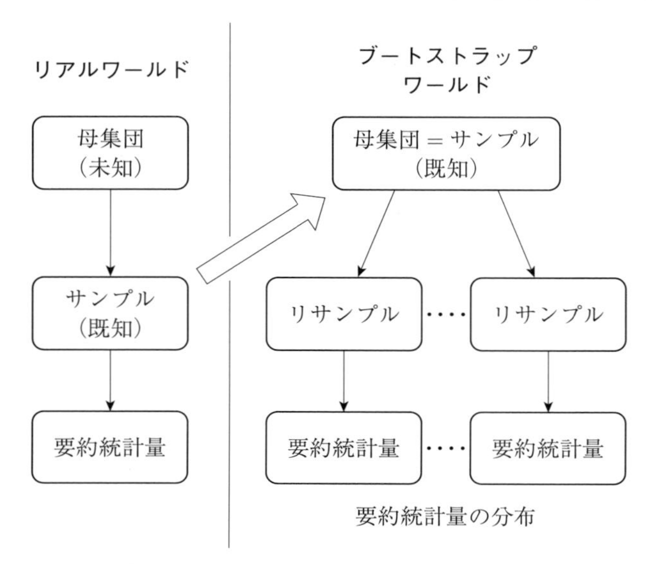

図 1.4　ブートストラップ法のイメージ

ことからリサンプリング (resampling) という)．たくさんのサンプルを生成すれば，それぞれのサンプルから計算した統計量の分布を作り出すことができる．また，手元にあるもとのサンプルは，生成したサンプルの母集団にあたるので，その平均は真の母集団平均，その分散は真の母集団分散とみなせる．新たにサンプルしたものたちの統計量と母集団とみなせる手元のデータの統計量を比較すれば，バイアスの有無なども調べることができる．

まず簡単な例を見てみよう．

```
set.seed(1)
n <- length(whale)
Sim <- 1000
bs <- matrix(sample(whale, n*Sim, replace=TRUE), nrow=Sim,
 ncol=n)
bs_med <- apply(bs, 1, median)
barplot(table(bs_med))
```

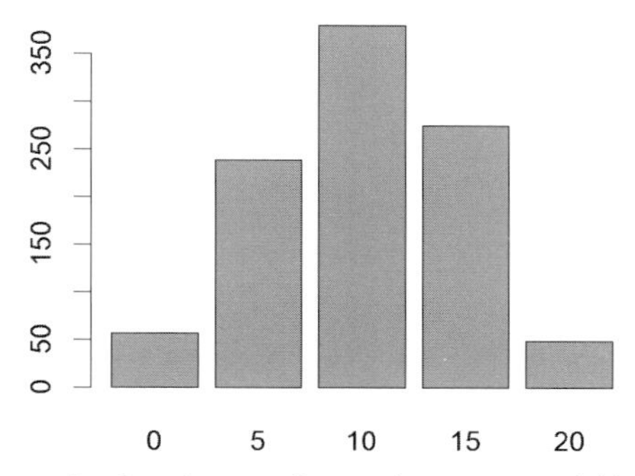

図 1.5 ブートストラップサンプルによる中央値の分布

データ whale の中央値は 10 であった．しかし，これはたまたまこのサンプルを入手したので 10 だったのであって，もし異なるサンプルであれば，中央値がどのように変わるのかはわからない．得られた中央値はどのぐらい正確なのだろうか？ もし無数のサンプルが得られるとしたら，中央値はどのぐらいばらつくものだろうか？ ブートストラップ法は，そのような疑問に結構簡単に答えてくれる（図 1.5）．上のようにごく短いコードでそれが実現できて大変ありがたい．これは，なんだか当たり前のような印象を受けるかもしれないが，コンピュータによって大量の乱数を瞬時に生成することができるようになったコンピュータ時代だからこその恩恵である．

シミュレーションを使った検定の例を見ておこう．先の，未成熟・成熟個体数の割合を見ると，1990 年代は未成熟個体のほうが多かったが，2010 年代には成熟個体のほうが多くなっている．未成熟個体が減って，成熟個体が増えるような変化が起こったのだろうか？ それは，統計的に有意な結果なのだろうか？

統計的仮説検定では，まず未成熟・成熟の割合に年代による変化がないという状況を考えて，変化がない場合，このような分布になるはずであるが，観測結果はその分布から得られたものとは考えにくい，すなわち変化がないという状況を仮定するという前提が間違えていたのだ，だから変化していたと考えるのが妥当，というような考え方をする．いったん反対のことを考えて，そうすると観測と矛盾するので，反対の反対が正しいのだ，とするわけで，背理法の論法である．変化なしを仮定したものを帰無仮説 (null hypothesis) という．それに対して，変化ありという仮説は，対立仮説 (alternative hypothesis) という．帰無仮説を棄却することにより，対立仮説を支持するということになる．データ mat に対する仮説検定の例を見てみよう．

```
p0 <- rowSums(mat)[2]/sum(mat) # 全体の成熟割合を計算（帰無仮説）
p_b <- NULL # シミュレーション結果の入れ物
set.seed(1) # 乱数の seed を決めることで再現性を確保
for (i in 1:1000){
  p <- table(sample(c(0,1),colSums(mat)[3],prob=c(1-p0,p0),
        replace=TRUE))
# 帰無仮説に従って，2010 年代のデータと同じ観測数の
# 未成熟・成熟個体を作る
  p_b <- c(p_b, p[2]/sum(p))
# 帰無仮説に従う 2010 年代の成熟個体割合
}
p_obs <- mat[2,3]/colSums(mat)[3]
# 観測された 2010 年代の成熟個体割合
hist(p_b) # 帰無仮説のもとでの成熟割合のヒストグラム（帰無分布）
abline(v = p_obs, col="blue", lwd=3)
# 観測割合をヒストグラム上に表示
```

全体の成熟割合が正しい成熟個体の割合だとして，2010 年代と同じサンプルサイズになるようにデータをシミュレーションで発生させて，成熟割合を計算した．このようにして得られた成熟割合は，もし年で成熟割合が変化していないなら，観測値の割合もそれに近いものになっていることが期待される．シミュレーションで得られた成熟割合の帰無分布に観測された割合を重ねると，観測割合は帰無分布に比して，かなり高い値であることがわかる（図 1.6）．

帰無仮説が正しいとしたとき，観測値が得られる確率はどのぐらいレアなのかを知るためには，その確率（p 値）を計算してやれば良い．p 値は，**mean(p_b > p_obs)** と打ち込めば，計算することができる．結果は，0.015 となり，1.5% の確率であった．これはかなり小さな確率で，帰無仮説が正しいとすると，めったに起こらないようなことであるので，帰無仮説を正しいとした仮定が間違っていた，帰無仮説を棄却して，対立仮説（この場合は，成熟割合が年々変化して，2010 年代には有意に高くなっている）をとるのが正し

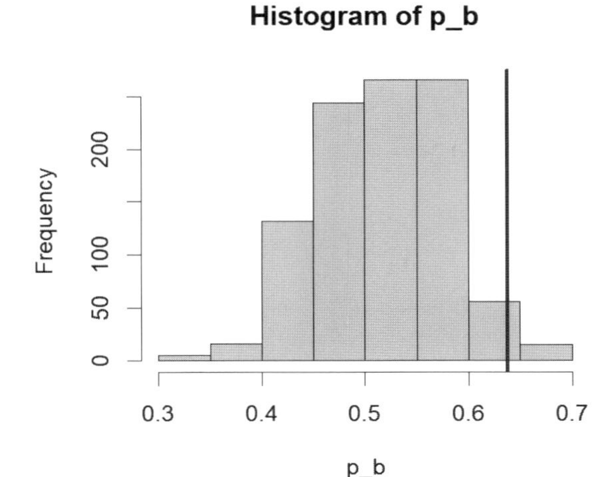

図 **1.6** シミュレーションによる仮説検定の結果

いだろう，ということになる．

最後に，確率・統計の基本定理のひとつである，大数の法則 (law of large numbers) について見ておこう．大数の法則によれば，何度もサンプリングを繰り返すと標本平均は真の平均に収束する．たくさんのデータを集めれば，それから計算した標本平均はちゃんと（我々が本当に知りたい）母集団の平均となっているのである（独立同分布であるという仮定をおいている）．

簡単な例で，大数の法則が成り立つかどうかを見てみよう．x は 0 か 1 の値をとり，0 の発生確率は 0.7，1 の発生確率は 0.3 であるとする．その期待値は $0 \times 0.7 + 1 \times 0.3 = 0.3$ である．そのような母集団分布から異なるサンプルサイズをもつデータを発生させて，平均を計算したとき，それは真の母集団平均 0.3 に収束するはずである．

```
set.seed(1)
p <- 0.3
x <- sample(c(0,1),1000,prob=c(1-p,p),replace=TRUE)
plot(1:1000,sapply(1:1000, function(i) mean(x[1:i])),
xlab="Sample size", ylab="Mean",pch=16,col="blue")
```

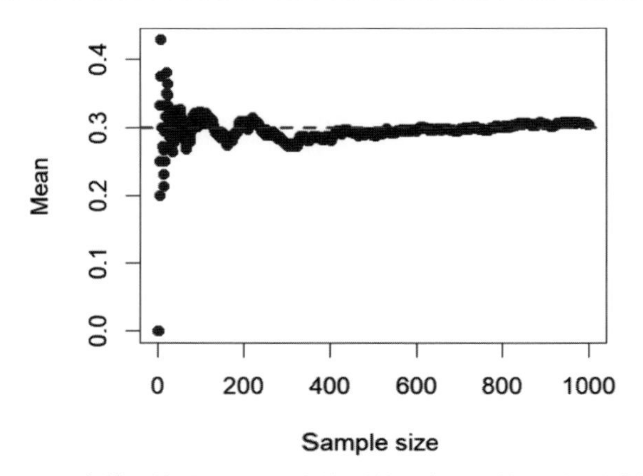

図 1.7 大数の法則によって標本平均が真の平均に近づく様子

```
abline(h=p,lty=2,lwd=2,col=gray(0.4))
```

ちゃんと収束してくれた！ このようなシミュレーション（図 1.7）は，実感として定理や推定量の性質などを見るのに非常に有用である．本書では，シミュレーションを多用して説明を行うので，早い段階でシミュレーションに慣れるため，第1章からブートストラップやシミュレーションを取り上げた．こうしたテクニックは，この後の章でも，たびたび出てくることになる．

生態学データの解析に使用する確率分布

第1章で生態学における統計データ取り扱いの基礎を学んだ．この章では，生物個体群データを解析する際によく使用する確率分布について学ぶことにしよう．これらの確率分布は，第3章以降の統計モデルの誤差項として頻繁に登場することになる．最初に，確率変数としてどういうものがあるかを考えよう．それから，広く使用される確率分布である一様分布や正規分布について学び，確率変数が正の値の連続変数の場合に使用される対数正規分布やガンマ分布を見て，その後，離散確率変数を扱う二項分布，ポアソン分布，負の二項分布について学ぼう．さらに，より柔軟なモデルである混合分布とそのパラメータ推定に利用されるEMアルゴリズムについて学習する．最後に，パラメータの最尤推定法について少し紹介することにする．

2.1　確率変数の種類

第1章では，少し適当に確率変数や確率分布という名前を使ったが，ここではもう少し詳細に考えよう．ある変数 X があるとする．この変数がたとえば動物の個体数なら，それは $0, 1, 2, \ldots$ のような値をとるだろう．あるいは，ある植物がある地域に生えているか生えていないか，というような調査結果であれば，2値の結果となり，0または1ということになるだろう．もし，それが動物の体長や重量なら，X は正の連続量となる．第1章で見たように，体重の対数をとったものを考えると，それは $-\infty$ から ∞ までの値をとる実数値全体となるだろう．このように，一口に確率変数といっても，それぞれに特徴があり，それぞれに応じた確率分布が必要となる．0, 1, ... などの整数

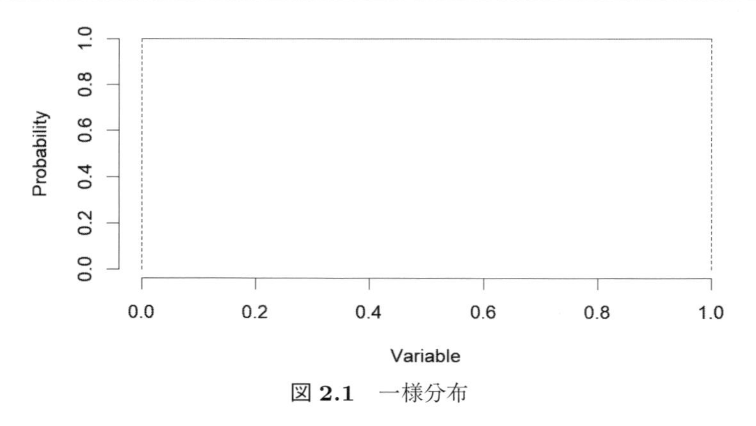

図 **2.1** 一様分布

値をとるような確率変数を離散確率変数 (discrete random variable) といい，$-4.3, 0.02, 3.141593, \ldots$ のように連続的な値をとる確率変数を連続確率変数 (continuous random variable) という．

2.2 一様分布

まず連続変数から考えよう．X は 0 から 1 までのすべての値をとる確率変数で，その発生確率はみな等しい一様分布 (uniform distribution) に従うとする（$U[0,1]$ のような記号を使用する）．たとえば，サイコロのような $1, \ldots, 6$ の値をとる場合，どの目も同じ確率で出るならば，それぞれの発生確率は 1/6 である．同様に考えると，今の場合，X は連続で無限にあるので，ひとつひとつの発生確率は $1/\infty = 0$ となる．げっ，どの変数も決して出てこないという結果になってしまった... 一様分布の絵（イメージ図）を描いてみよう．

```
plot(NA, xlim=c(0,1), ylim=c(0,1), xlab="Variable",
 ylab="Probability", frame.plot=FALSE)
segments(0,0,0,1,col="blue",lty=2)
segments(0,1,1,1,col="blue")
segments(1,1,1,0,col="blue",lty=2)
```

図 2.1 のように，0 から 1 の間に一定値 1 をとり，他では 0 となるような確

率分布をもつ．確率は，すべての（排反な）事象が起こる確率を足せば1になるのであった．足す，というのは，連続変数の場合，積分するということになる．そこで，X がある区間 a から b の値をとる確率を

$$Pr(a < X \leq b) = \int_a^b f(t)dt$$

とする．この積分の核となる関数 $f(x)$ を確率密度関数 (probability density function) という．一様分布の場合，$f(x) \equiv 1$（x が0から1までのどの値であっても1）とすると，

$$Pr(0 < X \leq 1) = \int_0^1 1dt = [t]_0^1 = 1 - 0 = 1$$

と，ちゃんと全範囲の値が起こる確率は1となった．連続変数の場合は，このように個々の点の「起こりやすさ」を確率密度関数で考えると便利である．

$$F(x) = Pr(X \leq x) = \int_{-\infty}^x f(t)dt$$

を累積分布関数 (cumulative distribution function) という．ここで，大文字 X と小文字 x を使い分けしているが，X はいろいろな値をとる確率変数で，x はそのひとつの実現値（具体的な値）というような使い分けをすることが多いので慣れておこう．

確率密度関数は確率ではないので，1より大きい値をとることもある．たとえば，一様分布を0から1までの範囲ではなく，0から0.5までの範囲としてみよう．その場合，$f(x) \equiv 2$ となる．一般に，確率変数 X が a から b までの範囲の値をとる一様分布に従うとすると，X の確率密度関数は，a から b の範囲で

$$f(x) = \frac{1}{b-a}$$

となり，その他では0となる．累積分布関数は，$X \leq a$ で0，$a < X \leq b$ で

$$\frac{x-a}{b-a}$$

$X > b$ で1となる．期待値は，

$$E(X) = \int tf(t)dt$$

と定義され，$f(t)$ に一様分布の確率密度関数を入れて計算すれば，$E(X) =$

$(a+b)/2$ となる．分散は，$\mu = E(X)$ として，$\mathrm{var}(X) = E[(X-\mu)^2]$ で計算できる．一様分布の場合は，$\mathrm{var}(X) = (b-a)^2/12$ となる．

サンプル $x_1, \ldots, x_n$ を得れば，第1章で学んだやり方で，その平均値と分散が計算できる．パラメータを推定するために，サンプルからそれにあたる量を計算するやり方（式）のことを推定量 (estimator) という．たとえば，上の $E(X)$ の推定量として標本平均 $\hat{\mu} = \sum_{i=1}^{n} x_i/n$ を考えることができる．推定量はこれに限らず，$\tilde{\mu} = x_1$（とられた1番目のサンプルを推定量とする）なども推定量のひとつである．なぜ通常，我々は標本平均を用いるのだろうか，それは，標本平均が不偏性 ($E[T(X)] = \mu$) や一致性（サンプルサイズが大きくなると真値に収束する（前章最後の大数の法則より）），有効性（不偏推定量の中で最も精度が良い）のような良い性質をもっている推定量だからである．実際に得られたサンプルの値を推定量に代入して得られた結果を推定値 (estimate) という．たとえば，$(x_1, x_2, x_3) = (1, 3, 5)$ なら，平均の推定値は $(1+3+5)/3 = 3$ となる．

離散確率変数の場合を考えよう．離散確率変数の場合は，サイコロのひとつの目がでる確率は1/6というように，$Pr(X = x)$ が0になるわけではなく，ちゃんと確率になっている．なので，密度のようなものを考える必要はない．離散変数 X が値 x をとる確率 $f(x) = Pr(X = x)$ を確率質量関数 (probability mass function) もしくは単に確率関数という．累積分布関数は，連続変数の場合の積分を和に変えてやって，

$$F(x) = Pr(X \le x) = \sum_{x_i \le x} Pr(X = x_i)$$

となり，とりうる値 x_i にくるとジャンプして，最終的に1まで上がる階段関数の形をとる（x を右から x_i に近づけると $F(x_i)$ になるが，左からだと $F(x_{i-1})$ になる右連続関数となっている）．離散型確率変数の例としては，コイン投げやサイコロ投げなどがあるが，より詳しいことは，あとの二項分布やポアソン分布のところで見ていこう．

2.3 正規分布

正規分布（normal distribution，Gaussian distribution ともいう）は最もよく知られた確率分布であり，その応用範囲は極めて広い．平均 μ，分散を

σ^2 とするとき，正規分布の確率密度関数は，

$$f(x) = \frac{1}{\sqrt{2\pi}\sigma} \exp\left(-\frac{(x-\mu)^2}{2\sigma^2}\right)$$

で与えられる．確率変数 X が正規分布に従うというとき，$X \sim N(\mu, \sigma^2)$ のように書く．平均 $\mu = 0$，分散 $\sigma^2 = 1$ のとき，標準正規分布 (standard normal distribution) という．標準正規分布に従う確率変数 Z が与えられれば，平均 μ，分散 σ^2 の正規分布に従う確率変数は $X = \sigma Z + \mu$ と Z を変換することによって得ることができる．標準正規分布の確率密度関数を $\phi(z)$，累積分布関数を $\Phi(z)$ のような記号で表す．

コンピュータが今のように普及する前には，統計学の教科書の最後にはたいてい標準正規分布の確率分布表が載っていた．それによって，検定などを行うのが普通であった．しかし，現在はコンピュータやインターネットの普及により，本を見なくても，自分のパソコン上で計算が可能である（ので，最近の本には分布表が載っていない）．標準正規分布の形状を描画してみよう．

```
par(mfrow=c(1,2))
curve(dnorm, from=-3, to=3, main="確率密度関数")
curve(pnorm, from=-3, to=3, main="累積分布関数")
```

正規分布の確率密度関数は左右対称で，平均値がそのピークとなっている（図 2.2）．平均は中央の値でもあるので，正規分布の平均値 μ は，最頻値であり，中央値でもある，ということになる．図 2.2 右側の累積分布関数は，S 字のような曲線で，0 から 1 まで増加する．正規分布の累積確率が $1-\alpha$ となる点を上側 $100\alpha\%$ 点という．標準正規分布の $\alpha = 0.1, 0.05, 0.025, 0.01, 0.005$ の上側 $100\alpha\%$ 点は，

```
qnorm(1-c(0.1,0.05,0.025,0.01,0.005))
```

```
[1] 1.281552 1.644854 1.959964 2.326348 2.575829
```

となる．いくつかの値は，統計学に慣れ親しんだ方には見覚えがあるものである．下で見るように，仮説検定や信頼区間の構成で使用される．

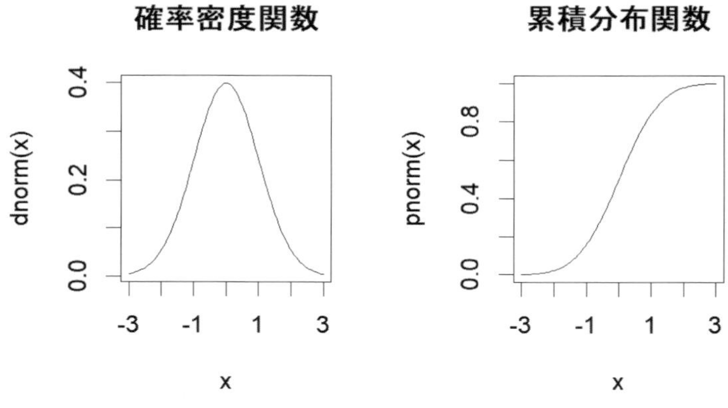

図 **2.2**　正規分布の密度関数と分布関数

正規分布の重要性につながるひとつの性質として，中心極限定理 (central limit theorem) が成り立つということが知られている．独立同分布に従う確率変数 X のサンプルサイズをどんどん大きくしていくと，その平均値の分布は正規分布に近づいていく，というものである．実際にやってみよう．

```
set.seed(1)
par(mfrow=c(2,2))
for (i in c(7,20,100,500)){
  x1 <- matrix(sample(c(0,1),i*1000,prob=c(0.8,0.2),replace=
   TRUE),nrow=i)
  hist(colMeans(x1),breaks=10,main=paste("n =",i),col="blue",
   xlab="Mean")
}
```

サンプルサイズを 7, 20, 100, 500 と変えて，0 か 1 かが出てくる確率を 0.8 と 0.2 とした場合（裏が出やすいいかさまコイン投げに該当）の平均値の分布をプロットしたものである（図 2.3）．サンプルサイズが大きくなっていくと，分布の形状は正規分布っぽくなっていっている．平均値を考える場合には，サンプルサイズを大きくすれば，もとの確率分布が正規分布でなくても，正規分布で近似することができる，ということで，正規分布の応用範囲の広さが類推

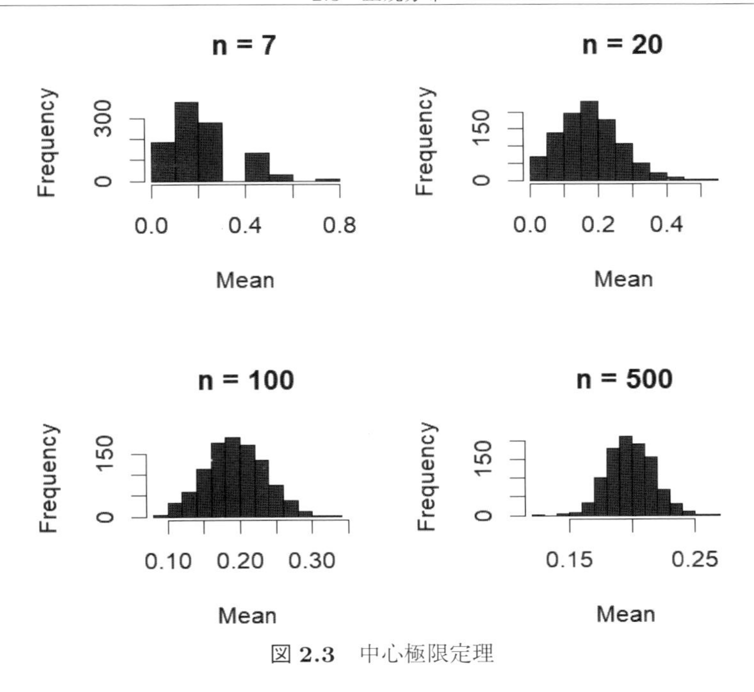

図 **2.3**　中心極限定理

できる．

正規分布による仮説検定 (hypothesis testing) や信頼区間 (confidence interval) について簡単に触れておこう．第 1 章で使用したデータ cats には，雌か雄かという 2 値のラベルがつけられている．雌雄で体重に差があるかどうかを見てみよう．もし，雌雄に体重差がなければ，雌の平均体重と雄の平均体重の差は 0 に近くなるだろう．しかし，0 に近いというだけではよろしくない．なぜなら，もともとの雌雄の猫の体重のばらつきが大きいなら，ちょっとぐらいの差は 0 に近いとなるだろうが，ばらつきが小さいなら，ちょっとの差でも 0 に近いとは言えないとなるだろうから．一口に 0 に近いと言っても，それらはどのような測定を行ったかによるのである．

そこで，平均の精度である標準誤差で割って標準化したものが，0 に近いか近くないかで判断してやろう．今の場合，雌の体重を $x_1 = (x_{1,1}, \ldots, x_{1,n_1})$，雄の体重を $x_2 = (x_{2,1}, \ldots, x_{2,n_2})$ とすると，

$$t = \frac{\bar{x}_1 - \bar{x}_2}{s\sqrt{1/n_1 + 1/n_2}}$$

というのが検定統計量となる．ここで，分母の s は雌雄の標準偏差（s_1 と s_2）をまとめたもので，

$$s = \sqrt{\frac{(n_1 - 1)s_1^2 + (n_2 - 1)s_2^2}{n_1 + n_2 - 2}}$$

とする．この検定統計量を計算してみると，

```
library(MASS)
data(cats)
dat <- cats
dat_F <- subset(dat, Sex=="F")
dat_M <- subset(dat, Sex=="M")
n1 <- nrow(dat_F); n2 <- nrow(dat_M)
s <- sqrt(((n1-1)*var(dat_F$Bwt)+(n2-1)*var(dat_M$Bwt))/(n1+n2
 -2))
( test_stat <- (mean(dat_F$Bwt)-mean(dat_M$Bwt))/(s*sqrt(1/n1
 +1/n2)) )
```

```
[1] -7.330667
```

となる．検定統計量は，-7.33 ほどになり，これは大きな負の値で，雌は雄より有意に軽いと言えそうである．この値が正規分布の累積確率で見て，どのぐらいなのかを見てみよう．

```
( pnorm(test_stat) )
```

```
[1] 1.145052e-13
```

これは非常に小さい確率である．もし雌雄の体重が等しいとすると，めったに起こらないことであるので，雌雄の体重を等しいとする仮説が間違っていた，と考えられるだろう．検定統計量が正規分布に従うという仮定は，平均の分布が正規分布であるという考えを使っており，検定統計量の分母は既知であるという仮定をおいていることになる．しかし，上で見たように，分母にくる標準誤差は実際には既知ではなく，観測データから推定したものである．標準

誤差も推定量であるということを考慮するとき，検定統計量は正規分布ではなく，t 分布 (Student's t-distribution) といわれる分布に従うことになる．この場合，検定統計量は自由度 $n_1 + n_2 - 2$ の t 分布に従い，

```
( pt(test_stat, n1+n2-2) )
```

```
[1] 7.952227e-12
```

となる．正規分布を使った場合に比して，p 値は少しだけ大きくなったが，まだかなり小さく，有意に雌の体重は小さいと言えるだろう．

次に信頼区間を考えよう．95% 信頼区間というと，サンプルの平均を含む区間 $[E(X) - L, E(X) + U]$ が，真の母集団平均 μ を 95% の確率で含むような区間（L, U の決定）ということになる．ここで，ややこしいのが，今手元にあるデータに対して構成した信頼区間は，95% の確率で真の平均 μ を含んでいるというわけではない，ということである．サンプリングを何度も繰り返して，同じように信頼区間を構成したとき，その区間の 95% は真値を含み，5% は真値を含まない，ということが期待されるとき，その区間（の構成の仕方）を 95% 信頼区間というのである．

正規分布を使った 95% 信頼区間は，$\alpha = 0.05$ として，

$$\left[\bar{X} - \frac{\sigma}{\sqrt{n}} z_{\alpha/2}, \bar{X} + \frac{\sigma}{\sqrt{n}} z_{\alpha/2}\right]$$

と表すことができる（z_α は標準正規分布の累積分布が $1 - \alpha$ となる点．$\Phi(z_\alpha) = 1 - \alpha$）．シミュレーションを使って，信頼区間を計算してみよう．サンプルサイズ $n = 100$ として，平均 0，標準偏差 1 の正規分布からサンプルを生成する．そして標本平均の 95% 信頼区間が真値 0 を含むかどうかを判定する．これを 100 回繰り返す．期待としては，そのような区間が真値を含む確率は 95% 程度になるはずである．

```
n <- 100; Sim <- 100
include <- NULL
set.seed(1)
plot(1:Sim, rep(0,Sim), type="l", lty=2, xlab=
```

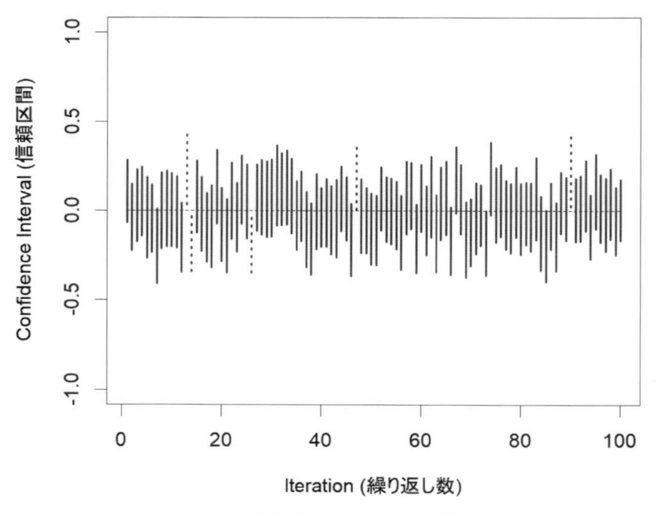

図 **2.4** 正規分布の 95% 信頼区間

```
 "Iteration (繰り返し数)", ylab="Confidence Interval (信頼区間)")
for (i in 1:Sim){
  x <- rnorm(n)
  alpha <- 0.05
  z <- qnorm(1-alpha/2)
  ci <- c(mean(x)-z*sd(x)/sqrt(n), mean(x)+z*sd(x)/sqrt(n))
  include <- c(include, ci[1] < 0 & ci[2] > 0)
  segments(i, ci[1], i, ci[2],
   col=ifelse(tail(include,1),"blue",gray(0.3)),
   lty=ifelse(tail(include,1),1,3), lwd=2)
}
```

この場合，ちゃんと 95% という答えが得られた！ 95% 信頼区間なので，95% はゼロを含み，5% は含んでいないとなっていて欲しいが，図 2.4 をよく見ると，100 個中 5 個の区間はその中に真値 0 を含んでいない（含んでいるのは青色実線，含んでいないのは灰色点線で示した）．この場合，結果はうまくいったが，それは $n = 100$ と大きなサンプルサイズを仮定したことによる．しかし，上の仮説検定の場合と同様に，標準誤差は既知でなく，推定量であるため，特にサンプルサイズが小さいときには信頼区間の精度は悪くなる（区間幅が狭すぎることになってしまう）．

上のコードを $n = 3$ にして実行してみよう．信頼区間は大きく広がり，真値を含む確率は 95% ではなく，85% ほどになってしまうだろう．それだと 95% 信頼区間と呼ぶのはためらわれる．解決するには，上と同様，t 分布を使用することである．上のコードで，`z <- qnorm(1-alpha/2)` となっているところを，`z <- qt(1-alpha/2, n-1)` としてみよう．$n = 3$ であっても，区間が真値を含む確率はほぼ 95% になるだろう（$n = 3$ のとき，区間幅が広がって区間の上下が切れがちになるので，plot のところに `ylim=c(-5,5)` などを加えると良いだろう）．

t 分布は有能であり，様々な場面で使用されるが，本書ではそこまで使用しないので，とりあえずは知識としてもっておくぐらいで良いだろう．後の章の線形回帰などで，その係数表に t 値や t 分布から得られる p 値が出てくるが，そういうものが計算されていると理解しておくと良い．多くの統計学の入門テキストには t 分布の詳しい説明が載っているだろう．

2.4 対数正規分布

正規分布は非常に重要な分布なので，個体群生態学の中での使用という観点で，もう少し話を続けよう．生態学では，個体数や個体重量（バイオマス），体長，体重など正の連続量を扱う場合が多い．正の連続量を扱う確率分布として，後で紹介するガンマ分布などが知られているが，正規分布を利用する場合もよく見られる．正規分布を利用する場合，確率変数 X の対数をとって $\log(X)$ とすれば，$0 \sim \infty$ の範囲が $-\infty \sim \infty$ の範囲に変換されるので，正規分布で扱うことができるようになる．実際，個体数などの確率分布は分布の右裾が長い形状をしており，対数をとると左右対称な正規分布に近い形状になることが多い．このように変数を変換して，変換した変数で考える，というようなことはよくなされることであり，後でも出てくるので覚えておこう．特に，対数変換 (log transformation) やロジット変換 (logit transformation, $\text{logit}(x) = \log(x/(1-x))$) などがよく用いられる．

上の正規分布モデルの x のところを $\log(x)$ で置き換えたものは，$\log(x)$ の確率分布である．$\log(x)$ の確率分布が正規分布であるとき，もとの x の確率分布はどんな分布になるのだろうか？ 答えは，対数正規分布 (lognormal distribution) になる，である．対数正規分布は，$0 < x < \infty$ とするとき，

$$f(x) = \frac{1}{\sqrt{2\pi}\sigma x} \exp\left(-\frac{(\log(x) - \mu)^2}{2\sigma^2}\right)$$

となる．正規分布の式で，x を単に $\log(x)$ で置き換えた場合と，最初の項の分母に x が入っているところだけが違っている．この x は，$\log(x)$ から x への変数変換によって出てきたものである（確率変数の変数変換の際に必要なヤコビアンから出てくる）．

確率変数の変数変換について，ここでは詳細を述べないが，そういうものが必要であるということを知識として知っておくと良いだろう．詳細を知りたい読者は，統計学の専門書を見られたい（藤澤 2006，竹村 2020，など）．対数正規分布の平均は

$$E(X) = \exp\left(\mu + \frac{\sigma^2}{2}\right)$$

分散は

$$\mathrm{var}(X) = \exp(2\mu + \sigma^2)(\exp(\sigma^2) - 1)$$

となる．平均は，単に $\exp(\mu)$ ではなく，$\sigma^2/2$ だけずれることに注意しよう．対数正規分布は，正規分布のように左右対称ではなく，歪んでいるので $\log(x)$ の平均が μ だとしても，x の平均はそれを単に指数変換すれば良いわけではなく，さらに補正が必要になるのである．対数正規分布の形状を描いておこう．

```
curve(dlnorm, from=0, to=8)
abline(v=exp(0+1/2), lty=2, col="blue")
```

平均値の位置を縦破線で示した（図 2.5）．ピークの位置が平均ではなく，それより右側のほうに平均があることが見てとれる．「対数をとって，正規分布を仮定して」ということは，よく使用される操作であるので覚えておこう．上の対数正規分布の平均と分散から，変動係数を計算すると，

$$\mathrm{CV}(X) = \frac{\sqrt{\mathrm{var}(X)}}{E(X)} = \sqrt{\exp(\sigma^2) - 1}$$

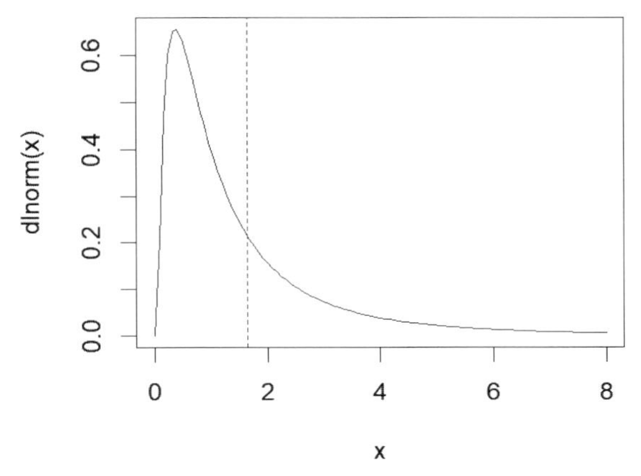

図 2.5　対数正規分布の密度関数

となる．指数関数をテイラー展開すると，$\exp(x) = 1 + x + x^2/2! + \cdots$ となるので，1 次の項までで近似すると，$\mathrm{CV} \approx \sigma$ となる．対数スケールの標準偏差は，（おおよそ）もとのスケールの変動係数に対応している，ということを意味する．対数正規分布の信頼区間についても簡単に触れておこう．上の CV と σ^2 の関係から，$\sigma^2 = \log(1 + \mathrm{CV}^2)$ が導かれる．x の対数に対する信頼区間は正規分布の信頼区間になるので，

$$\left[\log x - z_{\alpha/2}\sqrt{\mathrm{var}(\log x)},\ \log x + z_{\alpha/2}\sqrt{\mathrm{var}(\log x)}\right]$$

が得られる．これを指数変換すると，

$$C = \exp\left(z_{\alpha/2}\sqrt{\log(1 + [\mathrm{CV}(x)]^2)}\right)$$

として，対数正規に従う x の信頼区間の公式 $[x/C, xC]$ が与えられる．

2.5　多変量正規分布

正規分布に関連した話題の最後として，多変量正規分布（multivariate normal distribution. 日本語では，多次元正規分布ともいう）について見ておこう．第 1 章で，分散共分散行列について見た．k 個の変数が正規分布に従うという場合を考えることができる．これは，$x = (x_1, \ldots, x_k)$ とするとき，

$$f(x) = \frac{1}{(2\pi)^{k/2}|\Sigma|^{1/2}} \exp\left[-\frac{1}{2}(x-\mu)^{\mathsf{T}}\Sigma^{-1}(x-\mu)\right]$$

と書ける．ここで，$\mu = (\mu_1, \ldots, \mu_k)^{\mathsf{T}}$ は平均のベクトル，

$$\Sigma = \begin{pmatrix} \sigma_{11} & \cdots & \sigma_{1k} \\ \vdots & \ddots & \vdots \\ \sigma_{k1} & \cdots & \sigma_{kk} \end{pmatrix}$$

は k 変数の分散共分散行列であり，σ_{11} は変数 x_1 の分散，σ_{12} は変数 x_1 と x_2 の共分散などを示す．多変量正規分布のありがたいところは，その周辺分布や条件付分布がまた多変量正規分布になることである．

多変量正規分布の例を見てみよう．データ cats の体重と心臓重量データを 2 変量正規分布とみなして，確率密度関数の等高線を描いてみる．

```
library(mvtnorm)

mu <- c(mean(cats$Bwt), mean(cats$Hwt))
Sigma <- cov(cbind(cats$Bwt, cats$Hwt))

x <- seq(1.5, 4, by=0.1)
y <- seq(3, 18, by=0.1)
f <- function(x, y) dmvnorm(cbind(x, y), mu, Sigma)
z <- outer(x, y, f)

contour(x, y, z, xlab="体重 (kg)", ylab="心臓重量 (g)",
main="Bivariate normal distribution")
```

2 変量正規分布の確率密度関数の等高線は楕円形になっている（図 2.6）．今の場合，体重と心臓重量の相関が高いために，このような図になっているが，もし相関が小さければ，2 変量の密度関数の等高線はきれいな丸形に近くなるだろう．

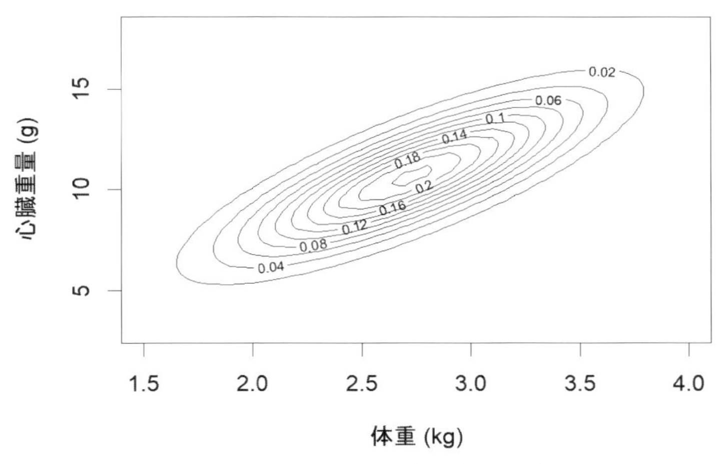

図 **2.6** 2 変量正規分布の密度関数

2.6 ガンマ分布

連続確率変数に対する確率分布として，よく使用されるガンマ分布 (gamma distribution) を見ておこう．ガンマ分布は，定義域が $0 < x < \infty$ の範囲の確率変数に対する確率分布である．正の値をとる変数のモデル化のために，対数正規分布とともによく使用される分布のひとつである．ガンマ分布の確率密度関数は，

$$f(x) = \frac{\lambda^\alpha}{\Gamma(\alpha)} x^{\alpha-1} e^{-\lambda x}$$

と書ける．ここで，α はガンマ分布の形状を決めるパラメータ (shape parameter) で，λ^{-1} はデータの単位の大きさを決めるものになり尺度パラメータ (scale parameter) と呼ばれる（λ は rate parameter と言われる）．$\Gamma(\alpha)$ はガンマ関数であり，

$$\Gamma(\alpha) = \int_0^\infty t^{\alpha-1} e^{-t} dt$$

となる．全範囲で積分した際に 1 になるようにするための規格化定数である．

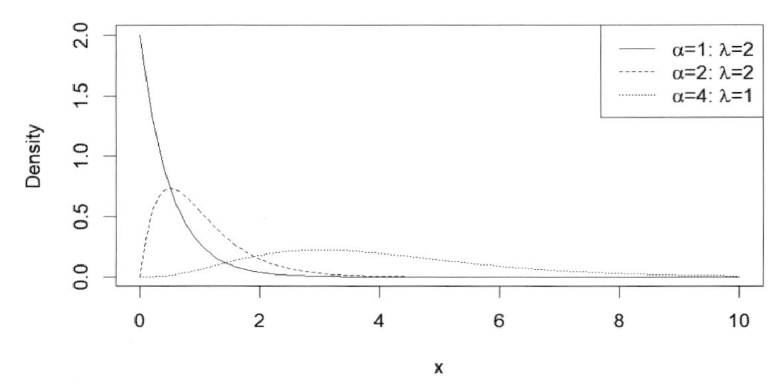

図 **2.7**　ガンマ分布の密度関数

ガンマ分布の平均は $E(X) = \alpha/\lambda$ で，分散は $\mathrm{var}(X) = \alpha/\lambda^2$ となる．ガンマ分布は，$\alpha = 1$ とするとき，指数分布 (exponential distribution) となる．また，$\alpha = n/2$ $(n = 1, 2, \ldots)$ で，$\lambda = 1/2$ のときには，分散の確率分布に対応し，独立性の検定や尤度比検定などで広く使用される自由度 n のカイ2乗分布 (chi-square distribution) になるなど，よく使われる確率分布をその特殊な場合として含んでいる．ガンマ分布の確率密度関数の形状を図示してみよう．

```
curve(dgamma(x, shape=1, rate=2), from=0, to=10, ylab=
 "Density")
curve(dgamma(x, shape=2, rate=2), from=0, to=10, lty=2, add=
 TRUE)
curve(dgamma(x, shape=4, rate=1), from=0, to=10, lty=3, add=
 TRUE)
legend("topright",
 c(expression(paste(alpha,"=",1,": ",lambda,"=",2)),
 expression(paste(alpha,"=",2,": ",lambda,"=",2)),
 expression(paste(alpha,"=",4,": ",lambda,"=",1))), lty=1:3)
```

図2.7のようにパラメータを変えることで様々な形状をとる．ガンマ分布は，対数正規分布とともに，正の値をとる連続変数のモデリングにおいて広く

使用される確率分布の代表選手である．

2.7 二項分布

離散分布の話に移ろう．まず，二項分布 (binomial distribution) について学ぼう．二項分布のもとになる確率分布は，ベルヌーイ分布 (Bernoulli distribution) と呼ばれ，これは 0 と 1 のどちらかをとる確率分布である．確率変数 $X=1$ の確率を p とすると，ベルヌーイ分布の確率関数は，

$$Pr(X=k)=p^k(1-p)^{1-k}$$

と書くことができる．

二項分布は，ベルヌーイ試行を繰り返した結果に対応し，n 回中に 1 となる回数 k の確率分布となる $(k=0,\ldots,n)$．k 回の 1 は試行中のどこに出てきても良いので，それぞれが独立試行であるとすると，組み合わせの数だけベルヌーイ試行を掛け合わせることになる．二項分布の確率関数は，n 個から k 個をサンプルする組み合わせの総数を掛けて，

$$Pr(X=k)=\binom{n}{k}p^k(1-p)^{n-k}$$

となる．ここで，$\binom{n}{k}$ は組み合わせの数で，高校では ${}_n\mathrm{C}_k$ のような記号が使われるが，同じものである．確率変数 X が試行回数 n，成功確率 p の二項分布に従うとき，$X\sim Bin(n,p)$ のように書く．

二項分布の平均は $E(X)=np$，分散は $\mathrm{var}(X)=np(1-p)$ となる．実際にそうなっているかを見てみよう．

```
set.seed(1)
n <- 10; p <- 0.3
x <- rbinom(10000,n,p)
print(c(mean(x), n*p))
print(c(var(x), n*p*(1-p)))
```

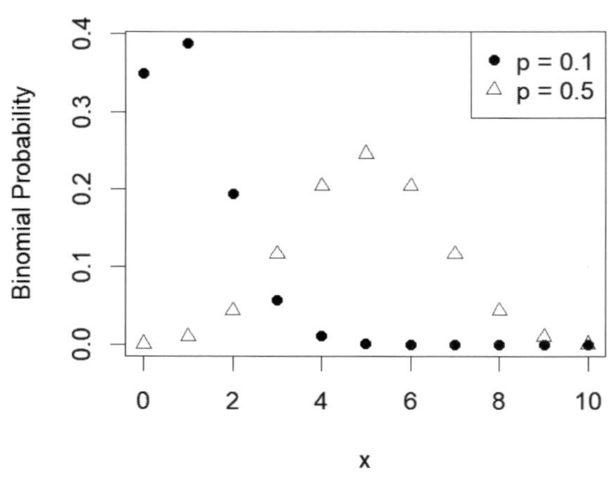

図 **2.8**　二項分布の確率関数

```
[1] 3.0058 3.0000
[1] 2.14038 2.10000
```

二項分布から 10000 個発生させたデータの平均と分散は理論値とほぼ等しくなっている.

二項分布の確率関数のグラフを描いてみよう.

```
n <- 10
x <- 0:10
plot(x, dbinom(x, n, 0.1), pch=16, ylab="Binomial Probability")
points(x, dbinom(x, n, 0.5), pch=2, col="blue")
legend("topright", c("p = 0.1", "p = 0.5"), pch=c(16,2),
 col=c("black","blue"))
```

$p = 0.1$ のときは，10 回中 5 回以上が 1 というのはほぼ起こらない（図 2.8）. $p = 0.5$ のときは，左右対称で，正規分布っぽい形状になっている.

二項分布（ベルヌーイ分布）の簡単な応用として，ランダムウォークを見てみよう．ランダムウォーク (random walk) とは，時間変化する確率変数（確率過程という）の基本的なモデルであり，ランダムに左右に動く酔っ払いの千鳥足のような動きをするので，日本語で酔歩と訳されている（乱歩という場合もある)．ランダムウォークをシミュレーションしてみよう．ランダムウォークの時系列を 1000 個作成し，それぞれの時系列の長さも 1000 とする．

```
set.seed(1)
p <- 0.5
x <- matrix(NA, nrow=1000, ncol=1000)
  # 1000 回繰り返しのランダムウォークを 1000 個作成
x[1,] <- rep(0,1000)  # ランダムウォークの初期位置を 0 に設定
for (i in 1:999) x[i+1,] <- x[i,] + (1-2*rbinom(1000,1,p))
  # ランダムウォークの step 2 から 1000
par(mfrow=c(1,3))
plot(sapply(1:1000, function(i) mean(x[i,])), type="l", lwd=2,
 xlab="Time Step", ylab="Mean")
plot(sapply(1:1000, function(i) var(x[i,])), type="l", lwd=2,
 xlab="Time Step", ylab="Variance")
hist(x[1000,])
```

上の設定（最初の位置が 0，左右移動の確率が 0.5）の場合，n をランダムウォークのステップ数とすると，平均は $E(X_n) = 0$ であり，$\mathrm{var}(X_n) = n$ となることが知られている．図 2.9 の左側の平均のプロットは，上がったり下がったりのジグザグ形をしており，酔歩という名にふさわしい動きである．0 から少し外れているが，0 付近にとどまっている．真ん中の分散の図を見ると，分散は回数と比例してどんどん大きくなっていることが見てとれる．右側のヒストグラムは $n = 1000$ のデータのヒストグラムで，正規分布に似た形状をしている．実際，中心極限定理により，回数が大きくなると正規分布に近づいていくことが示される．ランダムウォークは，顕微鏡で見ると花粉粒子が不規則に移動しているという現象（ブラウン運動）のモデルであり，様々な科学分野（物理，生物，遺伝，金融など）で広い応用が見られる．この本でも，後の章で応用例を見ることになるだろう．

二項分布の場合にも対数正規分布と同様に発生確率 p の近似信頼区間の式が知られているので紹介しておこう (Burnham and Anderson 2002)．対数正規の信頼区間の場合のように，いったん正規分布の信頼区間を作って，それからもとのスケールに戻すことにより信頼区間を構成する．対数正規分布の

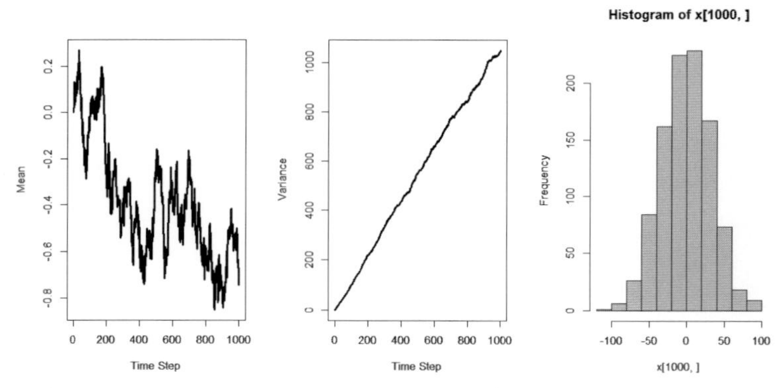

図 2.9　ランダムウォークによる平均と分散の時間変化．$T = 1000$ における頻度分布

場合，対数をとることによって正規分布にした．二項分布の確率 p の場合は，対数変換しても $-\infty \sim \infty$ の値にならない．0 から 1 の間の値を $-\infty \sim \infty$ にする変換のひとつとして有名なのが，ロジット変換

$$\mathrm{logit}(x) = \log\left(\frac{x}{1-x}\right)$$

である．これを使って，正規分布による信頼区間を構成し，逆変換によって比率の信頼区間を構成すると，

$$C = \exp\left[\frac{z_{\alpha/2}\mathrm{se}(\hat{p})}{\hat{p}(1-\hat{p})}\right]$$

とするとき，

$$\left[\frac{\hat{p}}{\hat{p}+(1-\hat{p})C}, \frac{\hat{p}}{\hat{p}+(1-\hat{p})/C}\right]$$

となる．ここで，$\mathrm{se}(\hat{p}) = \sqrt{\hat{p}(1-\hat{p})/n}$ である．

この信頼区間はあまり使われていないが，たとえばブートストラップ法を使って信頼区間を出すといったような計算が大変だったり，時間がない中でさっと信頼区間を知りたいというようなときには便利であるので，知っておいて損はないだろう（知っておく，といっても，公式を暗記しておく，ということではない．そういうものがあったなぁ.... というおぼろげな記憶があれば十分である）．

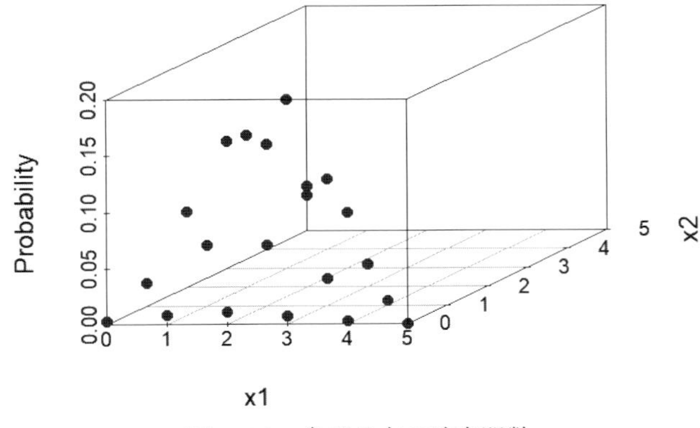

図 **2.10** 多項分布の確率関数

2.8 多項分布

二項分布は，0 か 1 のような 2 値をとるデータであるが，0, 1, 2 のように 3 値をとる場合にはどうすればよいだろうか？ それには，多項分布 (multinomial distribution) という二項分布を一般化した確率分布を使う．多項分布の確率関数は，全部で n 個の試行を行い，$1,\ldots,k$ の値が起こるとすると，

$$Pr(X=(x_1,x_2,\ldots,x_k))=\frac{n!}{x_1!x_2!\ldots x_k!}p_1^{x_1}p_2^{x_2}\cdots p_k^{x_k}$$

となる．ここで，$\sum_{i=1}^{k} x_i = n$ であり，$p_1,p_2,\ldots,p_k$ は，$1,2,\ldots,k$ の発生確率である．確率変数 X が試行回数 n，成功確率 $p_1,p_2,\ldots,p_k$ の多項分布に従うとき，$X \sim Multin(n;p_1,\ldots,p_k)$ のように書く．多項分布の平均は $E(X_i) = np_i$，分散は $\mathrm{var}(X_i) = np_i(1-p_i)$ であり，共分散 $\mathrm{cov}(X_i,X_j) = -np_ip_j$ $(i \neq j)$ となる．

多項分布の確率関数を図示してみよう（図 2.10）．3 値をとる場合，$x_1 + x_2 + x_3 = n$ なので，x_1 と x_2 が決まれば，x_3 がわかる．x_1 と x_2 の値に対して，確率をプロットする 3 次元プロットを描いてみよう．

```
library(scatterplot3d)
n <- 5
p <- c(0.2, 0.5, 0.3)
```

```
x <- expand.grid(x1=0:n, x2=0:n)
x <- x[rowSums(x) <= n, ]
x <- cbind(x, x3 = n - x$x1 - x$x2)
z <- apply(x, 1, function(x) dmultinom(x, size=n, prob=p))
scatterplot3d(x[,1],x[,2],z,color="blue",pch=16,angle=30,
 xlab="x1",ylab="x2",zlab="Probability")
```

多項分布は次に紹介するポアソン分布と密接に関係しており，複数のカテゴリーの選択の問題を考える場合に使用される最も基本的な確率分布である．

2.9 ポアソン分布

二項分布とともに頻繁に使用される離散確率変数の確率分布はポアソン分布 (Poisson distribution) である．ポアソン分布は，$k = 0, 1, \ldots$ となるカウントデータに対する最も基本的な確率分布で，その確率関数は，

$$Pr(X = k) = \frac{\lambda^k e^{-\lambda}}{k!}$$

で与えられる．確率変数 X がパラメータ λ のポアソン分布に従うとき，$X \sim Po(\lambda)$ のように書く．ポアソン分布の特徴は，平均と分散が等しく，$E(X) = \mathrm{var}(X) = \lambda$ となることである．実際，

```
set.seed(1)
x <- rpois(10000, lambda=2)
mean(x)
var(x)
```

```
[1] 2.006
[1] 2.041368
```

のように，平均と分散はほぼ等しく，与えた λ とごく近い値になる．

ポアソン分布の確率関数を描こう．ここでは，ポアソン分布からランダムにデータを発生させて，そのヒストグラムを描いてみる（図 2.11）．

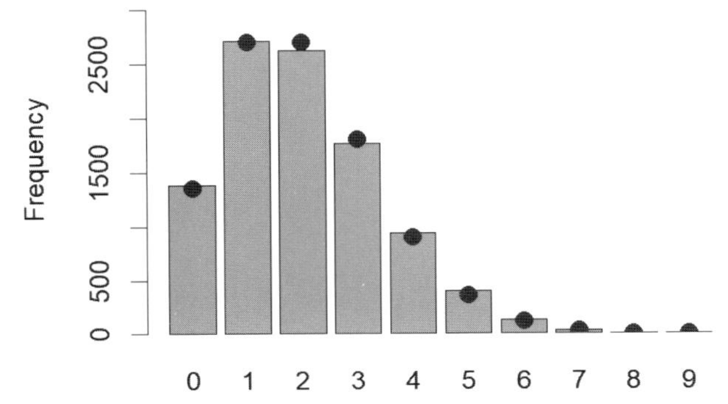

図 2.11 ポアソン分布の確率関数とポアソン分布から生成したデータのヒストグラム

```
xx <- barplot(table(x), ylab="Frequency",
 ylim=c(0,max(table(x))*1.2))
points(xx,10000*dpois(0:9, lambda=2), col="blue", pch=16,
 cex=1.5)
```

ポアソン分布 $Po(\lambda)$ は二項分布 $Bin(n,p)$ を $np=\lambda$ としながら，$n\to\infty$，$p\to 0$ とした極限分布として得られる．実際そのようになっているか調べてみよう．

```
set.seed(1)
x <- rbinom(1000, size=100000, prob=0.00005)
y <- rpois(1000, lambda=5)
par(mfrow=c(1,2))
barplot(table(x), main="Binomial")
barplot(table(y), main="Poisson")
```

たしかによく似たヒストグラムとなっている（図 2.12）．逆に，2 つの独立なポアソン分布に従う確率変数 $X_1 \sim Po(\lambda_1)$ と $X_2 \sim Po(\lambda_2)$ の和が一定値 n であるものをとると，X_i $(i=1,2)$ の分布は二項分布 $Bin(n, \lambda_i/(\lambda_1+\lambda_2))$ に従う．確かめてみよう．

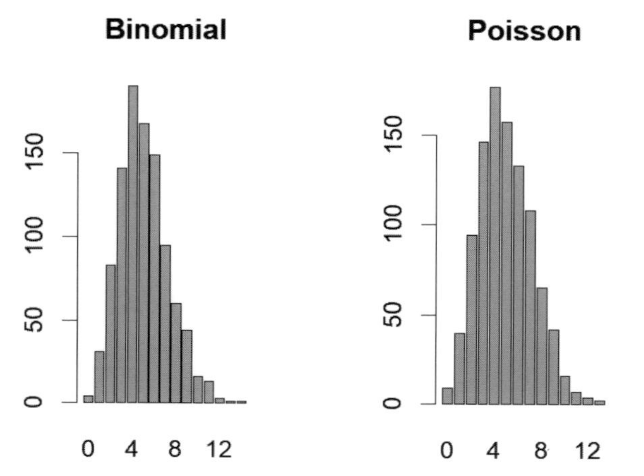

図 **2.12**　$n \to \infty$, $p \to 0$ の二項分布と $\lambda = np$ のポアソン分布の比較

```
set.seed(1)
x1 <- rpois(10000, lambda=2)
x2 <- rpois(10000, lambda=3)
y <- cbind(x1, x2)
y <- subset(y, x1 + x2 == 5)
par(mfrow=c(1,2))
barplot(table(y[,1]), main="ポアソン分布")
z <- rbinom(nrow(y),size=5,prob=2/(2+3))
barplot(table(z), main="二項分布")
```

同じようなヒストグラムが得られた（図 2.13）．一般に，k 個の独立なポアソン分布がある場合 $(X_i \sim Po(\lambda_i)\ (i = 1, \ldots, k))$，$\sum X_i = n$ とすると，$p_i = \lambda_i / \sum \lambda_i$ として，$(X_1, \ldots, X_k)$ は多項分布 $Multin(n; p_1, \ldots, p_k)$ に従うということが言える．

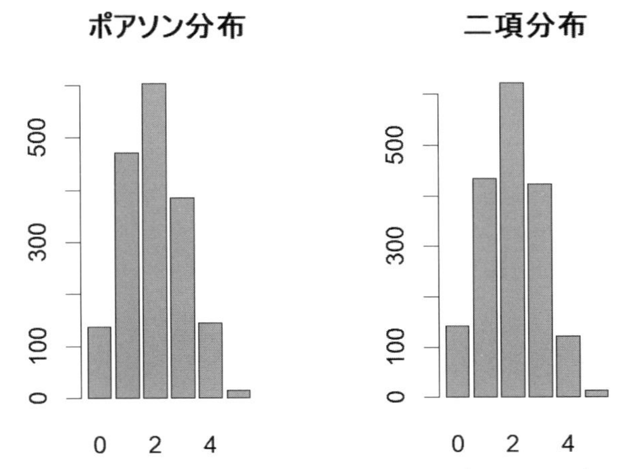

図 **2.13** 和が一定値となる独立なポアソン分布と二項分布の関係

2.10 負の二項分布

ポアソン分布は，平均と分散が等しいという性質をもつが，これはランダム配置を表す確率分布となっている．空間内に一様分布で点を配置し，等しいグリッドに分けて，各グリッド内の点の数を数えると，その点数の分布はポアソン分布に従う．0 ～ 50 内に一様に点を配置し，等間隔に分けた 50 個の区画内に入る点の個数の分布を見てみよう．

```
set.seed(123)
n <- 50
x <- runif(n,0,50)
z <- floor(x)    # 小数部分を打ち切ることにより，区画を設定
m <- table(z)    # 区画に入る個数をカウント
zz <- rep(0,n)
zz[0:(n-1) %in% as.numeric(names(m))] <- m
  # tableの個数カウントは0が入らないので，0となった区画を復元
( zz_stat <- c(mean(zz), var(zz)) )     # 平均と分散を比較
tab_zz <- table(zz)
```

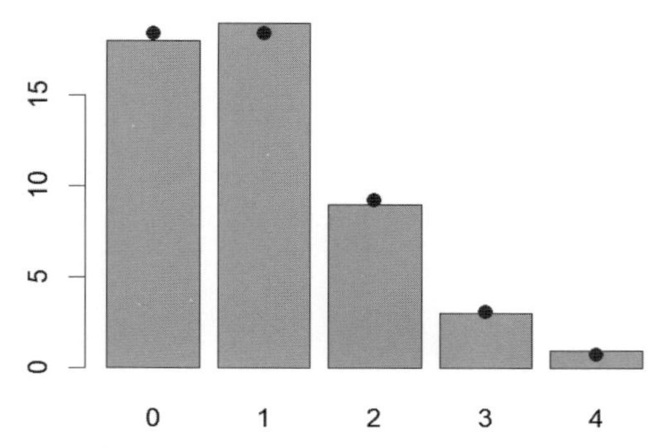

図 **2.14** 空間内にランダムに点を配置したときのグリッド内の点の個数の分布

```
x <- barplot(tab_zz)
points(x, dpois(as.numeric(names(tab_zz)),
 lambda=zz_stat[1])*sum(zz), col="blue", pch=16, cex=1.2)
```

```
[1] 1.0000000 0.9795918
```

平均と分散はほぼ等しくなり，観測された区画内個数のヒストグラムと観測平均をもつポアソン分布による理論値とはよく合っている（図 2.14）．このように，ポアソン分布は生物のランダムな分布（配置）と密接に関係している．

しかし，生物の分布は一般にはランダムではなく，ある場所ではたくさん集まっていて，ある場所ではまったくいないというような集中分布 (contagious distribution) となることが多い（集中分布では，$\mathrm{var}(X) > E(X)$ となる．モデル仮定（この場合は，ポアソン分布）で期待されるより分散が大きくなる現象を過分散 (overdispersion) と呼ぶ）．そのような集中分布を扱うためにしばしば使用される確率分布が負の二項分布 (negative binomial distribution) である．負の二項分布は，ポアソン分布の平均 λ がガンマ分布に従うとして導出することができる．その確率関数 $NB(n,p)$ は，

$$NB(n,p) = Pr(X=k) = \frac{\Gamma(k+n)}{\Gamma(n)k!}p^n(1-p)^k$$

であり，その平均は $E(X) = n(1-p)/p$，分散は $\mathrm{var}(X) = n(1-p)/p^2$ となる．平均を μ とするとき，$p = n/(n+\mu)$ となり，分散は $\mu + \mu^2/n$ となる

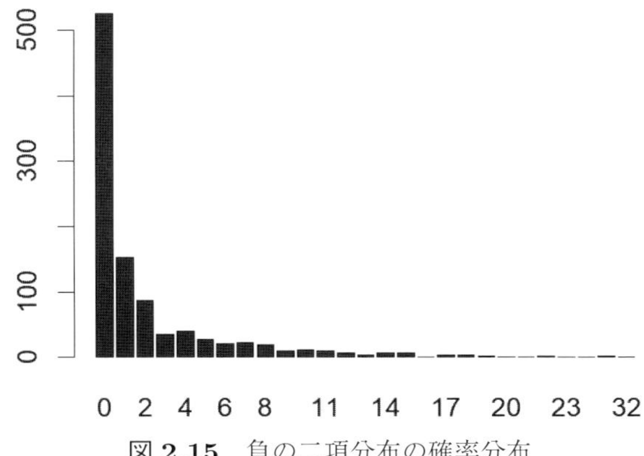

図 **2.15** 負の二項分布の確率分布

(式中の Γ はガンマ関数で，自然数 n に対して $\Gamma(n) = (n-1)!$ となる．必ずしもガンマ関数を使って書く必要はないのだが，色々な書き方がありますよ，ということを示すため)．

ポアソン分布では平均と分散が等しかったが，負の二項分布では分散は平均より μ^2/n だけ大きくなる．n は分散の大きさを調整し，$n \to \infty$ ならポアソン分布に近づくが，$n \to 0$ とすると分散はどんどん大きくなる．n を分散パラメータ (dispersion parameter) と呼ぶ．負の二項分布の形状を見てみよう．

```
set.seed(1)
x <- rnbinom(1000, size=0.3, mu=2)
mean(x)
c(var(x), 2+2^2/0.3)
barplot(table(x), col="blue")
```

```
[1] 2.164
[1] 16.43354 15.33333
```

平均が 2 ほどに対して，分散は 15 ほどであり，過分散をもつデータになっている．そのヒストグラムは 0 に多くのデータをもち，右裾が長い分布となっている（図 2.15）．

次のような問題を考えてみよう．ある地域に動物の調査に行った．動物の名

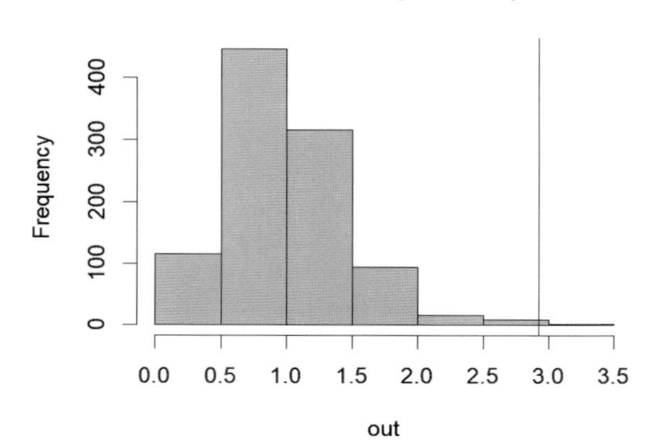

図 2.16 サンプルがポアソン分布から得られたとしたときの分散/平均のブートストラップ分布

前をチュパカブラ (Chupacabra) とでもしておこう．チュパカブラの観測調査は，10 点の調査区で行われた．10 点の観測個体数が，$1, 3, 7, 0, 2, 2, 0, 1, 2, 8$ であったとする．さて，チュパカブラはランダムに分布しているのだろうか？ それとも集中的に分布しているのだろうか？

ランダム分布ならポアソン分布に従うだろう．それなら，$E(X) = \mathrm{var}(X)$ となっているはずである．もし集中分布なら，$\mathrm{var}(X) > E(X)$ となっているだろう．そこで，観測個体数がその平均をもつポアソン分布に従うとして，データを発生させて，その分散と平均の比をとって，それを観測された分散と平均の比と比較する．もし，ランダムならば，観測された分散と平均の比はポアソン分布に従って得られたヒストグラムのピークに近い値となるだろう．しかし，集中分布をしているならば，観測された比はずっと大きくなるに違いない (図 2.16)．第1章で見たブートストラップ法を使ってやろう．

```
x <- c(1,3,7,0,2,2,0,1,2,8)
set.seed(1)
out <- NULL
for (i in 1:1000) {
  x_b <- rpois(length(x), mean(x))
```

```
  out <- c(out, var(x_b)/mean(x_b))
}
hist(out, main="Null Model (Poisson)")
abline(v=var(x)/mean(x), col="blue")
( p_value <- mean(out > var(x)/mean(x)) )
```

```
[1] 0.002
```

チュパカブラは集中分布をしている．もしあなたがチュパカブラの生態を調査する際に，チュパカブラが集中分布をしていることを知っていたら，調査デザインの設計によってより効率の良い調査が可能になるかもしれない．それがランダムに分布しているのか，集中分布しているのか，といったような空間分布に関する情報は，その生物の調査や保護・管理において有用な知識となることが期待される．

2.11 その他の確率分布と混合分布

本書では，正規分布や二項分布，ポアソン分布などの典型的な確率分布を使用するので，それらの説明に注力したが，他にも様々な確率分布が存在する．特に，t 分布やカイ 2 乗分布などは，少しだけしか取り上げなかったが，統計学の分野では非常に重要な確率分布であるので，興味のある読者は統計学の成書を見られたい（藤澤 2006，竹村 2020，Casella and Berger 2024 など）．また，分散分析で使用される分散の比の確率分布である F 分布も重要であるが，本書では分散分析を使用しないので取り上げなかった．その他にも，比率（確率）の確率分布であるベータ分布（二項分布の確率の事前分布として使用されることもあり比較的よく使用される．二項分布の確率 p の事前分布としてベータ分布を仮定して，p を積分消去したものはベータ二項分布と呼ばれ，二項分布の過分散を扱うモデルとして知られている），非復元抽出の場合の確率分布に対応する超幾何分布，寿命のモデルに使用されるワイブル分布，周期的な変数の確率分布であるフォン・ミーゼス分布，ガンマ分布の多変数拡張版であるディリクレ分布などがあり，様々な応用が見られるが，本書では取り上げなかった．必要に応じて，統計学の成書を手にとって見て欲しい．

ここでは，確率分布の拡張という観点で，今まで見てきた確率分布の応用例を簡単に見ていこう．データ cats は雌雄の猫の情報が入っていた．雌のサンプルサイズは 47，雄のサンプルサイズは 97 である．雌と雄では体重に差があるということを本章3節で確認した．すなわち，雌猫の体重と雄猫の体重が混ざりあって猫の体重の分布ができていると考えられる．データ cats には，雌か雄かを示すラベル (Sex) がついているが，それを知らないとして，雌雄の割合や雌雄ごとの平均体重などを推定できるだろうか？　これには混合分布 (mixture distribution) を考えると良い．すなわち，雌の割合を π_1，雄の割合を π_2 とし，雌の対数をとった体重は平均 μ_1，分散 σ_1^2 の正規分布，雄のほうは平均 μ_2，分散 σ_2^2 の正規分布に従うとすると，対数をとった体重 b の確率分布は，

$$\pi_1 N(b|\mu_1, \sigma_1^2) + \pi_2 N(b|\mu_2, \sigma_2^2)$$

となっている．ここで，$\pi_1 + \pi_2 = 1$ である．

雌雄の区別をしない体重 b_i $(i = 1, \ldots, n)$ から，雌雄別のパラメータ π_j，μ_j，σ_j^2 $(j = 1, 2)$ を推定したい．雌雄別のデータがあるとした場合を完全データ (complete data) といい，雌雄別データがない場合を不完全データ (incomplete data) という．不完全データから，完全データを復元して推定してみる．もし，完全データがあるならば，雌雄別のパラメータを推定することが可能である（今の場合，雌雄別のデータはあるのだが，ないふりをする．後で，ない状態から雌雄別データを推定して，実際には「ある」のでそれを使った結果と推定結果を比較して，推定の良さを評価する）．

雌雄別のパラメータはわからないので，初期値として大体の値を与える．パラメータの初期値を与えたときに，各データが雌雄のどちらに属するかという期待値を計算する．その期待値のもとで，雌雄どちらかという尤もらしさがわかるので，重み付き平均などにより，再びパラメータの推定値が得られる．そうすると，パラメータの推定値が更新され，そのもとでまた雌雄どちらかという期待値が計算できる．期待値のもとでパラメータの推定値が得られ，それによって期待値が計算される．この操作を繰り返していくと，いずれパラメータ推定値はほとんど変わらなくなり，そうなると収束したということで，それが欲しかったパラメータの推定値である．

実際に，データ cats の体重を使って計算してみよう．重要なところは，期

待値をどうやって計算するかである．データ b_i とパラメータの初期値が与えられたとき，それが雌であるという期待確率は，

$$Pr(\text{雌}\,|b_i, \pi^0, \mu^0, (\sigma^2)^0) = \frac{\pi_1 N(b_i|\mu_1^0, (\sigma_1^2)^0)}{\sum_{j=1}^{2} \pi_j N(b_i|\mu_j^0, (\sigma_j^2)^0)}$$

となる．これは，第1章の条件付確率の公式から得られる．初期値を μ^0 のように上付文字0で表した．雄である確率は，分子を $\pi_2 N(b_i|\mu_2^0, (\sigma_2^2)^0)$ に替えてやればよい．この期待確率から，更新パラメータを計算することができる．更新パラメータは，$Pr(j|b_i, \pi^0, \mu^0, (\sigma^2)^0) = \hat{p}_{i,j}$（$j = 1, 2$ で，1は雌，2は雄）と書けば，それぞれ，

$$\pi_j^1 = \frac{\sum_{i=1}^{n} \hat{p}_{ij}}{n}$$

$$\mu_j^1 = \frac{\sum_{i=1}^{n} \hat{p}_{ij} b_i}{\sum_{i=1}^{n} \hat{p}_{ij}}$$

$$(\sigma_j^2)^1 = \frac{\sum_{i=1}^{n} \hat{p}_{ij} (b_i - \mu_j^1)^2}{\sum_{i=1}^{n} \hat{p}_{ij}}$$

となる．これを改めて，初期値として，同様の計算をパラメータが収束するまで繰り返すのである．R のコードを書くと，

```
data(cats)
dat <- cats
b <- log(dat$Bwt)
pi_0 <- c(0.5, 0.5); mu_0 <- c(0.7, 1.2); sd_0 <- c(0.1, 0.2)
d <- 1
pi_vec <- pi_0; mu_vec <- mu_0; sd_vec <- sd_0
while (d > 0.0001){
  p1_F <- pi_0[1]*dnorm(b, mu_0[1], sd_0[1])
  p1_M <- pi_0[2]*dnorm(b, mu_0[2], sd_0[2])
  p1 <- cbind(p1_F, p1_M)
  p1 <- sweep(p1, 1, p1_F+p1_M, FUN="/")
  pi_1 <- colMeans(p1)
  mu_1 <- c(sum(p1[,1]*b)/sum(p1[,1]), sum(p1[,2]*b)/sum(p1
    [,2]))
```

```
  sd_1 <- sqrt(c(sum(p1[,1]*(b-mu_1[1])^2)/sum(p1[,1]),
   sum(p1[,2]*(b-mu_1[2])^2)/sum(p1[,2])))
  d <- max(abs(c(pi_1-pi_0, mu_1-mu_0, sd_1-sd_0)))
  pi_0 <- pi_1; mu_0 <- mu_1; sd_0 <- sd_1
  pi_vec <- rbind(pi_vec, pi_0); mu_vec <- rbind(mu_vec, mu_0);
  sd_vec <- rbind(sd_vec, sd_0)
}
```

となる（上のコードでは，分散ではなく標準偏差を利用した）．実際には，データ cats には雌雄の区別をするラベルがついているので，それぞれの割合，平均，標準偏差と比較してみよう．

```
names(pi_1) <- c("pi_F","pi_M"); names(mu_1) <- c("mu_F",
 "mu_M");
 names(sd_1) <- c("sd_F", "sd_M")
rbind("Est" = pi_1, "Obs" = c(nrow(subset(dat, Sex=="F")),
 nrow(subset(dat, Sex=="M")))/nrow(dat))
rbind("Est" = mu_1, "Obs" = c(mean(b[dat$Sex=="F"]),
 mean(b[dat$Sex=="M"])))
rbind("Est" = sd_1, "Obs" = c(sd(b[dat$Sex=="F"]),
 sd(b[dat$Sex=="M"])))
brs <- seq(0.5,1.5,by=0.1)
h1 <- hist(b[dat$Sex=="M"], col=rgb(0, 1, 0, alpha=0.3), breaks
 =brs, ylim=c(0,32), xlab="Body Weight (log)", main="")
h2 <- hist(b[dat$Sex=="F"], col=rgb(1, 0, 0, alpha=0.3),
 breaks=brs, add=TRUE)
curve(0.1*sum(h1$count)*dnorm(x, mu_1[2], sd_1[2]), col="blue",
 add=TRUE)
curve(0.1*sum(h2$count)*dnorm(x, mu_1[1], sd_1[1]), col="red",
 add=TRUE)
```

```
         pi_F      pi_M
Est 0.2844143 0.7155857
Obs 0.3263889 0.6736111
```

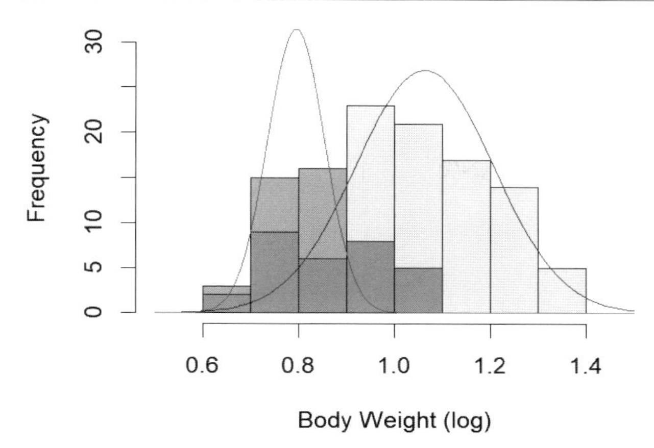

図 **2.17** EM アルゴリズムによって推定された雌雄の体重の分布

```
         mu_F      mu_M
Est 0.7943442 1.062966
Obs 0.8522263 1.051658
          sd_F       sd_M
Est 0.05951315 0.1438414
Obs 0.11162500 0.1632818
```

多少のずれはあるが，雌雄についての情報を使用していないにも関わらず，雌雄の情報を良い感じに推定できている（図 2.17．少々ずれるのは，正規分布の混合分布というモデルが必ずしも正しくない，というのがひとつの理由である）．パラメータの収束の様子を見てみよう．

```
par(mfrow=c(1,3))
matplot(pi_vec, col=c(1,4), xlab="Iteration", ylab="pi")
matplot(mu_vec, col=c(1,4), xlab="Iteration", ylab="mu")
matplot(sd_vec, col=c(1,4), xlab="Iteration", ylab="sigma")
```

適当な初期値から出発しているので，最初にそれらしい値にジャンプしている．それからは徐々に変化して，パラメータの値は一定値に向かって行っている（図 2.18）．

雌雄の情報がない場合に，雌雄の情報があるとしてその期待値を計算し，パ

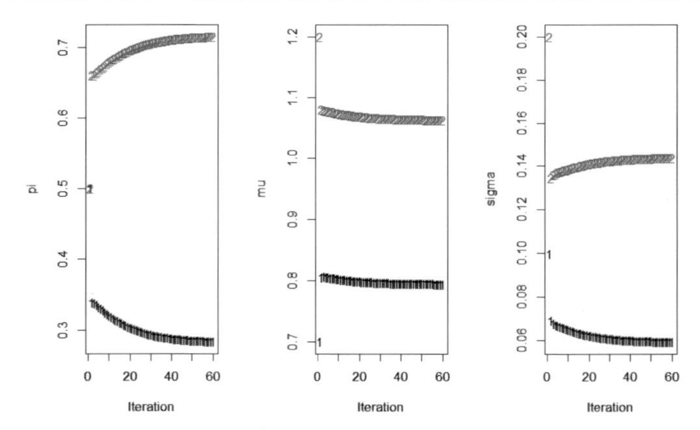

図 2.18 EM アルゴリズムによってパラメータが収束していく様子

ラメータを推定するというのがコツであった．この方法は，EM アルゴリズム (EM algorithm) と言われ，混合分布だけでなく，欠測値補完など様々な問題に応用される．正規分布の混合分布だけでなく，任意の分布の混合分布に応用することもできる．より一般的な計算方法については次の節で述べる．

上の解き方の中で，完全データ（体重の情報に雌雄の「ラベル」をつけたもの）を考えて，その期待値を考えることによってパラメータの推定値を得ることができた．対数をとった体重のデータを y，雌か雄かというラベルを x で書くと，$f(y,x) = f(y|x)f(x)$ という条件付確率の考えを使っている．$f(y|x)$，$f(x)$ は同じ記号 f を使用しているが，異なる確率分布でありうる（データ `cats` の場合は，$f(y|x)$ は正規分布，$f(x)$ はベルヌーイ分布である）．このように，いくつかの確率分布の組み合わせで，段階的に考えるようなモデルを階層モデル (hierarchical model) と呼ぶ．

x は未知であるので，期待値

$$f(y) = \int f(x,y)dx = \int f(y|x)f(x)dx$$

をとって，y の分布だけを考える．これを y の周辺分布 (marginal distribution) といい，データ `cats` の混合分布モデルは体重の周辺分布になっている (2つの確率変数を離散確率変数とすると，(x,y) の確率分布は表の形で書け，x, y それぞれの確率分布は表の周辺和になるので，「周辺」という用語が用いられる)．周辺分布は上のように期待値となっていて，X が1次元であれば計算はそれほど困難ではないが，実際の応用では多次元となる場合が多い．そのようなとき，周辺分布の計算は困難になり，なんらかの近似計算が必要になる．上の EM アルゴリズムでは，周辺分布で直接計算することを避け，完全データで考えることにより，計算を簡便にしている（数学的には，周辺分布の場合に必要となる log-sum の計算を，同時分布を考えた場合の sum-log にすることによって，計算を容易にしていることになる）．

周辺分布と条件付分布には，X が与えられたときの Y の条件付期待値を $E(Y|X)$ と書くと，$E(Y) = E(E(Y|X))$ となり，条件付分散を $\mathrm{var}(Y|X)$ と書くと，

$$\mathrm{var}(Y) = E(\mathrm{var}(Y|X)) + \mathrm{var}(E(Y|X))$$

の関係がある．後者は，Y の分散は，X を与えたときの Y の分散の期待値と X を与えたときの Y の期待値の分散の和になっているということで，周辺分布そのままの分散を考えることが難しい場合に，使えるテクニックである．上のデータ `cats` の例では，雌雄が既知とすれば，そのときの $Y|X$ の分布は正規分布になるので，期待値や分散は計算できる．雌雄の割合もわかっている（$f(x)$ にあたる）ので，条件付期待値と条件付分散から Y の周辺分布の分散が計算できる，というわけである．

データ `cats` で EM アルゴリズムから得られた結果を使って条件付分散公式の計算をしてみよう．

```
EV <- sum(pi_1*sd_1^2)
VE <- sum(pi_1*(mu_1-c(pi_1%*%mu_1))^2)
V <- EV + VE
c( sqrt(V), sd(b) )
```

```
[1] 0.1746390 0.1752485
```

大体同じような値になった（少しずれるのは，EM アルゴリズムの推定結果が正確な雌雄の値になっていないためである）．読者は，後の章で，実際の個体群データ分析を行う際に，この公式に再会することになるだろう．

2.12 最尤法と漸近理論

最後に次章以降に使用する最尤法 (maximum likelihood method) について述べておこう．正規分布には μ と σ，二項分布は p，ポアソン分布は λ など，それぞれパラメータがあった．このパラメータをデータから推定すれば，母集団がどのようなものであるかわかり，様々な推測を行うことが可能になる．

パラメータの推定方法として，統計学には二大潮流があり，ひとつは最尤法であり，もうひとつはベイズ法である（「最尤法 vs. ベイズ法」には，複雑な歴史があり興味深いが，本書では特にこだわらず，どちらでも便利なほうを使用するという立場である）．本書では，主に最尤法による推定を用いるが，必要があればベイズ法を使用したり，ベイズ法に言及したりすることになるだろう．

データ $x_1, \ldots, x_n$ があるとする．これを平均 μ，分散 σ^2 の正規分布から独立に得られたものであるとすると，その発生確率は，

$$N(x_1|\mu, \sigma^2) \times \cdots \times N(x_n|\mu, \sigma^2)$$

となる．ここで，$N(x|\mu, \sigma^2)$ は正規分布の確率密度関数である．上の式は，簡単に，$\prod_{i=1}^{n} N(x_i|\mu, \sigma^2)$ と書くことができる．最尤法は，上記のようなデータの発生確率を最大化するようなパラメータを推定量としましょう，という考え方である．上の確率の積をデータが与えられたときのパラメータの関数とみて，それを最大化する．パラメータの関数としてみたとき，それを尤度関数 (likelihood function) と呼ぶ．尤度関数は，確率の積がもとになっているが，確率ではないことに注意しよう．

パラメータは，真の値がひとつあるだけで，確率が付与された確率変数ではない．得られたサンプルが従うと想定されるパラメータによって規定された確率分布を，もとのパラメータの推定のための関数として利用してやろう，というような発想である．パラメータの関数ですよ，ということを強調するため，パラメータを θ として $L(\theta)$ のような記号が使用される．

確率は0から1までの値であるので，上のような積はサンプルサイズが大きくなると急速に小さな値になる．計算機で計算する場合，有効桁数があるので，あまりに小さい値を扱うのは難しくなる．そこで，上の確率の積の対

数をとるという操作がよく行われる．対数尤度 $\log L(\theta)$ を最大化することを考えよう．最大というのは，お山のてっぺんになるので，微分して 0 になるところである．そこで，対数尤度をパラメータ θ で微分して 0 として解くことになる．正規分布の場合は，$\log L(\mu, \sigma^2)$ なので，$\partial \log L(\mu, \sigma^2)/\partial\mu = 0$, $\partial \log L(\mu, \sigma^2)/\partial\sigma^2 = 0$ を解けば良い．これは，手計算で解くことができて，

$$\hat{\mu} = \frac{1}{n}\sum_{i=1}^{n} x_i$$

$$\hat{\sigma}^2 = \frac{1}{n}\sum_{i=1}^{n}(x_i - \hat{\mu})^2$$

が最尤推定量 (maximum likelihood estimator, MLE) として得られる．分散の最尤推定量は，不偏推定になっていないことに注意しよう．

最尤法は，正規分布でなくても適用可能であるので，二項分布でもポアソン分布でも同様に計算することができる（二項分布の期待値 np，ポアソン分布の期待値 λ の最尤推定量は，いずれもデータの平均となる）．モデルが複雑になってくると，手計算では解けない場合が出てくる．そのような場合は，数値的最適化によって（対数）尤度を最大化することになる（一般には，負の対数尤度を「最小化」する場合が多い）．後の章で，そのような例を見ることになるだろう．最尤法がなぜ良いか，ということに関しては，次章で情報論の立場での解説がなされる．

一方のベイズ法は，事後確率 $\propto$ データの発生確率 $\times$ 事前確率，というような形をしており，これは，事後確率 $\propto$ 尤度 $\times$ 事前確率，と書くことができる．すなわち，ベイズ法は尤度に加えて，パラメータの事前確率が加わったものと考えられる．最尤法では，パラメータは固定したひとつの値であったが，ベイズ法ではパラメータも確率変数とみなすことになり，ここに考え方の決定的な差異がある．この差は重要であるが，応用的にはそこまで重要でなく，最近の応用統計学や生態学では，そこにそこまで拘泥しないというのが通常であるように思われる．

2 つの違いは，推定の仕方の便法的な扱いである．ベイズ法は，尤度を介して，事前確率から事後確率を得るというのが目的であり，興味の中心は事後確率分布となる．パラメータ θ は確率分布であるので，その点推定値だけでなく，確率分布に興味があるとなるため，最適化のような方法を使うことはまれ

で，事後確率分布全体を推定するという方法がとられる．しかし，事後確率分布をどのようにして得ることができるだろうか？　実は，その計算は難しく，最近までベイズ法をあまり利用することができなかったのは，それが大きな理由のひとつであった．しかし，近年（1990年代後半以降），Markov Chain Monte Carlo 法（MCMC 法）という方法によって，様々な確率分布を使用した複雑なモデルから，事後確率分布が容易に得られるようになったことで，ベイズ法による推定は爆発的に普及することになったのである（MCMC 自体はもっと昔から知られていたが，ベイズ法への応用が進んだのが 90 年代になってからであった．ブートストラップ法も 1970 年代に考えられたものであるが，普及したのは 1990 年代になってからぐらいのように思われ，性能の良いコンピュータの普及と関係しているのだろう）．本書では，最尤法を主に使用するため，ベイズ法による推定には詳しく触れないが，MCMC 法に興味がある読者にはベイズ推定のテキストを見られることをお薦めする（McElreath 2020，など）．

最尤推定量は様々な望ましい性質をもつ推定量である．そのひとつに最尤推定量の不変性というものがある．これは，$\hat{\theta}$ が θ の最尤推定量であれば，$g(\theta)$ の最尤推定量は $g(\hat{\theta})$ となる，というものである．たとえば，$\hat{\mu}$ が $\log x$ の平均の最尤推定量なら，x の平均の最尤推定量は $\exp(\hat{\mu})$ となる．この性質は大変便利であるが，残念なことは，そのようにして得られる最尤推定量は，必ずしも不偏ではないということである．不偏推定については，後の章でも議論する．

また，このように変換に対して不変であるのは，最尤推定において真のパラメータは固定したひとつの量であるからで，ベイズ法だと，このように変換に不変にはならない．変数変換の際にヤコビアンを計算する必要があったことを思い出そう．それ故，ベイズ法では，あるパラメータの事前分布に一様分布を仮定しても，そのパラメータの変換に対しては一様分布になっていないということが起こる．したがって，ベイズ法においては（特に，できるだけ客観的な分析を行うために，無情報の事前分布を使いたいという場合），事前分布の選択が重要な課題となる．しかし，典型的な場合には，こういう事前分布を使用するという作法的なものが存在する．

最尤推定量の望ましい性質の話に戻ろう．対数尤度を $l(\theta) = \log L(\theta)$ と書く．対数尤度の微分

$$S(\theta) = \frac{\partial}{\partial \theta} l(\theta)$$

をスコア関数 (score function) という．最尤推定量は，対数尤度の微分を 0 にした解であるから，$S(\theta) = 0$ の解となる．明示されていないが，$S(\theta)$ はデータ x の関数でもあり，任意の θ に対して，その期待値は 0，分散は $\mathrm{var}(X) = E(X^2) - E(X)^2$ から，$\mathrm{var}[S(\theta)] = E[S(\theta)^2]$ となるが，$E[S(\theta)^2] = -E[S'(\theta)]$ が成り立つ．これは，微分と積分が交換可能であるとすると，$0 = E[S(\theta)]' = E[S'(\theta)] + E[S(\theta)^2]$ から求められる（$E[S(\theta)] = \int S(\theta)p(x|\theta)dx$ なので，$E[S(\theta)]' = \int [S(\theta)p(x|\theta)]'dx = \int [S'(\theta)p(x|\theta) + S(\theta)p'(x|\theta)]dx$ であるが，$S(\theta) = p'(x|\theta)/p(x|\theta)$ であることを使う）．

$$I(\theta) = -E[S'(\theta)] = -E\left[\frac{\partial^2}{\partial \theta^2} l(\theta)\right]$$

と書き，フィッシャー情報量 (Fisher information) と呼ぶ．

これらから，スコア関数を真値 θ_0 のまわりでテイラー展開して，1 次までの項をとれば，$S(\hat{\theta}) = 0 = S(\theta_0) - I(\theta_0)(\hat{\theta} - \theta_0)$ となり，中心極限定理により $S(\theta_0) \to N(0, I(\theta_0))$ が成り立ち，$I(\theta_0) \approx I(\hat{\theta})$ などを使って，$I(\hat{\theta})(\hat{\theta} - \theta_0) \sim N(0, I(\hat{\theta}))$ より（両辺を $I(\hat{\theta})$ で割って，θ_0 を移項すれば)，$\hat{\theta} \sim N(\theta_0, I(\hat{\theta})^{-1})$ が成立する．これを最尤推定量の漸近正規性 (asymptotic normality) と呼ぶ（クラメール・ラオの不等式 (Cramér-Rao inequality) から，任意の不偏推定量の分散はフィッシャー情報量の逆数以上になることが知られているので，最尤推定量の分散は下限に対応し，漸近的に良い推定量であることを保証している（この性質を漸近有効性 (asymptotic efficiency) という））．すなわち，パラメータの推定量の分布を知りたいというときに，フィッシャー情報量の逆行列を分散（もしくは分散共分散行列）とする正規分布（一般には多変量正規分布）によって近似できるということになる．これは大変ありがたい定理であり，この性質も後の章で利用することになる．漸近正規性が成り立つためには，いくつかの近似を使用しており，たとえば微分と積分が交換できるなどの通常の場合を想定している．状況が複雑な場合には，成立しない場合もあり，注意が必要であるが，経験的には，多くの場合はおおむねうまくいくようである．

この章の最後に，一般的な EM アルゴリズムを与えよう．EM アルゴリズムは，未知のデータを与えた確率モデルを想定して，その期待値を計算して

から，期待値が与えられたもとでパラメータの推定を行うという操作をパラメータが収束するまで繰り返すのであった．観測データ（不完全データ）を y，それに未知データを加えた完全データを x とする．我々が行いたいのは，$L(\theta|y)$ の最大化であるが，その計算は難しく，$L(\theta|x)$ を考えれば，計算がずっと簡便になるという場合がある．EM アルゴリズムは，パラメータの初期値を θ_0 とするとき，以下の手順を繰り返す．

- E-step: $Q(\theta) = E[\log L(\theta|x)|y, \theta_0]$ を計算．
- M-step: $Q(\theta)$ を最大化する θ_1 を求める．

θ_1 を θ_0 として，θ が変わらなくなるまで，上の E-step と M-step を実行する．最終的に得られるパラメータ $\hat{\theta}$ は，未知データを（積分して）消去した後の $L(\theta|y)$ の最尤推定値になっている，というアルゴリズムである．上の計算を正規分布の混合モデルに適用すれば，本章 11 節で行ったのと同じ計算結果が得られる．上のアルゴリズムは，対数尤度で定義されているので，正規分布以外でも同様に計算でき，一般の欠測値や混合分布問題に適用可能である．しかし，モデルが複雑になってくると，期待値の計算や最大化が難しくなる場合がある．そのような場合の様々な工夫が考えられている．

本書で必要な統計学の知識をひと通り見てきた．次章からは，いよいよ統計モデルを使った解析に入っていこう．

第3章

線形回帰モデルとその拡張

生態学のデータを扱う上で，よく使用される基本的なモデルは線形回帰モデルである．線形回帰モデルは，ある変数 y がある変数 x の線形モデル $a + bx$ で説明されるということを表現したものである．たとえば，貧しい少女がいて，少女は明日舞踏会に出かけることになっている．しかし，貧しさゆえに履いていく靴がなくて困っている．あなたは，その少女にガラスの靴をプレゼントしようと考えたとしよう．しかし，少女の足のサイズがわからなければ，あなたが作ったガラスの靴は，少女の足には小さすぎるかもしれないし，大きすぎるかもしれない．どのようにしたら少女の足にぴったり合うガラスの靴を作ることができるであろうか？

足のサイズはわからないが，身長ならば遠くからでもわかるであろう．あなたは考える．人の足の大きさはその人の身長と関係があるのではないだろうか？　そこで，次のような線形モデル

$$\text{足の大きさ} = a + b \times \text{身長}$$

を想定する．もし上の式の中の a, b の値がわかれば，少女の身長を入れることにより，あなたは少女の足のサイズを知ることができる．そのサイズのガラスの靴は，少女の足にフィットして，少女は舞踏会で見事なダンスを披露するだろう．だが，どのようにして a, b の値を知ることができるだろうか？　さらに，あなたは疑問に思うかもしれない．線形関係で本当に十分なのだろうか？　と．もし線形関係でないなら，どのような関係がもっともらしいのだろうか？　そのような問いに答えるために，この章では，線形回帰モデルとその拡張について見ていこう．

3.1 単純な線形回帰モデル

足のサイズと身長の関係とよく似た例として，動物の脳味噌の重さと体重には関係があるのではないかという話がある．動物の体重についてはある程度の既存の知識があるであろうが，脳味噌の重さを知ることは難しい．上の足のサイズの話のアナロジーとして，動物の体の重量から脳味噌の重さを予測するモデルを作るという話を考えよう．R のパッケージ MASS には，**Animals** という 28 種類の陸上動物の脳味噌の重量と体の重量をまとめたデータがあるので，このデータを利用して線形回帰について学習していくことにしよう．

```
library(MASS)
dat <- Animals
head(dat, 3)
```

```
                  body brain
Mountain beaver   1.35   8.1
Cow             465.00 423.0
Grey wolf        36.33 119.5
```

データがどのようなものであるか確認するために，とりあえず 28 種の動物の最初の 3 つの脳味噌の重さと体重の関係を表示した．データを手にしたときにまずはそのデータがどのようなものかを調べる必要がある．この場合には 28 種のデータであり，行数は 28 という小さなデータであるが，何十万行を有するようなより大きなデータを調べる必要があるという場合もしばしばである．そのようなとき，ひとつひとつのデータを見ていくのは大変な手間であり，またそのような作業をしたところで，データがどのようなものかを知ることはできないであろう．そこで，しばしば行われることは，データを図示することである．今，動物の脳味噌の重さと体重には関係があり，脳味噌の重さを体重から予測するモデルを作ろうとしているので，体重に対して脳味噌の重さをプロットするのが良さそうである．

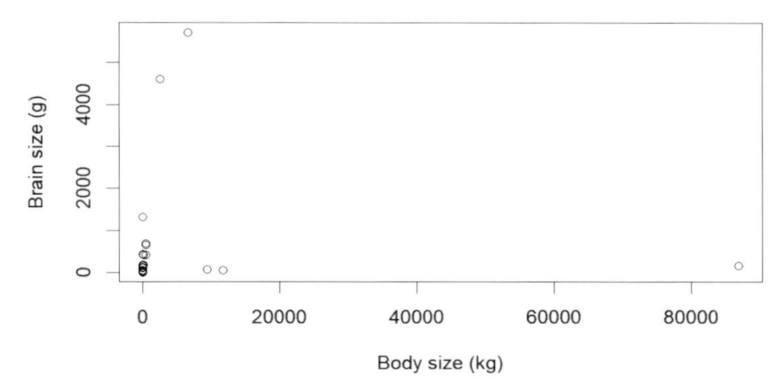

図 3.1　体重量に対する脳重量のプロット

```
plot(dat$body, dat$brain, xlab="Body size (kg)",
 ylab="Brain size (g)")
```

体重量に対する脳重量のプロットは線形モデルのあてはまりがあまり良くなさそうなことを示している（図 3.1）．このデータに線形モデルをあてはめるのはためらわれるところではあるが，まずは線形回帰モデルがどういうものであるかを知ることが目的であるので，あてはまりが悪そうなところには目をつぶって，とにかく線形回帰モデルをあてはめてみよう．

線形回帰モデル (linear regression model) は，$y = a + bx$ のようなモデルのあてはめであるが，どのようにしてそのようなモデルをあてはめるのが良いだろうか？　しばしば利用される方法は，最小 2 乗法 (least squares method) と呼ばれる方法で，n 個のデータの組 (x_i, y_i), $i = 1, \ldots, n$, に対して，

$$\sum_{i=1}^{n}(y_i - (a + bx_i))^2$$

が最小になるように線形回帰モデルの係数（パラメータ）a, b を決めるというものである．y を応答変数 (response variable)，x を説明変数 (explanatory variable) と呼ぶ．$y_i - (a + bx_i)$ は，モデル $a + bx$ と観測値 y との距離であるから，その距離を 2 乗したものを最小にする．上の 2 乗和を最小にするパラメータは，上の 2 乗和をパラメータで微分して 0 とすることで求めることが

できる．この場合は，解析的な答えが求められて，

$$\hat{b} = \frac{\sum(x_i - \bar{x})(y_i - \bar{y})}{\sum(x_i - \bar{x})^2}$$
$$\hat{a} = \bar{y} - \hat{b}\bar{x}$$

となる．ここで，$\bar{x}$ などは，x_i の平均 $\bar{x} = (1/n)\sum x_i$ である．説明変数がひとつの線形回帰を単回帰 (simple linear regression) と呼ぶ．

Rで線形回帰を実行する際には，関数 `lm` を使用する．

```
( res <- lm(brain~body, data=dat) )
```

```
Call:
lm(formula = brain ~ body, data = dat)

Coefficients:
(Intercept)          body
  5.764e+02    -4.326e-04
```

`Coefficients`（係数）の `(Intercept)` がパラメータ a に対応し，`body` となっているところが体重量の係数 b に対応する．意外なことに，体重量の係数にはマイナス記号がついており，このことは体重が増加すると脳味噌の重量は小さくなるということを示している．なぜこのような結果になったのだろうか？　そこで，先ほどのデータのプロットに推定した線形回帰モデルから得られた予測値をプロットしてみよう．

```
plot(dat$body, dat$brain, xlab="Body size (kg)",
 ylab="Brain size (g)")
abline(a=res$coef[1], b=res$coef[2], col="blue")
```

体重量が 20000 kg より小さいところでは体重量と脳重量に線形の関係が見られるが，80000 kg より大きい体重量をもちながら脳重量が極端に小さい動物がいるためにほぼ横ばいの直線がフィットされてしまっていることが見てとれる（図 3.2）．そこで，体重量を 20000 kg より小さいものに制限したデータ

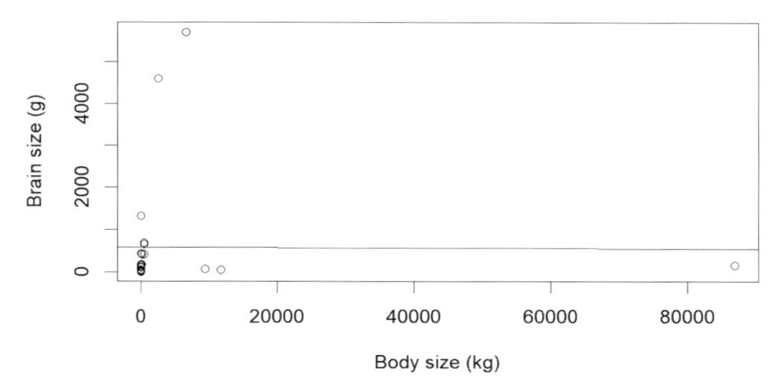

図 3.2　観測値と予測値の比較

を使用して，線形回帰を行ってみよう．

```
( res2 <- lm(brain~body, data=subset(dat, body < 20000)) )
```

```
Call:
lm(formula = brain ~ body, data = subset(dat, body < 20000))

Coefficients:
(Intercept)         body
   421.7261       0.1386
```

今度の場合は，`body` の係数が正になっており，結果が改善されている．しかし，この場合の結果を以前と同様にプロットしてみると，図 3.3 が得られる．図 3.3 からは，残念ながらデータにあてはまっているとは言い難く，このモデルで脳重量が予測できるとは思えない．

このような問題に対するひとつの有効な方策は，対数をとることである．つまり，`res3 <- lm(log(brain) ~ log(body), data=dat)` のように変数を対数に変換することである．このような書き方で計算をしてくれるのではあるが，これ以後，対数変換したデータを使用した分析を行うので，先にデータを作っておくのが望ましい．まずデータの変数を対数変換した新たな変数を作成して，それらに対して線形回帰モデルをあてはめよう．さらに，今回は，プ

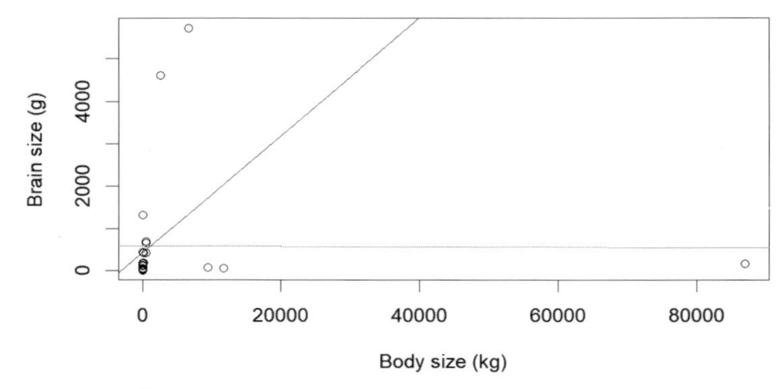

図 3.3 体重量が 20000 kg より小さい動物に限定した場合の回帰結果

ロットまで一気にやってしまおう.

```
dat$log_brain <- log(dat$brain)
dat$log_body <- log(dat$body)
res3 <- lm(log_brain~log_body, data=dat)
plot(dat$log_body, dat$log_brain, xlab="log Body size",
 ylab="log Brain size")
abline(a=res3$coef[1], b=res3$coef[2], col="blue")
```

通常のスケールに対する線形回帰モデルよりもあてはまりがかなり良くなっていることがわかる（図 3.4）. 大きな体重量の 3 点が小さい脳重量をもっており, それに引っ張られて直線のあてはまりが若干悪くなっているように見えるが, そうだとしてもだいぶん良くなっている.

あてはまりが良くなっていると言ったが, なにをもってあてはまりが良いと考えられるだろうか？ 対数をとらないデータに対する線形回帰モデルのあてはまりは悪い. これは, 観測されたデータ点が直線の上に載っていない, ほとんどの観測データが直線の片側だけに存在しランダムに散らばっていない, 大きな外れ値があってそれに引っ張られているように見える, などによって得られる印象である. 逆にいえば, 観測されたデータが回帰直線に十分近くその傾向にあっており, そのまわりにランダムにばらついていて（直線の上下にほぼ同じようにデータが存在し）, 極端な外れ値も存在しない, というような状況

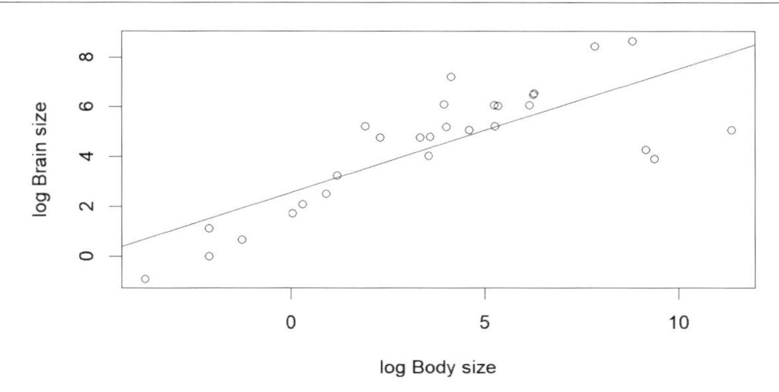

図 3.4 x, y 両方を対数変換した場合の図

なら，あてはまりが良いと考えられる．

このようなあてはまりの違いは，観測データの上に直線をプロットすれば良いのではあるが，今のように説明変数が body 一個であれば良いが，後で見るように説明変数が複数になってくるとどのようなプロットを準備すれば良いのか難しくなってくる．あてはまりは，回帰直線のまわりのデータの散らばり具合から判断されるので，それを見てやれば良い．これは，観測値と回帰直線との差

$$\varepsilon_i = y_i - (a + bx_i)$$

を見ることになる．ε_i はデータから回帰直線を引いた残りであるので，残差 (residual) という．対数をとらない場合ととった場合で残差がどのように異なるかを見てみよう．

```
resid <- residuals(res)
resid3 <- residuals(res3)
par(mfrow=c(1,2))
hist(resid)
hist(resid3)
```

残差のヒストグラムを見ると，対数をとらなかった場合は，残差の値はかなり広い範囲に存在し，その分布は歪んでいて，大きな負の値に突出したピーク

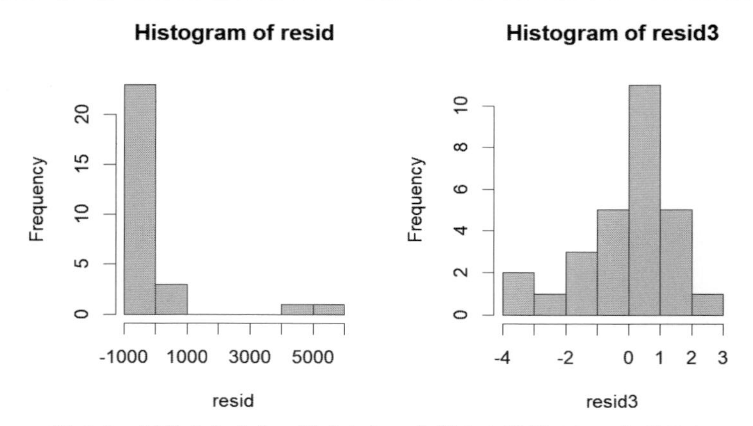

図 3.5 対数をとらない場合ととった場合の残差のヒストグラム

が見られる．一方で，対数をとった場合には，0付近にピークが存在し，低い値に小さな山があるもののおおむね左右対称に近いような頻度分布になっている（図3.5）．これは第2章で見た正規分布に近い形状であると言えよう．実際，線形回帰を統計モデルとみなすとき，観測データに

$$y_i = a + bx_i + \varepsilon_i, \quad \varepsilon_i \sim N(0, \sigma^2)$$

のように平均が $a + bx_i$ で，そのまわりに正規分布に従う誤差を仮定した場合に，尤もらしいパラメータ a, b は最小2乗法で推定されるものと等しいことが示される（詳細は本章4節）．それ故，残差が正規分布によく似た形状をしているというのがモデルのあてはまりの良さの手がかりとなるのである．

今の場合，対数をとったデータに回帰をするのがより望ましいだろうと判断することができる．対数をとったデータに直線関係があてはまることをアロメトリー (allometry) といい，様々な生物現象がアロメトリーに従っていることが知られている．アロメトリーは，$\log(y) = a + b\log(x)$ という関係なので，もとの y に直してやれば $y = \exp(a)x^b$ となり，x の b 乗の曲線になっている．このように，あとで扱う一般化線形モデルもそうであるが，線形回帰モデルといっても，実際には非線形の現象を扱っている場合が多いので注意が必要である．

3.2 カテゴリカル変数と交互作用

変数を対数変換したものに直線をあてはめることによって，動物の体重量と脳重量の間の関係が明らかになってきた．しかし，先の残差プロットで見られた左側（負の値）の小さなピークの存在が気になるところである．これはモデルでうまく予測できていない外れ値となっており，それらがモデルのあてはまりを悪くしているものと思われる．今更ではあるが，どのような動物を見ているのか，中身を調べてみよう．動物の種名はデータの行に付されているので，関数 rownames を使って行名を取り出してみよう．

```
rownames(dat)
```

```
 [1] "Mountain beaver"  "Cow"              "Grey wolf"         "Goat"
 [5] "Guinea pig"       "Dipliodocus"      "Asian elephant"    "Donkey"
 [9] "Horse"            "Potar monkey"     "Cat"               "Giraffe"
[13] "Gorilla"          "Human"            "African elephant"  "Triceratops"
[17] "Rhesus monkey"    "Kangaroo"         "Golden hamster"    "Mouse"
[21] "Rabbit"           "Sheep"            "Jaguar"            "Chimpanzee"
[25] "Rat"              "Brachiosaurus"    "Mole"              "Pig"
```

最初はビーバー，次は雌牛，...と見ていくと，奇妙な単語がいくつか混じっていることに気づくであろう．それは，"Dipliodocus"，"Triceratops"，"Brachiosaurus"の3種である．これらの単語からすぐに気づく人もいるだろうが，わからなければググってみよう．そう，これらは恐竜なのである．我々にお馴染みの（同時代の）動物たちにまじって古代恐竜たちが入っていたのである．この古代恐竜たちが線形回帰モデルのあてはまりに悪さをしていたのではないかと疑念がわいてくるところである．それを調べるために，まず哺乳類 (Mammal) と恐竜 (Dinosaur) を区別するラベルを作ってやろう．

```
dat$type <- rep("M", nrow(dat))
dat$type[c(6,16,26)] <- "D"
dat$type <- factor(dat$type)
```

```
dat[dat$type=="D",]
```

```
              body brain log_brain  log_body type
Dipliodocus  11700  50.0  3.912023  9.367344    D
Triceratops   9400  70.0  4.248495  9.148465    D
Brachiosaurus 87000 154.5  5.040194 11.373663    D
```

ここで，関数 **factor** を使用している．**factor** は，これがカテゴリカル変数 (categorical variable) ですよ，という宣言である．**factor** で変数をカテゴリカル変数であるとすると，文字列に数字が割り付けられ，数字のように扱うことができるようになる．カテゴリカル変数は，たとえば，上のように現世哺乳類と古代恐竜でどのように違いがあるかとか，男女で差があるかとか，子供/青年/老人でどのように違うか，などのようなことを調べたいときに使われる．これは，分散分析 (analysis of variance) と同じ目的をもったものであるが，本書では線形回帰のフレームワークの中で扱うこととする．まずは，哺乳類と恐竜で差があるかどうかを見てみよう．上で見たように，恐竜の体重は哺乳類よりはるかに大きいので，脳重量だけ見るのでは，我々が見たいものとは異なっており，不十分である．そこで，脳重量を体重で割ったものに差があるかどうかを調べよう．

```
res4 <- lm(brain/body ~ type, data=dat)
summary(res4)
```

```
Call:
lm(formula = brain/body ~ type, data = dat)

Residuals:
   Min     1Q Median     3Q    Max
-6.084 -5.187 -1.878  0.959 19.381

Coefficients:
            Estimate Std. Error t value Pr(>|t|)
```

```
(Intercept) 0.004499   4.199716   0.001     0.999
typeM       6.937995   4.444562   1.561     0.131

Residual standard error: 7.274 on 26 degrees of freedom
Multiple R-squared:  0.08569,    Adjusted R-squared:  0.05052
F-statistic: 2.437 on 1 and 26 DF,  p-value: 0.1306
```

summary は，線形回帰の結果をより詳しく示してくれる．この場合，恐竜が基準となっており，恐竜の体重で割った脳重量は `(Intercept)` に，`typeM` は恐竜に対する哺乳類の効果となっているので哺乳類そのものの平均の体重で割った脳重量は，$0.004499 + 6.937995 = 6.942494$ となる．恐竜を基準にせず哺乳類と公平に扱う場合には，下のようなコードを使用すると良い（結果は示さないので，興味がある読者は実行してみてください）．

```
res4_1 <- lm(brain/body ~ type - 1, data=dat)
summary(res4_1)
```

この結果は，恐竜の脳重量は体の重量に比して極めて小さく，哺乳類とはかなり異なっているということを示している（今の場合，統計的に有意な差はないが）．恐竜のデータが，線形回帰の結果に無視できない影響を与えている可能性がある．

恐竜が線形回帰の結果に大きな影響を与えているとすると，恐竜のデータを除いて線形回帰を行えば良いのではないかという手がひとつ考えられる．これは恐竜にまったく興味がないならば，それで十分かもしれないが，恐竜と哺乳類ではこれだけ違うという情報が消えてしまう．すべての情報を活かしつつ，哺乳類と恐竜の間に違いがあるなら，それを考慮した統計解析を行いたい．そのとき，哺乳類と恐竜は違うのだから，異なる直線を引けば良いというのが素直な発想である．

恐竜の体重と脳重量の関係が $y = a + bx$ ならば，哺乳類は $y = (a + a_M) + (b+b_M)x$ となるというモデルを考えてみよう．これは，R でコードを書くと，関係式を `log_brain ~ log_body+type+log_body:type` とすることによって結果を得ることができる．`log_body` は `body` に対する `brain` の（対数スケールの）傾向で，`type` は哺乳類の場合に切片に加わる係数である．`log_body:`

`type` は，`body` に対する `brain` の傾向が哺乳類の場合にどう異なるかという追加の効果を表し，交互作用 (interaction) と呼ばれる．同じ式を簡単に，`log_brain ~ log_body*type` と書くこともできる．

```
res5 <- lm(log_brain ~ log_body*type, data=dat)
round(summary(res5)$coef, 2)
```

```
                Estimate Std. Error t value Pr(>|t|)
(Intercept)         0.04       4.12    0.01     0.99
log_body            0.44       0.41    1.06     0.30
typeM               2.11       4.12    0.51     0.61
log_body:typeM      0.31       0.41    0.76     0.45
```

ここでは，簡単のため係数表だけを取り出して示す．哺乳類の切片と傾きは，切片 $= 0.04 + 2.11 = 2.15$，傾き $= 0.44 + 0.31 = 0.75$ となった．よって，アロメトリー式からもとのスケールに戻すと，脳の重量 $\propto$ 体重量 $^{0.75}$ となる．ここに出てきた指数 0.75 には重要な意味があるということを知っている人も多いであろう (Mayhew 2006)．哺乳類と恐竜に別々の直線を引いたことになるので，結果を図示してみよう:

```
colors <- ifelse(dat$type=="D",gray(0.3),"blue")
par(mfrow=c(1,2))
plot(dat$log_body, dat$log_brain, xlab="log Body size",
 ylab="log Brain size", col=colors,
 pch=as.numeric(dat$type)+14)
abline(a=res5$coef[1], b=res5$coef[2], col=gray(0.3), lty=2)
abline(a=res5$coef[1]+res5$coef[3], b=res5$coef[2]+res5$
 coef[4], col="blue")
hist(residuals(res5))
```

この結果を見ると，直線のあてはまりはさらに改善されたように見える（図 3.6)．残差は，左の小さな山はなくなったものの，少し右の裾が重くなってしまった．だが，大きな問題はなさそうである．

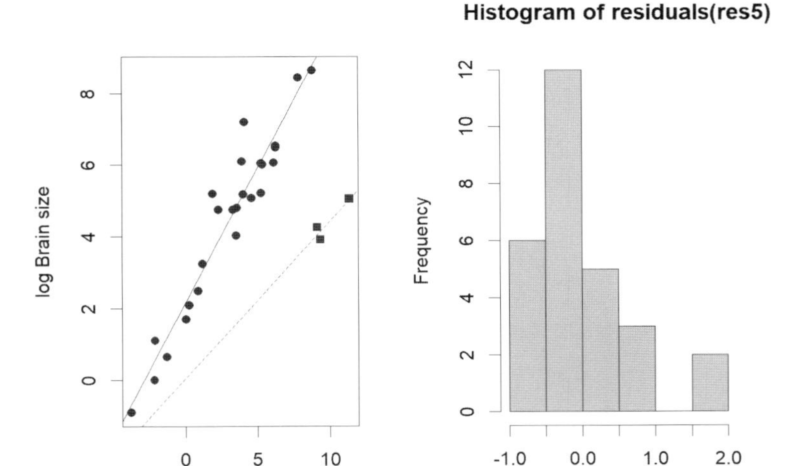

図 3.6 交互作用を含む線形回帰モデルのあてはまりと残差のヒストグラム

ここでは，交互作用を効果的に利用することにより，より良いデータ分析を進めることができた．交互作用を入れることで，0.75 というよく知られた数字が出てきたという点で印象的である．しかし，交互作用は，やたらに入れると解釈が難しくなり，状況によってはあまり良くない場合もある．うまく使用すれば非常に効果的であるが，うまく使うには経験が必要である．

3.3 線形回帰モデルと過剰適合問題

上記で，体の重量と脳重量の関係を見たが，モデルは改善したものの，まだずれはある．もっと完璧に予測できるモデルはないのだろうか？ と考えるかもしれない．しかし，本当に完璧な予測が必要なのだろうか？ 少女の足のサイズの話に戻ろう．少女は靴下を履くかもしれない．今日は足がむくんでいるかもしれない．ぴったり合うガラスの靴といっても，それは本当に寸分違わず足のサイズにぴったり合う靴というわけではないであろう．

再び，動物の体重量と脳重量に戻ろう．前節では，交互作用を使って，恐竜と哺乳類は分けたほうが良いということがわかったが，ここでは複雑な曲線をフィットして，その良さ（または悪さ）を見たいので，交互作用も入るといささか焦点がぼけてしまう．そこで，この節では，恐竜データを除いた哺乳類だけのデータを作って，そのデータで話を進めることにしよう．

```
dat_M <- subset(dat, type=="M")
```

このデータに対して，両対数線形モデル `lm(log_brain ~ log_body, data =dat_M)` がよくあてはまることが期待される．しかし，直線回帰のあてはまりが良いなら，2次曲線をあてはめるとどうなるのだろうか？ Rのコードでは，`lm(log_brain ~ log_body+I(log_body^2), data=dat_M)` と書くことにより，2次曲線をあてはめることができる．ここで，2次の項は `I()` という関数の中で記述されているが，これは `^2` だけだとRが正しく2次の項と判断してくれないためである．以前に，`log_body` と `type` の交互作用を含むモデルを扱ったときに，`log_body*type` という記法を用いた．このときの `*` は掛け算ではなく，`log_body` と `type` の主効果と交互作用を合わせたものという意味である．主効果と交互作用を含むモデルは，`(log_body+type)^2` と書くこともでき，モデルの公式中の `^2` は通常の2乗にはならないのである．そこで，これは通常の2乗ですよ，ということをRに伝えるために `I()` という記法を使用する．ちなみに，説明変数が2つ以上の線形回帰を重回帰 (multiple linear regression) と呼ぶ．

さて，2次曲線は，1次曲線（=直線）を含むので，2次曲線のデータへのあてはまりは必ず1次曲線より良くなることが期待される．同じロジックで，3次曲線，4次曲線，...と次数を増やしていけば，どんどんあてはまりが良いモデルを作ることができるであろう．このような多項式回帰を行うには，上のように `I()` を使うことになるが，次数が多くなってくると面倒である．そこで `poly` という関数を使うことにしよう．さらに多項式回帰を行う関数を作ってやろう．

```
poly_reg <- function(k, data=dat_M) lm(log_brain~poly(log_body,
 degree=k,raw=TRUE),data=data)
Res <- lapply(1:9, function(k) poly_reg(k))
```

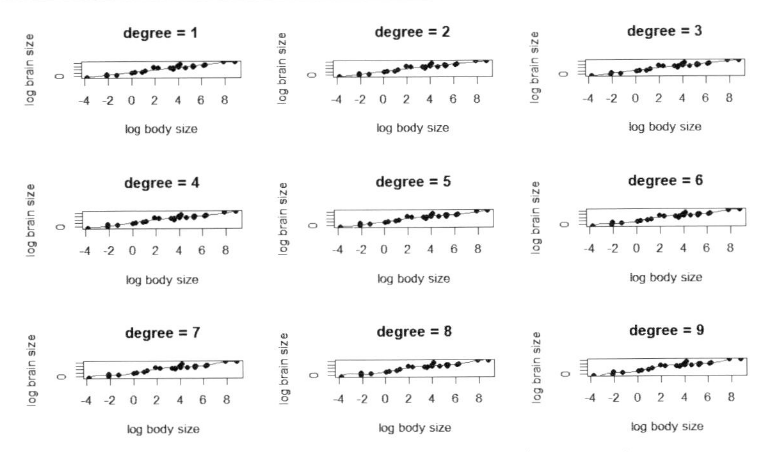

図 **3.7**　データ Animals に 1 次から 9 次までの多項式曲線をフィットした結果

poly_reg という関数で次数 k の多項式回帰を実行する．下では，次数を 1 から 9 まで変えた結果を Res に格納している．

```
par(mfrow=c(3,3))
range_x <- range(dat_M$log_body)
newdat_x <- seq(range_x[1], range_x[2], length.out=100)
for (i in 1:9){
plot(log_brain~log_body, data=dat_M, pch=16,
 main=paste("degree =",i),
 xlab="log body size", ylab="log brain size")
lines(newdat_x, predict(Res[[i]],list(log_body=newdat_x)),
 col="blue")
}
```

フィットされたモデルはくねくねと曲がるようになり，データの動きをトレースするようになっていく（図 3.7）．これは曲線のフィッティングであるが，線形回帰ではある．線形とはパラメータの線形モデルであり，説明変数の集まりを行列 X として，パラメータをベクトル b とするとき，$E(Y) = Xb$ と書けることを意味するためである．行列で書けるということは，線形代数の知識が使えるということで，その恩恵は非常に大きい．次数を増やせばあてはまりがどんどん良くなっていくことを示すために，観測値とモデルの予測値の差の2乗の和を比較してみよう．

```
sigma_sq <- sapply(1:9, function(k) sum((dat_M$log_brain -
 predict(Res[[k]]))^2))
names(sigma_sq) <- paste0("degree", 1:9)
print(round(sigma_sq, 3))
```

```
degree1 degree2 degree3 degree4 degree5 degree6 degree7 degree8 degree9
 12.117  11.619  11.548  10.337  10.312   8.312   8.271   8.257   8.061
```

たしかに，モデルのあてはまりはどんどん良くなっている．すべてのデータ点を通るモデルは，残差が0となるのでパーフェクトなフィットを実現することができる．しかし，そのようなモデルは役に立つだろうか？

我々が知りたいのは，通常，科学的な真理である．この場合，動物の体重量と脳重量にはなんらかの関係があり，その関係性にはこういう意味がある，というようなことが知りたいことであろう．また，実用的には，今手元にあるデータから予測したモデルを使って，これから入手する動物の体重量データから脳重量を予測したい，ということが考えられる．つまり，今手元にあるデータだけを説明できるものが欲しいのではなく，潜在的により広い世界や問題に通用するより一般的なものが求めるものなのである．手元にあるモデルに対する誤差をいくら小さくしても，それが役に立つとは限らない．そのことを示すために，未知のデータを予測し，その予測の正確さをモデルの良さと考えることにしてみよう．だが，今，我々は未知のデータをもっていない．そこで，手持ちのデータの一部を未知データとして取り分け，残りのデータから予測モデルを作成し，その予測モデルによる未知データの予測性能を調べていくことにしよう．

取り分けるデータをテストデータ (test data) と呼び，予測モデルを作るためのデータを訓練データ (training data) と呼ぶ（状況によっては，訓練データをさらに training と validation データに分けるという場合もある）．たとえば，データを5つに分割して，ひとつをテストデータとし，残り4つを訓練データとする場合，5-fold クロスバリデーション (cross validation) という．10 個に分けたり，データを 1 個ずつテストデータとする場合もある（1 個ずつの場合を leave-one-out cross validation (loocv) という）．通常は，テストデータを順番に変更し，すべての結果を平均する場合が多いが，ここでは簡単のため，1 回だけテストをすることにする．今，恐竜データを除く 25 種のデータがあるので，15 種をトレーニングに使用し，残りの 10 種をテストする．

```
set.seed(123)
train_sp <- rownames(dat_M)[sample(nrow(dat_M),15)]
train <- dat_M[rownames(dat_M) %in% train_sp,]
test <- dat_M[!(rownames(dat_M) %in% train_sp),]
Res1 <- lapply(1:9, function(k) poly_reg(k, data=train))
train_ss <- test_ss <- NULL
for (i in 1:9){
   train_ss <- c(train_ss, sum((train$log_brain -
    predict(Res1[[i]]))^2))
   test_ss <- c(test_ss, sum((test$log_brain -
    predict(Res1[[i]], newdata=test))^2))
}
names(test_ss) <- paste0("degree",1:9)
train_ss <- train_ss/max(train_ss)*1.2*max(test_ss)
plot(test_ss,type="l",col="blue",xlab="Degree",
 ylab="sigma_squared",ylim=range(test_ss, train_ss),lwd=2)
lines(train_ss,col="gray",lwd=2,lty=2)
legend("topright",c("Test","Training"),col=c("blue","gray"),
 lty=c(1,2),lwd=2)
```

比較のために，トレーニングデータの 2 乗誤差の和もあわせて表示した．次数を増やすと，トレーニングデータの 2 乗誤差の和がどんどん小さくなっていくのに比して，テストデータの 2 乗誤差和はある次数（ここでは 4）で最小になり，その後は増加していっている（図 3.8）．これは一般に見られる現象である．訓練データに対する誤差はモデルを複雑にしていくことで，どんどん小さくすることができるが，複雑なモデルの予測性能が高いわけではない．

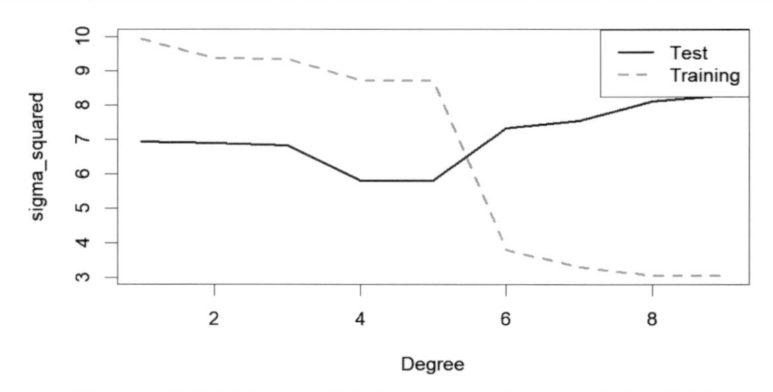

図 3.8 多項式回帰の次数とトレーニング/テスト誤差の関係

我々の目的は手元にあるデータを使って，未知のこれから入手するデータの予測をうまくしたいということなので，テストデータに対する予測誤差を小さくしたい．未知のテストデータに対する予測誤差を汎化誤差 (generalization error) といい，汎化誤差を小さくするモデルを使用しましょう，ということになる．では，なぜ図 3.8 のようなことが起こるのだろうか？

訓練データを (x, y)，テストデータを (x^*, y^*) と書こう．訓練データで学習したモデルのテストデータに対する予測値を $\hat{f}(x^*|(x,y)) = \hat{f}(x^*)$ と書くとき，2 乗誤差の和をサンプルサイズで割った平均 2 乗誤差 (Mean Squared Error, MSE) でモデルの予測能力を測るとすると，汎化誤差は

$$MSE = E[(y^* - \hat{f}(x^*))^2]$$

と書くことができる．このとき，MSE は，

$$MSE = [\mathrm{bias}(\hat{f}(x^*))]^2 + \mathrm{var}(\hat{f}(x^*)) + \mathrm{var}(\varepsilon)$$

のように 3 つの項に分解される (James et al. 2013)．最初の項は，予測モデルのバイアスの 2 乗，次は予測モデルの分散，最後は誤差項 ε の分散である．誤差項の分散はコントロールできないが，モデルのバイアスや分散は，モデルを変える（単純なモデルを使用するとか，複雑なモデルを使用するとか）ことで変わる．予測モデルのバイアスと分散がどのように変わるかを簡単なシミュレーション実験で見てみよう．

3 次曲線が正解である多項式曲線からデータを 50 個発生させる．49 個はト

レーニングデータで，最後の1個をテストデータとする．推定モデルを次数1から9までの多項式回帰として，シミュレーションデータにモデルをフィットし，テストデータに対する予測を行う．シミュレーションデータの生成を繰り返すとき，シミュレーションの設定から，真のモデルの値 $f(x^*)$ はわかっているので，バイアス $E(\hat{f}(x^*)) - f(x^*)$，分散 $\mathrm{var}(\hat{f}(x^*))$ を評価できる．これから，推定モデルの複雑さが変わるときの，バイアスと分散，MSE の変化を見てみよう．まず，シミュレーションによって，推定モデルに対するバイアスと分散を計算する．

```
beta <- c(1,-1.5,3,-0.8); sigma <- 2; n <- 50; d <- 9; Sim <-
 1000
x <- scale((1:n))
true_y <- cbind(1,poly(x,degree=3,raw=TRUE))%*%beta
bv_test <- NULL
set.seed(1)
Pred_train <- Pred_test <- NULL
for (i in 1:Sim){
  y <- rnorm(n, true_y, sigma)
  dat <- data.frame(y=y, x=x, t_y=true_y)
  dat_train <- dat[1:(n-1),]; dat_test <- dat[n,]
  mod <- lapply(1:d, function(k) lm(y~poly(x,degree=k,raw=
   TRUE), data=dat_train))
  pred_train <- sapply(1:d, function(k) mean((dat_train$y -
   predict(mod[[k]]))^2))
  Pred_train <- rbind(Pred_train, pred_train)
  pred_test <- sapply(1:d, function(k) predict(mod[[k]],
   newdata=dat_test))
  Pred_test <- rbind(Pred_test, pred_test)
}
colnames(Pred_train) <- colnames(Pred_test) <- 1:d
bv_test <- rbind(bv_test, colMeans(dat_test$t_y-Pred_test)^2,
 apply(Pred_test,2,var))
rownames(bv_test) <- c("Bias2","Var")
```

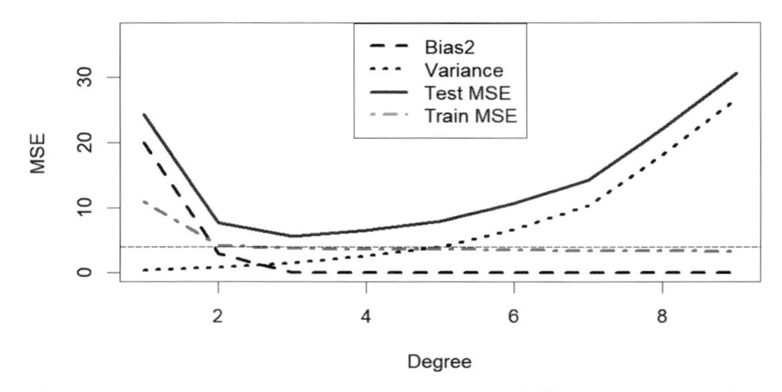

図 3.9　シミュレーションによるバイアス・分散トレードオフの例

計算されたバイアスと分散の変化をプロットしてみよう.

```
bv <- as.data.frame(t(bv_test))
bv$MSE <- rowSums(bv)+sigma^2
bv <- cbind(Degree=1:d,bv)
plot(MSE~Degree, data=bv, type="l", col="blue", lwd=3,
 ylim=c(0,max(bv$MSE)*1.2))
lines(Bias2~Degree, data=bv, lwd=3, lty=2)
lines(Var~Degree, data=bv, lwd=3, lty=3)
MSE_train <- data.frame(Degree=1:d, MSE=colMeans(Pred_train))
lines(MSE~Degree, data=MSE_train, lwd=3, col="gray60", lty=4)
abline(h=sigma^2,lty=5)
legend("top",c("Bias2","Variance","Test MSE","Train MSE"),
 col=c("black","black","blue","gray"), lty=c(2,3,1,4), lwd=3)
```

図3.9の灰色の一点鎖線はトレーニングデータに対するMSEである. モデルの複雑さが増せば, トレーニングデータのMSEは単調に減少していくが, テストデータのMSEは次数が3の予測モデルで最小になる（これはシミュレーションの真のモデルである）. テストデータに対するバイアスの2乗はモデルが複雑になると減少していくが, 分散は逆に増加し, バイアスと分散のバランスでちょうど良い（MSEが最小になる）ところが次数3となることが見てとれる. 水平方向の破線は, 誤差の分散に相当する. このようなテストデー

タに対する予測のバイアスと分散の関係をバイアス・分散トレードオフ (bias-variance tradeoff) と呼ぶ．

単回帰のようなモデルはバイアスが大きいかわりに分散が小さいが，次数の大きい複雑なモデルはバイアスが小さいかわりに分散が大きくなる．バイアスと分散はトレードオフの関係にあり，両方を同時に小さくすることはできないのである．次数を増やすにつれて単調に減少するバイアス（の 2 乗）と，単調に増加する分散との和がトータルの予測誤差に貢献するので，バイアスと分散がちょうど良いバランスで予測誤差が最小になる複雑さのモデルが優れているとなる．特に，問題なのは過剰適合 (overfitting) で，複雑なモデルを作るのは容易で，モデルを複雑にしていけば手持ちのデータに対するあてはまりはどんどん良くなっていくので，どのへんで複雑化をストップするかが問題となる．クロスバリデーションは，そのような過剰適合問題を回避するために極めて有用な方法である．

3.4 カルバック-ライブラー情報量

ガラスの靴をはいてくるくると華麗に踊る少女を前に，青年の心はさらに激しく舞い上がっていた．なんて素敵な人なんだろう．この娘はどんな有力者の娘なんだろう．もしこの子が有力者の娘なら，それほど驚きはない．しかし，もし実際には貧しい少女が，今晩だけこのような格好をして踊っているのだとしたら？　いやいやそんなことはあるまい．しかし，もし本当にそうだったとしたら，どんなにビックリすることだろう...

そのできごとがもつ情報の量をどのように定義したら良いだろうか．それはそのできごとが起こる確率と結びついているだろう．当たり前のことが起こっても誰も驚かず，そのような情報には価値がない．極めて珍しいことが起これば，それはたちまち大きなニュースとなるだろう．確率は 0 から 1 までの範囲であるので，必ず起こるようなこと（確率 $= 1$）には情報量 0 が割りあてられ，めったに起こらないこと（確率 $\to 0$）には大きな情報量が割りあてられるようなものが望ましいだろう．確率の値は 0 から 1 まで連続に変わるので，それに応じて情報量も連続に変化するようなものが良い．また，独立な事象が起こったときに，その情報量は加法的に増えていって欲しい．

独立な事象が起こる確率は，それらの発生確率の積になるので，積を和に変えるような関数が良い．積を和に変える関数とは，対数 log である（その条件を満たす関数は log だけであることが，数学的に証明可能である）．そこで，確率 p で起こる事象を観測したときに得られる情報量は，$-\log(p)$ で与えられるとする．確率分布 p によって，事象（データ）x_i が得られる確率を p_i と書くとき，その分布 p の平均的な情報量は $H(p) = -\sum_i p_i \log(p_i)$ となり，これを情報エントロピー (information entropy) と呼ぶ．エントロピーとは，統計物理から来た用語で，事物の状態の不確実性（乱雑さ，ランダムネス）を定量化したものである．2 値をとる確率分布 $(p, 1-p)$ で，$p = 0.01, 0.2, 0.5, 0.99$ として情報エントロピーを計算してみよう．

```
for (p in c(0.01,0.2,0.5,0.99))
 print( -(p*log(p)+(1-p)*log(1-p)), 3)
```

```
[1] 0.056
[1] 0.5
[1] 0.693
[1] 0.056
```

0.01 では 0.056，0.2 では 0.5，0.5 のときは 0.693，0.99 では 0.01 のときと同じく 0.056 となる．0.5 のときのエントロピーが最も大きくなり，$p = 0.5$ の場合が不確実性が一番大きいとなる．$p = 0.01$ のときは，もうひとつの事象がほぼ確実に起こるわけで不確実性は小さいが，$p = 0.5$ ならどちらが起こるかは等確率であるのでまったくの偶然である．分布としての不確実性は $p = 0.5$ のときが最大となる．

次に，このような確率分布を特徴づける量エントロピーを使って，確率分布の差異を計算する量を定義しよう．データを発生させる真の確率分布を p と書き，$x_1, x_2, \ldots, x_n$ を得る確率を $p_1, p_2, \ldots, p_n$ としよう．我々は真の確率分布を知らないので，それを確率分布 q を用いて予測することにする．このとき，p と q の差を

$$D(p,q) = \sum_i p_i(\log(p_i) - \log(q_i)) = \sum_i p_i \log(p_i) - \sum_i p_i \log(q_i)$$

とする．これをカルバック-ライブラー情報量（KL 情報量，kullback-Leibler divergence）という．

KL 情報量は，$p = q$ のとき 0 となり，それ以外では正値をとる．真の確率分布とモデルの確率分布の間の距離のようなものになっている（対称性や三角不等式など通常の距離が満たす基準を満たさないため，「のようなもの」となる）．p にできるだけ近い“良い”モデル q を見つけたいので，$D(p,q)$ を小さくしたい．上の式で，最初の項 $\sum p_i \log(p_i)$ は未知で変わらないので，$D(p,q)$ を小さくするためには $\sum_i p_i \log(q_i)$ を大きくすれば良い．ここで，p_i は未知であるが，大数の法則

$$\frac{1}{n}\sum_k \log(q_k) \to E[\log(q_i)] = \sum_i p_i \log(q_i)$$

から，サンプルサイズが大きいとき，サンプルの平均は母集団の平均に近づくので，期待値 $\sum_i p_i \log(q_i)$ をサンプル平均 $\frac{1}{n}\sum_k \log(q_k)$ で置き換えることができる．したがって，モデルの確率の対数値の和を大きくするモデルが優れているとなる．確率の積を尤度 (likelihood)，確率の対数値の和を対数尤度といい，それを最大にするパラメータの推定法を最尤推定法と呼ぶ（積を最大化しても，対数和を最大化しても同じであるが，積は急激に小さくなるため，計算の都合上も対数をとるのが望ましい）．

尤度は，データに結びついた確率の積であるので，もともとは確率に由来するが，データの関数として見るのではなく，データが与えられたときのパラメータの関数として見ていることになる．パラメータの関数としては，必ずしも確率ではないので，尤度という呼び方になっている（確率モデルを $q(x|\theta)$ と書くとき，$\int q(x|\theta)dx = 1$ であるが，$\int q(x|\theta)d\theta \neq 1$ など．第 2 章の最後で見たように，$q(x|\theta)$ を $L(\theta|x)$ と書いたりする）．第 2 章では，最尤法を天下り的に与えたが，情報量の観点からも最尤法が合理的な推論となっていることがわかった．

最尤法は本書のモデル解析において重要な考え方であるので，いったん最尤推定量についてまとめておこう．データ x を発生させた確率モデルを $p(x|\theta)$ とすると，独立なデータ $\{x_1, \ldots, x_n\}$ が得られる確率は，その積 $\prod_{i=1}^n p(x_i|\theta)$ となるが，これをパラメータの関数と見たもの $L(\theta|x) = \prod_{i=1}^n p(x_i|\theta)$ を尤度関数という．対数をとった $\log L(\theta|x)$ を対数尤度関数といい，通常は対数尤

度関数を最大化する．最大化によって得られるパラメータ θ の推定量 $\hat{\theta}$ を最尤推定量と呼ぶ．

正規分布の平均の最尤推定量は，最小2乗推定量と一致する．最尤法は，(対数) 尤度を最大化することによりパラメータを推定するので，正規分布でなくとも一般の確率分布に対して，統一的な考えのもとで，その確率分布の特徴に基づいたパラメータ推定を行うことを可能にしてくれる．一般の確率モデルの場合は，パラメータの最尤推定量がデータの関数として陽に解けない場合が普通なので，繰り返し計算による最適化が使用されることになる．

単回帰の最尤推定を見てみよう．対数尤度は，

$$\sum_{i=1}^{n} \left\{ -0.5 \log(2\pi) - \log(\sigma) - \frac{(y_i - (a + b \times x_i))^2}{2\sigma^2} \right\}$$

となるので，これを最大化するパラメータが "良い" パラメータで最尤推定量となる．しかし，上記対数尤度関数の $\{\}$ 内の第1項と第2項は a, b に関係しないので，a, b の最尤推定量は，結局 $-\sum(y_i - (a + b \times x_i))^2$ を最大化するものであり，すなわち，それは $\sum(y_i - (a + b \times x_i))^2$ を最小化するものとなり，最小2乗推定量に一致する．

対数尤度を大きくすることにより最尤推定量が得られるが，パラメータ数を増やしてモデルを複雑にしていけば，手元のデータへのフィットは向上していき，尤度は大きくなっていくので，それだけでは前節の過剰適合の問題を回避することができない．問題はなんだろうか？

先に，我々は $\sum p \log(q) \approx \frac{1}{n} \sum \log(q)$ という近似を用いた．q はパラメータ θ の関数であるとして，$q(x|\theta)$ からデータ x が与えられたときに，θ をデータの関数として推定するのが統計推測の目的である．先の対数尤度近似は，パラメータが与えられたときの近似であるので，パラメータ推定も含んだ場合，近似する場合のデータとパラメータ推定のデータが同じであって良いのかという疑問が湧くことになる．上で扱ったクロスバリデーションのようなスキームが必要で，トレーニングのためのデータとテストのためのデータが独立でないと過剰適合問題を引き起こしてしまうのである．つまり，本来見たいものは，

$$\sum_{i} p_i(z) \log(q_i(z|\hat{\theta}(x)))$$

のようなもので，x（トレーニングデータ）と z（テストデータ）は独立でな

ければならない.

最尤法でパラメータ推定を行って，そのパラメータの推定値を与えた上で，対数尤度 $\sum \log q(x|\theta(x))$ を評価すると推定と予測が同じデータになってしまい，本来評価したい未知データ（テストデータ）に対する予測の良さの尺度にはなっていないことになる．手元のデータだけによる上の近似には“ずれ”（バイアス）があるのである．この問題を解決するひとつの方法は，トレーニングデータとテストデータに分けてクロスバリデーションを行うことである．クロスバリデーションのひとつの問題は，複数のトレーニングデータに対して推定を行わなければいけないので，モデルが複雑になってくると多大な計算時間を要するということである．手元にあるデータによる 1 回の推定結果だけから，$\sum_i p_i \log(q_i)$ をうまく推定できないだろうか？

実は，それができるのである．手元にあるデータを使った 1 回の推定結果だけを利用して，対数尤度近似のバイアスを補正する方法が知られている．情報量規準（意味的には基準でも良いのだろうが，Criterion の訳には「規準」を使うという慣習があるようなので，本書でも規準を使用する）がそれである．情報量規準の中で最もよく知られたものは，赤池情報量規準（Akaike Information Criterion. 頭文字をとって AIC（エーアイシー）と呼ばれる）である．AIC は，対数尤度 (LL) とモデルのパラメータ数 (K) を用いて，

$$\mathrm{AIC} = -2\mathrm{LL} + 2K$$

で与えられる．AIC が小さければ小さいほど良いモデルとなると考えられる．AIC の式中を見ると，対数尤度は推定パラメータの個数分だけ大きくなっているので，それを引いて補正しているのである．パラメータ数が増えると，モデルは複雑になっていき，どんどんあてはまりが良くなって対数尤度が大きくなるが（対数尤度の前に -2 がついているので，尤度が大きくなると AIC は小さくなる)，パラメータ数それ自身は AIC を大きくするので，尤度の増大に対するペナルティとなり，先のクロスバリデーションのように単純なモデルと複雑すぎるモデルの間にあるちょうど良いモデルが選ばれることになる．

バイアスの補正項は上式のようにパラメータ数となっているため，個々のモデルのパラメータ推定の際にはバイアス項は関係なくなる（対数尤度を最大化してパラメータを推定すれば良い)．しかし，パラメータ数が異なるモデルを比較する場合には，補正項が効いてくることになる．パラメータ数が増え

れば，モデルは複雑になり，一般に手元にあるデータに対する説明力は上昇する．対数尤度は大きくなり，手元にあるデータに対するモデルの適合度は増すが，その分，新たに得られる未知データに対する予測力は減少する．これは過剰適合により，予測の分散が増加するという現象に対応する．一方，パラメータ数が少なすぎるモデルでは，実際の動態をきちんと予測できなくなる．これはバイアスの増加となる．パラメータが多い複雑なモデルでは，バイアスが小さく分散が大きくなり，パラメータが少ない単純なモデルでは，分散が小さくバイアスが大きくなる．

このようなトレードオフの関係にある性質のバランスをとってちょうど良い複雑さをもったモデルを予測力の観点で良いモデルと考えることができる．AICは，クロスバリデーションと同様に，このようなバランスをとって"良い"モデルを選択するための強力な道具であり，特に，Burnham and Andreson (2002)の教科書の出版などもあって，生態学では広く使用されてきた．AICの導出は難解であり，上記 Burnham and Anderson (2002) に加え，日本語の教科書も多数出版されているので，本書では割愛する．

ここでは，Rを使った簡単なシミュレーションにより，実際にバイアス補正項がパラメータ数 K に対応することを見ておこう．正規分布 $N(0,1)$ を推測する問題を考えよう．真のカルバック-ライブラー情報量の第2項は，

$$\mathrm{TL} = \int_{-\infty}^{\infty} N(x|0,1)\log(N(x|\hat{\mu},\hat{\sigma}^2))dx$$

である．この観測データ z_i $(i = 1, 2, \ldots, n)$ を用いた対数尤度による近似は，

$$\mathrm{EL} = \frac{1}{n}\sum_{i=1}^{n}\log(N(z_i|\hat{\mu},\hat{\sigma}^2))$$

となるので，2つの式の差 (EL − TL) にサンプルサイズ n を掛けた期待値はパラメータ数2になるはずである．下のコードを実行すると，

```
Res_aic <- NULL
Sim <- 10000
set.seed(1234)
for (n in c(10,100,500,1000)){
  z <- matrix(rnorm(n*Sim,0,1),nrow=Sim,ncol=n)
```

```
  TL <- apply(z,1,function(z) integrate(function(x)
   dnorm(x,0,1)*dnorm(x,mean(z),sqrt(var(z)*(n-1)/n),
   log=TRUE),-Inf,Inf)$value)
  EL <- apply(z,1,function(z) mean(dnorm(z,mean(z),
   sqrt(var(z)*(n-1)/n),log=TRUE)))
  Res_aic <- cbind(Res_aic, n*(EL-TL))
}
colnames(Res_aic) <- c(10,100,500,1000)
round(colMeans(Res_aic),3)
```

```
   10   100   500  1000
2.836 1.981 1.946 2.070
```

となり，期待値はおおむね2になっている（シミュレーション回数を相当大きくしないと2にならない）．この場合に，サンプルから推定したパラメータによって得られる対数尤度からパラメータ数を引いたものは，$n \times \mathrm{TL}$ の推定量となっているということが確認された．

クロスバリデーションの説明で使用した多項式モデルに対して，AICがどのようになっているか見てみよう．

```
AIC_table <- rbind(
  logLik = round(sapply(1:9, function(i) logLik(Res[[i]])), 2),
  np = sapply(1:9, function(i) attributes(logLik(Res[[i]]))
   $df),
  AIC = round(sapply(1:9, function(i) AIC(Res[[i]])),2)
)
colnames(AIC_table) <- paste0("deg_",1:9)
print(AIC_table)
```

```
        deg_1  deg_2  deg_3  deg_4  deg_5  deg_6  deg_7  deg_8  deg_9
logLik -26.42 -25.90 -25.82 -24.43 -24.40 -21.71 -21.65 -21.63 -21.32
np       3.00   4.00   5.00   6.00   7.00   8.00   9.00  10.00  11.00
AIC     58.84  59.79  61.64  60.87  62.81  59.42  61.29  63.25  64.65
```

サンプルサイズが小さいため，その差は微妙であるが，一番小さいAICは次数1のモデル（線形回帰）となった．次数が増えるに従って，対数尤度は大きくなっていくが（マイナス符号がついているため，数字が小さくなると大きくなる），パラメータの数も増えるので（パラメータ数は次数+切片+誤差分散なので，次数+2である），それがペナルティとなって，この場合，AICは次数1の場合が最小となったのである．この例は，線形回帰モデルがよくあてはまっており，それで十分予測ができそうであるので，この結果は妥当そうである．

情報量規準には，小さなサンプルサイズの場合に，より性能が良いと考えられる $\mathrm{AIC_c}$ $(= \mathrm{AIC} + 2K(K+1)/(n-K-1))$ や，BIC（Bayesian Information Criterion, ペナルティ項（バイアス補正項）として，$2K$ の代わりに $\log(n)K$ を使用する），EIC（Extended Information Criterion, ペナルティ項をブートストラップ法で評価するもの），GIC (Generalized Information Criterion)，ベイズ推定モデルに使用されるDIC (Deviance Information Criterion)，WAIC (Widely Applicable Information Criterion) など様々なものが知られている．特に，$\mathrm{AIC_c}$ はモデル選択の有名なテキストであるBurnham and Anderson (2002) で推薦されていることもあり，生態学ではよく使用される．

AICやその直接的な拡張では，フルモデル（full model，すべての説明変数を含むモデル）が複雑な構造になってくると，最適なモデルとしても複雑なモデルが選ばれる傾向が強くなるが，解釈のためにより単純なモデルが好まれるような場合，より単純なモデルの選択となりやすいBICを使用することもある．また，ベイズ推定モデルが広く使用されるようになってきたことにより，WAICなどもよく使用されるようになってきている．しかし，本書では主にAICを使用したモデル選択を使用する．実際の応用の際，特にモデル間の差が小さいときには，複数の情報量規準を使用して結果を考察するのが良いだろう（いくつかの情報量規準によって結果が異なる場合，それによる結論の頑健性や感度を考察することになるだろう）．

AICはモデルの相対的な尤もらしさを測る重みとして使用されることもある．m 個のモデルがあるとして，モデル i $(i = 1, \ldots, m)$ の重みは，

$$w_i = \frac{\exp(-0.5\Delta_i)}{\sum_{j=1}^{m} \exp(-0.5\Delta_j)}$$

によって与えられる．ここで，Δ_i はベストモデル（最小の AIC 値をもつモデル）とモデル i の AIC との差で，$\Delta_i = \mathrm{AIC}_i - \min \mathrm{AIC}$ である（$\min \mathrm{AIC}$ は複数モデルそれぞれの AIC の最小値）．w_i が大きいモデルは相対的な尤もらしさが大きいということになり，w_i で重み付け平均や重み付け分散を計算することにより，複数のモデルの推定結果を活用する方法がある（これによってモデル選択の不確実性も考慮することができる）．w_i はしばしば Akaike weight と呼ばれる．モデル選択でよく使用される MuMIn という R パッケージがあるが，総当たりのモデル選択を行う関数 `dredge` の出力中では Akaike weight も表示されるようになっている．

KL 情報量の計算には，真の確率分布 p を知る必要がある．そのため，KL 情報量がそのままで使われることはあまりなく，AIC のようなモデル選択規準のもとになるものとして知られている．しかし，KL 情報量を直接使用するような例もある．ひとつはシミュレーションで，シミュレーションの場合はデータを生成した真の確率分布がわかっているので，直接 KL 情報量を計算することができる．また，ターゲットとなっている確率分布が決まっていて，他の情報からくる確率分布がそれにどれだけ近いかで判断を行う場合も KL 情報量を使用することができる．Kanamori et al. (2019) は，海洋環境の水温分布をターゲットとして，日本周辺の太平洋側に分布するマサバの生息場所の水温分布との KL 情報量を計算することで，温暖化によるマサバの分布の中心の北上傾向を明らかにした．KL 情報量は，確率分布間の「近さ」の標準的な計量であるので，様々な応用先があるだろう．

3.5　一般化線形モデル

なんて素晴らしいのかしら！　少女はくるくると踊り舞う．いつも裸足だった．裸足のとき，少女に自由はなかった．しかし，この硬質なガラスの靴をはいたとき，少女は完全なる自由を手に入れたのだ．柔軟性のない冷たいガラスの靴．それは少女の足を制約し，しかし，その制約こそが少女を解放したのだった．

これまで誤差の確率分布として正規分布を仮定した回帰モデルを考えてきた．正規分布は大変良い性質をもった確率分布ではあるが，正規分布だけでは限界がある場合がある．たとえば，生き物の生死のようなイベントの結果は，生きているか，死んでいるか，として得られる．この場合，上の節で見てきたような正規分布誤差を仮定した線形モデルをフィットすると，その予測をしようと思っても，結果は生か死にはならず，生きているのか死んでいるのかわからない状態というのが出てくるだろう．生きているか死んでいるかを1か0という数字で表現すれば，これは前章で見た二項分布（ベルヌーイ分布）を使用すれば良いのではないかという想像がつく．では，生死ではなく，カウントデータだとどうであろうか？　たとえば，空を飛ぶ鳥の数を数える場合，海にいるクジラの数を数える場合，その数は $0, 1, 2, \ldots$ のような数字となるだろう．この場合は，0か1かの2通りではないので，二項分布を使うのは適当ではない．前章で学んだ確率分布の中から候補を探せば，ポアソン分布と呼ばれる分布を使うのが適当そうである．

では，正規分布や二項分布，ポアソン分布といった分布はなんなのだろうか？　どういうものたちなのだろうか？　実は，これらの分布は指数分布族 (exponential family) と呼ばれる確率分布族に属している．指数分布族は，

$$f(x|\theta) = \exp(a(x)b(\theta) + c(\theta) + d(x))$$

という形で書くことができる確率分布の集まりである．たとえば，正規分布は，分散 σ^2 を既知とするとき，$a(x) = x$，$b(\theta) = \mu/\sigma^2$，$c(\theta) = -\mu^2/(2\sigma^2)$，$d(x) = -\log(\sqrt{2\pi}\sigma) - x^2/(2\sigma^2)$ とすれば，上の形式になる．二項分布の場合には，$a(x) = x$，$b(\theta) = \log(p/(1-p))$，$c(\theta) = n\log(1-p)$，$d(x) = \log {}_n\mathrm{C}_x$ となる．ポアソン分布については，読者に委ねよう．このように，我々がよく知る（そして，よく使用する）確率分布の多くは，指数分布族と呼ばれる確率分布族の一種となっているのである．

指数分布族に属する確率分布である利点のひとつは数学的な取り扱いの容易さである．また，これから説明する一般化線形モデルにおいては，指数分布族の確率分布が使用され，さらに次章で扱う一般化線形モデルの拡張においても基礎となるのは通常は指数分布族の確率分布となる．これらの分布はベイズ推定の際に，共役事前分布をもつという点も魅力のひとつである．さらに，これらの確率分布が使用される理由として，それらが，与えられた制約のもとで，最大エントロピーをもつものとなっていることが挙げられる．

実数上の連続値をとる確率分布に対して，分散の値が有限であるという制

約が与えられたとき，エントロピーが最大となる確率分布は正規分布である．我々が，分散が有限であるという情報だけをもっているとすれば，それ以外は知らないのだから，その知らないという状況にできるだけ沿った確率分布を使用したい．それはエントロピーを最大にするものを選ぶのが自然であろうという発想である．同様に，0, 1 の 2 値をとる確率分布という制約のもとで，エントロピーを最大化するものは二項分布となる．そのような，データの特徴にあった制約のもとでの，自然な分布の集合が指数分布族と言えるだろう．ひとつの例として，実際に，有限分散のもとで，正規分布がエントロピー最大となることを示唆する簡単な例を見てみよう．

正規分布を一般化した一般化正規分布

$$f(x|\alpha,\beta) = \frac{\beta}{2\alpha\Gamma(1/\beta)} \exp\left(-(|x-\mu|/\alpha)^{\beta}\right)$$

という分布が知られている．これは，3 つのパラメータ μ, α, β をもち，$\beta = 2$ のときに正規分布となるので，通常の正規分布をその特殊な場合として含んでいる．このエントロピーを計算して，実際に $\beta = 2$ のときにエントロピーが最大になるかどうかを見てみよう．

分散が既知の（有限な）値であるという制約のもとで，エントロピーが最大となるので，既知の分散を与える必要がある．一般化正規分布の分散 σ^2 を 1 とするとき，分散とパラメータ α, β の間には，$\sigma^2 = \alpha^2\Gamma(3/\beta)/\Gamma(1/\beta)$ の関係があるので，$\alpha = \sqrt{\Gamma(1/\beta)/\Gamma(3/\beta)}$ となる (McElreath 2016)．したがって，β を動かして，エントロピーがどうなるかを見てやればよい．

```
dgnorm <- function(x, mu=0, alpha=sqrt(2), beta=2)
 beta/(2*alpha*gamma(1/beta))*exp(-(abs(x-mu)/alpha)^beta)
gn_ent <- function(x) -dgnorm(x,mu,alpha,beta)*
 log(dgnorm(x,mu,alpha,beta))

mu <- 0
entropy <- NULL
for (beta in seq(1,5,by=0.01)){
  alpha <- sqrt(gamma(1/beta)/gamma(3/beta))
```

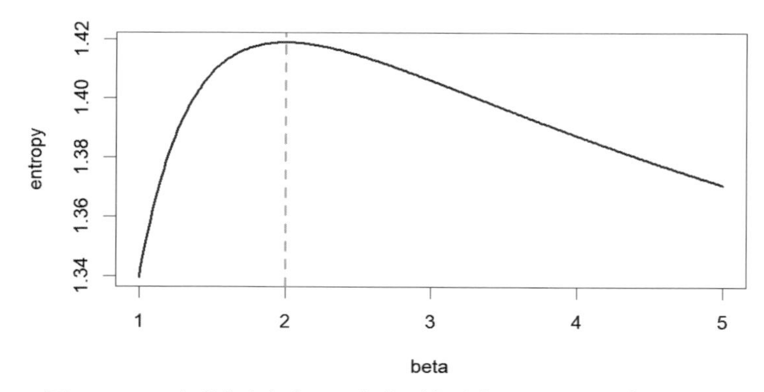

図 3.10 β を変えたときの一般化正規分布のエントロピーの変化

```
  entropy <- rbind(entropy, c(beta, integrate(function(x)
   gn_ent(x), -5, 5)$value))
}
entropy <- as.data.frame(entropy)
colnames(entropy) <- c("beta","entropy")
plot(entropy$beta, entropy$entropy, type="l", lwd=2,
 col="blue", xlab="beta", ylab="entropy")
abline(v=2, lty=2, lwd=2, col="gray")
```

たしかに，$\beta = 2$ でエントロピーが最大になっている（図 3.10．ここでは，エントロピーを数値積分を用いて計算しているが，この積分は解けて解析的な解が得られるので，本当は数値積分を使う必要はない）．これは，一般化正規分布の中では $\beta = 2$（つまり，通常の正規分布）がエントロピーを最大にするということであるが，一般にも，既知の有限な分散をもつという条件を与えた場合には，正規分布が最大エントロピーの分布になるということを示すことができる．

指数分布族の中でよく使う確率分布の特徴をまとめておこう（表 3.1）．正負両方の実数値をとるデータに対しては，正規分布がよく使われる．しかし，データの中には生息地の面積や鳥の移動距離などのように負の値をとらないものもある．そのような場合によく使用される確率分布はガンマ分布である（データを対数変換して正規分布をあてはめるという方法もよく使われる．この場

表 3.1 一般化線形モデルでよく使われる確率分布

データ	確率分布	R の関数名	リンク関数
実数値 $(-\infty \sim +\infty)$	正規分布	`dnorm`	`identity`
正の実数値 $(0 \sim +\infty)$	ガンマ分布	`dgamma`	デフォルトは逆関数だが，対数 (`log`) がよく使われる
2 値 (0, 1)	二項分布	`dbinom`	`logit`
カウント $(0, 1, 2, \ldots)$	ポアソン分布	`dpois`	`log`

合，対数変換は個々のデータに対して行っており，後で述べる期待値に対するリンク関数とは異なることに注意）．成功・失敗や生死のような 2 値をとるイベントに対しては二項分布がよく使用され，1 日に届く E メールの数などのカウントデータに対してはポアソン分布が代表的な確率分布となっている．

この章では，回帰モデルを扱っているので，変数間の関係をモデル化する必要がある．正規分布の場合，平均値 $\mu = a + bx$ のようなモデルが使われたが，たとえば二項分布の場合には，その期待値 p を x の線形モデルでモデル化しようとして，正規分布と同様に $p = a + bx$ とすると，p が 1 を越えたり，負の値をとったりしてしまう可能性がある．そこで，期待値を適当に変換した期待値の関数が線形モデルになっていると仮定する．

二項分布の場合，期待値 p は確率で 0 から 1 の間の値をとるので，

$$p = \frac{\exp(a + bx)}{1 + \exp(a + bx)} = \frac{1}{1 + \exp(-(a + bx))}$$

としてやれば，$b > 0$ なら，$x \to \infty$ のとき 1 となり，$x \to -\infty$ のとき 0 となって，ちゃんと 0 から 1 の間になってくれる．上の式を逆に解くと，

$$\log\left(\frac{p}{1-p}\right) = a + bx$$

となり，p を上のように変換したものに線形モデルをあてはめてやれば良い．上の関数 $\log(p/(1-p))$ はロジットリンク関数 (logit-link function) といい，$\mathrm{logit}(p)$ と書くこともある．

ポアソン分布の場合，その期待値 λ は正の値をとるので，

$$\log(\lambda) = a + bx$$

というログリンク関数 (log-link function) を考えればよいだろう．このようにして，使用する確率分布によって，適当なリンク関数を与えて，期待値を変換したものを線形モデルとリンクすれば，様々な指数分布族の確率分布に対して，正規線形モデルの場合と同様にパラメータの推定が可能となる．これを一般化線形モデル (Generalized Linear Models, GLM) という．正規線形モデルでない場合は，解析的な解が得られない場合が多く，繰り返し計算によって最尤推定値（重み付き最小2乗推定値）を計算するのが普通である．

次の2節で，よく使用される2つのGLM，ロジスティック回帰とポアソン回帰の例を見ていこう．

3.6 ロジスティック回帰

来るか，来ないか．男は待っていた．人生は選択の連続だ．男はいつでも選択してきた．そしてその選択は大抵いつでも正しかった．行くか戻るか．勝つか負けるか．生きるか死ぬか．男の決断はいつでも正しかった．だが，今回，男は選択される側だった．愛しているか，愛していないか．男はじっとドアを見つめる．ドアノブが静かに回り，誰かが入ってくる．来るか，来ないか．愛しているか，愛していないか...

2値をとるデータに対する回帰モデルはロジスティック回帰モデル (logistic regression model) として知られている．実際の例として，sizeMat というパッケージにあるデータ `matFish` を使ってみよう．

```
library(sizeMat)
data(matFish)
dat <- matFish
head(dat)
```

```
  total_length stage_mat
1           12         I
2           12         I
3           13         I
4           14         I
5           14         I
6           14         I
```

このデータは2列からなり，1列目には魚の体長 (cm) が，2列目には魚の性成熟の程度を表す状態が入っている．ヘルプを見れば（`?matFish` と打ち込もう！），性成熟状態はIのときに未成熟，IIからIVは成熟個体を表すとわかるので，未成熟か成熟かの2値となる新たな変数を作ってやろう．

```
dat$maturity <- ifelse(dat$stage_mat=="I",0,1)
```

成熟・未成熟の状態が，体長とともにどのように変わるかが見たいことである．体長に対して成熟状態をプロットして，ついでに直線回帰の結果をあてはめてみよう．

```
plot(maturity~total_length, data=dat)
res <- lm(maturity~total_length,data=dat)
abline(a=res$coef[1],b=res$coef[2],col="blue",lty=2)
```

2値データなので，0と1のところにしかプロットが出てこない（図3.11）．0データは左下に集まり，1データは右上にあるので，たしかに体長が大きくなると成熟状態となる個体が増えそうである．しかし，直線を単純にあてはめても，この場合にはあまり有用なモデルとはなっていない．点線は直線回帰の結果であるが，体長が40 cmを越えると1を越えている．1を越えたときには1であるとすることもできるだろうが，グラフの下のほうを見れば，40でも未成熟な個体がちらほらとはあり，1とすることが良いとも言えないだろう．このデータの特徴にあったより妥当な方法を使用したいと考えるのが人情であろう．

一般化線形モデルは，Rでは `glm` という関数を使用するのが普通である．

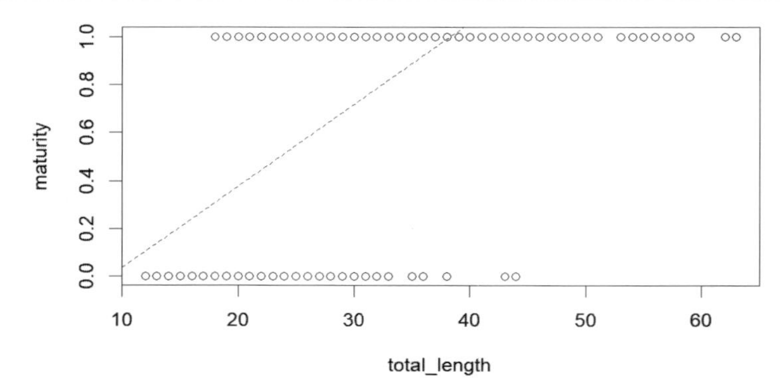

図 **3.11** 2値データに通常の線形回帰をあてはめた結果

ロジスティック回帰を実行してみよう.

```
res2 <- glm(maturity~total_length, data=dat, family=binomial)
```

このモデルのあてはまりを見たいが，さきほどのプロットでは0と1のところにデータがあるだけであてはまりを見るにはあまりよろしくない．体長とともに成熟割合がどのように変わるか（どのように増加するか），が見たいことであるので，体長ごとの成熟割合の生データを作ってやって，その傾向をモデルがきちんととらえられているかを見てみよう.

```
mat_prop <- tapply(dat$maturity,dat$total_length,mean)
plot(unique(dat$total_length), mat_prop, xlab="total_length",
 ylab="maturity_proportion")
x_seq <- seq(0,70)
lines(x_seq, predict(res2, list(total_length=x_seq),
 type="response"), col="blue")
```

今度はどうだろうか？ 体長が増加するとき，成熟割合がどのように変わるかをうまくモデルがとらえているように見える（図3.12）．このモデルを利用すれば，魚のサンプルを得たとき，その体長を測定すれば，その魚がどのぐらいの確率で成熟しているか，ということを知ることができそうである.

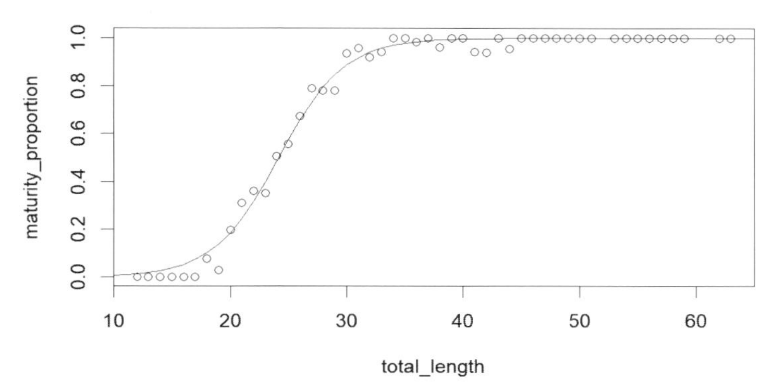

図 3.12 ロジスティック回帰をあてはめた結果

ロジスティック回帰についての話題のいくつかを簡単に述べておこう．本書では詳しくは述べないので，興味ある読者は他の書籍を見られたし．まず，上のデータでは，個々に成熟・未成熟という結果が並べられているが，そうでない形で整理されたデータもある．n 個のサンプリングを行って，y 個体が成熟，$n-y$ 個体が未成熟となったという場合である．先ほどのデータをそのように整形し直して，二項分布を仮定した回帰を適用してみよう．

```
tab_mat <- table(dat$total_length, dat$maturity)
dat2 <- data.frame(tot_len=as.numeric(rownames(tab_mat)),
 n=as.numeric(rowSums(tab_mat)), m=as.numeric(tab_mat[,2]))
res3 <- glm(cbind(m, n-m) ~ tot_len, data=dat2, family=
 binomial)
```

`res3` の推定結果 (`res3$coef`) は，`res2` の推定結果と同じとなっていることが確認できるだろう．しかし，対数尤度の値を確認すると，

```
logLik(res2); logLik(res3)
```

```
'log Lik.' -622.6017 (df=2)
'log Lik.' -62.01345 (df=2)
```

となり，それらの値は大きく異なっている．これは，`res3` のほうには対数尤

度の計算の際に二項分布の定数項 ${}_nC_k$ が入るためである．それ故，AIC などを計算する際には注意が必要となる．2 値データ $(0,1)$ にモデルをあてはめる場合をロジスティック回帰，上のように n 回中 y 回のようにプールしたものにモデルをあてはめる場合を二項回帰といって区別する場合もある．

上の `glm` のコードでは，リンク関数を指定していないが，それはデフォルトでロジット関数が指定されている (`link="logit"`) ためである．かわりに，

```
family=binomial(link="probit")
```

などとすることによって，他のリンク関数による推測を行うことが可能である．興味のある読者は試してみられたし．

二項分布は平均が np で，分散が $np(1-p)$ となり，分散 $<$ 平均となる．しかし，生態学などでは，多くのゼロデータが発生するなどにより，分散 $>$ 平均となることも少なくない．そのような場合に様々な対処法があるが，それは次章以降でおいおい見ていくことにしよう．

3.7 ポアソン回帰

気がつけば，ベッドの上にいた．目が腫れて開かない．体中が痛く，思わずうめき声が漏れた．何発殴られただろう．1 回はまだ良かった．それでも 5, 6 発はもらっただろうか．だが，こっちはもっと打ってやった．回が進むにつれて，もらうパンチの数が増えていった．10 発，20 発，30 発...体が動かなくなる．相手の鋭いパンチが何発も何発もあたるようになってきた．最後には，もう何発もらったのかわからない．気がつけばベッドで寝ていた．負けたのだ．オレは負けたのだ．だが，これで終わりじゃない．まだやれる．まだやれる．

カウント（個数）というのもよく出てくるタイプのデータである．海にいるクジラの数や空を飛ぶ鳥の数を数えるとき，それはカウントデータとなる．何回中何回発見したというような場合は，前節の二項分布となるのであるが，上限が定まらないような場合もあり，そのようなときに基本的な分布として使用されるのがポアソン分布である．

ポアソン分布は，その期待値 λ が正の値をとるため，線形モデルを利用す

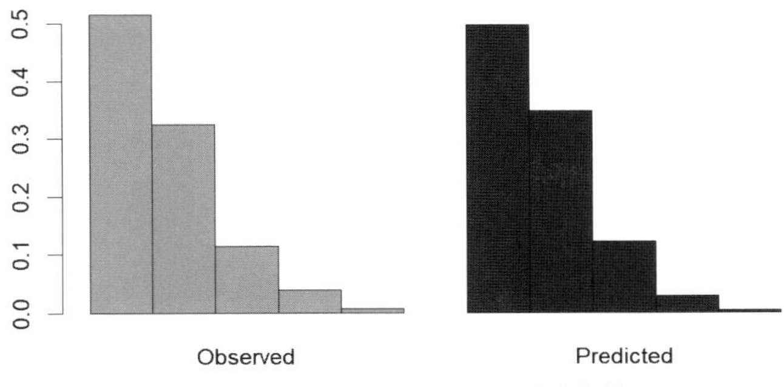

図 **3.13** 馬に蹴られて死んだ兵士数

る際には，リンク関数として log を使用することになる．ここでは，ポアソン分布にあてはまっているということで有名な「馬に蹴られて死んだ兵士の数」を使ってみよう．

```
library(pscl)
data(prussian)
dat <- prussian
lambda_hat <- mean(dat$y)
obs_prob <- prop.table(table(dat$y))
pred_prob <- dpois(as.numeric(names(obs_prob)),
 lambda=lambda_hat)
compared_prob <- cbind(obs_prob,pred_prob)
colnames(compared_prob) <- c("Observed","Predicted")
barplot(compared_prob , col=rep(c("gray","blue"),each=5),
 beside=TRUE)
```

観測された馬で蹴られた兵士の数とポアソンモデルから予測された兵士の数の確率分布（相対頻度）の様子はよく似ており，たしかにポアソンモデルで記述できそうなデータとなっている（図 3.13）.

このデータは，蹴られて死んだ兵士の数に加えて，年 (`year`) とどの兵団に所属した兵士だったかを示す変数 (`corp`) をもつので，兵士の死亡数が年々どのように変わったかをポアソン回帰 (Poisson regression) してみよう．

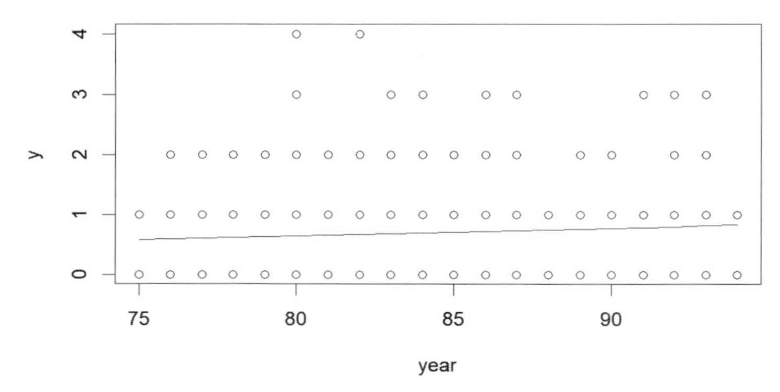

図 3.14 ポアソン回帰のあてはまりがよくわからない例

```
res <- glm(y~year, data=dat, family="poisson")
plot(y~year, data=dat)
x_seq <- unique(dat$year)
lines(x_seq, predict(res, newdata=list(year=x_seq),
 type="response"), col="blue")
```

この場合もあてはまっているのかいないのかよくわからず，あまりよろしくない（図 3.14）．観測データのプロットを変更してみよう．

```
mean_y <- tapply(dat$y, dat$year, mean)
plot(mean_y~unique(dat$year), xlab="Year",
 ylab="Mean horsekicked")
lines(x_seq, predict(res, newdata=list(year=x_seq),
 type="response"), col="blue")
```

あてはまりの良さ・悪さは判断しやすくなったが，あてはまり自体はあまりよいとは言えない（図 3.15）．もとのデータの死亡兵士の平均値は 80 年代にピークを迎え，その後低下したものの，90 年にまたピークを迎え，また低下したように見える．ここでは，それが良いモデリングというわけではないが，多項式回帰をして，上で使用した AIC によってベストなモデルを選択し，そのもとでの観測値と予測値の比較を見てみよう．

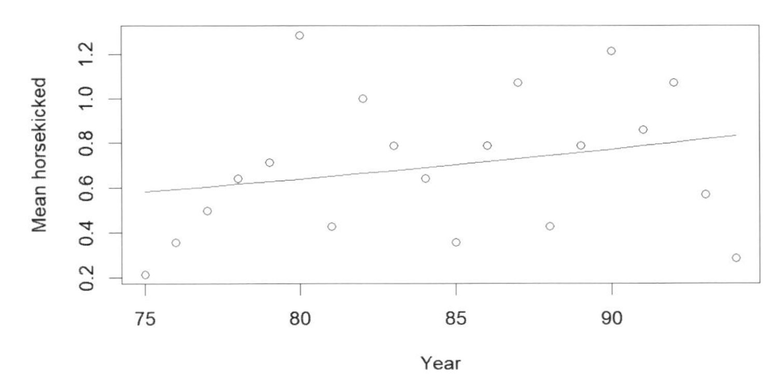

図 **3.15** ポアソン回帰のあてはまりがだいぶんわかるようになった例

```
Res <- lapply(1:9, function(k) glm(y~poly(year,degree=k,raw=
 TRUE), data=dat, family=poisson))
round(sapply(1:9, function(k) AIC(Res[[k]])), 2)
plot(mean_y~unique(dat$year), xlab="Year",
 ylab="Mean horsekicked")
lines(x_seq, predict(Res[[4]], newdata=list(year=x_seq),
 type="response"), col="blue")
```

```
[1] 630.02 625.08 626.94 617.47 618.10 620.08 622.02 624.01 624.01
```

AIC は 4 次多項式が最小となり，それに基づく予測値はデータの傾向をよくとらえているように見える（図 3.16）．

最後にポアソン分布に関する注意を述べて，この章を終わりにしよう．ポアソン分布は平均と分散が等しいという話を前章で述べた．しかし，生態学のデータはしばしばこの仮定を満たさず，集中分布により分散 > 平均となる場合が頻繁に見られる．このような過分散を考慮する方法はいくつかあるが，特によく使われるのは負の二項分布である．負の二項分布は，前章でも述べたように，ポアソン分布の期待値が一定ではなく，確率分布（ガンマ分布）に従って変化するという仮定を入れたものである．平均が一定ではなくランダムに変動するということで，ランダム効果モデルの一種である．ランダム効果については次章で扱う．また，ランダムに点を配置したときに，等面積の区画で区切っ

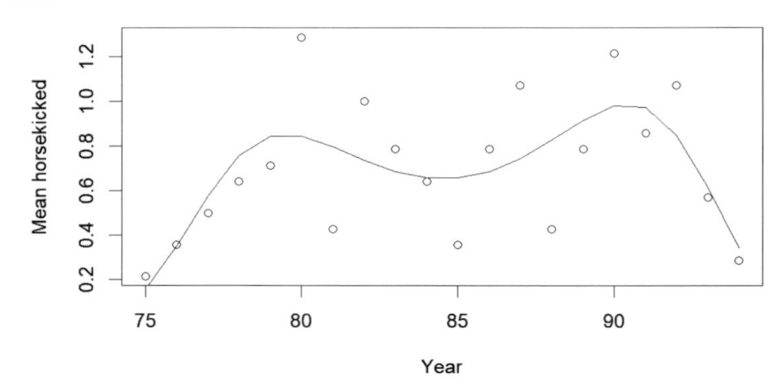

図 3.16 log(平均) に 4 次多項式を使用したポアソン回帰の予測値

た場合，その区画に入る個体数はポアソン分布に従うので，ランダムな空間分布をモデル化するのに使用される（正確には，ポアソン過程というモデルが使用される）．さらに，ポアソン分布と多項分布には密接な関係があり，多項分布に従うような現象にポアソン分布モデルが使用される場合がある．ポアソン分布はカウントデータを扱う際の最も基本となるモデルであり，幅広い応用範囲をもっている．次章以降でもたびたび登場することになるだろう．

線形回帰モデルのさらなる拡張

前章で線形回帰モデルとその拡張である一般化線形モデル (GLM) を見た．本章では，最初に，GLM では扱いきれなかった問題，特に過分散 (overdispersion) を扱うモデルを見ていこう．第 2 章で負の二項分布というポアソン分布の仮定（平均=分散）を超える大きな分散をもつデータを扱うモデルを見た．これは，ポアソン分布の平均 λ がガンマ分布に従うと仮定することによって得られるのであった．このようなモデルは，ランダム効果モデル (random effects model) というより一般的なモデルのクラスに拡張される．本章では，ランダム効果モデルとその計算の道具である R のパッケージ TMB の基礎的なところを学習しよう．そして，リッジ回帰 (ridge regression) とラッソ回帰 (lasso regression) を通して正則化による縮小推定の有効性を概観する．

4.1 過分散

暑い夏，なにもやることがない．そうだ，海に行こう．ボクは，原付にまたがり，海に着いた．岸壁の下に美しい海が広がる．子供の頃もよくこうして海を見にきたっけ．岸壁の下にある岩場のほうに行って，海を触ってみたくなった．岸から下に降りる階段を見つけ，岩場に立ったボク．誰もいない海．ボクは海に向かって叫ぶ．そのとき，足場でなにかが動く気配がした．あれ，なにがいるんだろう．ボクは岩場にしゃがみこんで，そこを覗いてみた．大量のフナムシがささっと逃げていく．向こうの岩にも，あっちの岩にもフナムシが．なんて過分散なやつらなんだろう．ひとりぼっちのボクと大量のフナムシたち．子供の頃大好きだった歌のフレーズが心に浮かぶ．みんなみんな生きているんだ，友だちなんだ．

第2章のポアソン分布において，ポアソン分布はランダム分布を表現するモデルであり，集中分布を扱うモデルとして負の二項分布を取り上げた．負の二項分布は，ポアソン分布の平均 λ がガンマ分布に従うと仮定することによって得られるのであった．他にポアソン分布を集中分布にするやり方はないだろうか？　すぐに思いつく方法は，ガンマ分布のかわりにもうひとつの正の値を扱う確率分布，対数正規分布，を用いることである（第2章で，正の実数値を扱う確率分布として対数正規分布とガンマ分布を取り上げたことを思い出そう）．これは，ポアソン分布の平均の対数 $\log(\lambda)$ が正規分布に従うと仮定することに等しい．すなわち，

$$f(y_i|\lambda_i) = Po(y_i|\lambda_i) = \frac{\lambda_i^{y_i} e^{-\lambda_i}}{y_i!}$$

$$f(\log(\lambda_i)) = N(\log(\lambda_i)|\mu, \sigma^2)$$

というモデルを考えることになる．これは，第2章で扱った階層モデルのかたちになっている．我々が実際に観測するデータは y_i $(i = 1, \ldots, n)$ であり，その背景で変動している λ_i については実際には観測できないので，パラメータを推定する際には，その期待値をとって周辺尤度にすることになる．つまり，$\log(\lambda) = z$ と書くと，

$$f(y_i) = \int_{-\infty}^{\infty} Po(y_i| \exp(z)) N(z|\mu, \sigma^2) dz$$

を各 y_i の確率モデルとして，第2章，第3章の最尤法の原理に従い，その対数をとったものの和を最大化して，パラメータ μ, σ^2 を推定する．

Rで実際に計算してみよう．まず，ポアソン-正規分布の周辺密度関数を定義する必要がある．周辺密度関数は，z に関して積分する必要があるのだった．$[-\infty, \infty]$ の範囲の数値積分の計算方法として，ガウス-エルミート積分という方法が知られている．これは，エルミート多項式の根 x_i $(i = 1, \ldots, n)$ とそれに対応する重み w_i から

$$\int_{-\infty}^{\infty} f(x) dx \approx \sum_{i=1}^{n} w_i e^{x_i^2} f(x_i)$$

で積分を近似計算する方法である．ガウス積分 (Gaussian integration) は効率が良く，通常は，台形公式やシンプソンの公式を使った数値積分などと比較して，かなり少ない分点数（上の n のこと）で精度の高い積分が行える．エルミート多項式の根と重みは R のパッケージ statmod で得られるので，それを使って，上の積分の計算を行う関数を書いてみよう．

```
library(statmod)
g_he <- gauss.quad(10,kind="hermite")
z <- g_he$nodes
w <- g_he$weights

dpois_normal <- function(x, mean=0, sd=1){
  dens <- Vectorize(function(x) sum(w*exp(z^2)*exp(dpois(x,
   lambda=exp(z), log=TRUE)+dnorm(z, mean, sd, log=TRUE))))

  return(log(dens(x)))
}
```

これで，関数 dpois_normal が定義できた．

ポアソン分布，負の二項分布，ポアソン-正規分布を比較してみよう．まずは，3 つのモデルの（負の）対数尤度を計算する関数を作成する．

```
mod <- function(p, x, model="poisson"){
  if (model=="poisson"){
    lambda <- exp(p)
    like <- -sum(dpois(x, lambda=lambda, log=TRUE))
  }
  if (model=="negbin"){
    mu <- exp(p[1])
    d <- exp(p[2])
    like <- -sum(dnbinom(x, size=d, mu=mu, log=TRUE))
  }
  if (model=="poisnorm"){
    mu <- p[1]
```

```
    sigma <- exp(p[2])
    like <- -sum(dpois_normal(x, mean=mu, sd=sigma))
  }

  like
}
```

この関数を第2章で出てきたチュパカブラのデータにあてはめて，結果を見てみよう．対数尤度関数の最大化にRの非線形最適化の関数である **nlm** を使用してみる．通常，最適化関数は，最大値ではなく，最小値を見つけるようになっているので，対数尤度にマイナスをつけて負の対数尤度を最小化することになる．

```
x <- c(1,3,7,0,2,2,0,1,2,8)
mod_1 <- nlm(mod, 0, x=x, model="poisson")
mod_2 <- nlm(mod, c(0,0), x=x, model="negbin")
mod_3 <- nlm(mod, c(0,0), x=x, model="poisnorm")
aic <- function(x) x$minimum*2 + 2*length(x$estimate)
c("Poisson"=aic(mod_1), "NegBin"=aic(mod_2),
 "PoisNorm"=aic(mod_3))
```

```
 Poisson   NegBin PoisNorm
50.31534 46.18892 46.20348
```

第3章で見たように，AICは負の対数尤度を2倍したものに，パラメータ数を2倍したものをモデルの複雑さのペナルティとして足したものであった．3つのモデルのAICは，ポアソン分布が大きく，負の二項分布とポアソン-正規分布のAICはほとんど同じような値になった．AICは小さいほうが良いので，チュパカブラの分布のモデルとしては，集中分布となっている負の二項分布かポアソン-正規分布を使用するのが良いだろう．

ポアソン分布は glm(x~1, family=poisson)，負の二項分布はパッケージMASSをロードしてから glm.nb(x~1) で実行できるので，実際には上のような関数を使って最適化する必要はない．しかし，この後の章で，より複雑なモデルを考えていく際に，自分でコードを書くというスキルが役に立つであろうことから，そうした操作に慣れるために自作関数を作ってみた．これから，このような自作関数を利用していくことになる．そして，この本を読み終わるとき，あなたはあなた自身の関数を書くことができるようになっているだろう．

4.2 ランダム効果モデル

「あんたなんかにゃ，わかりっこないわ」こういっておしゃまさんは，赤と白のセーターがよく見えるように，あなの中からおきあがりました．「だって，くりかえしのところは，だれにもわからないことをうたってるんだものね．わたし，北風の国のオーロラのことを考えてたのよ．あれがほんとうにあるのか，あるように見えるだけなのか，あんた知ってる？　ものごとってものは，みんな，とてもあいまいなものよ．まさに，そのことがわたしを安心させるんだけれどもね」おしゃまさんはそういうと，また雪の中にひっくりかえって，空を見あげました．空は，いまはもう，まっ黒になっていました．

トーベ・ヤンソン（山室静訳）『ムーミン谷の冬』（講談社文庫）より

前節では，ポアソン分布の平均（の対数）が正規分布に従うと仮定した．ポアソン分布の平均はパラメータであり，本来は定数であるのに，それが確率分布に従って変動するというので奇妙なことである．今，ポアソン分布の平均は，パラメータでありながら，確率変数でもあるものとなっている．このような，パラメータであり，確率変数でもある二面性をもつものたちをランダム効果 (random effect) という．そして，ランダム効果をもつ統計モデルをランダム効果モデルという．上では，ポアソン分布の平均がランダム効果になっていると考えたが，ポアソン回帰において，

$$\log(\lambda_i) = a + z_i + b \times x_i$$

というモデルを考えることもあるだろう．ここで，a, b は従来のような固定されたパラメータで，z_i は $z_i \sim N(0, \sigma^2)$ となるランダム効果である．回帰の切片がデータごとに変動するようなイメージである．切片にランダム効果が入っているモデルは，図 4.1 のようなイメージをもつと良いだろう．

このモデルは，a, b のような従来の固定値パラメータ（ランダム効果に対し

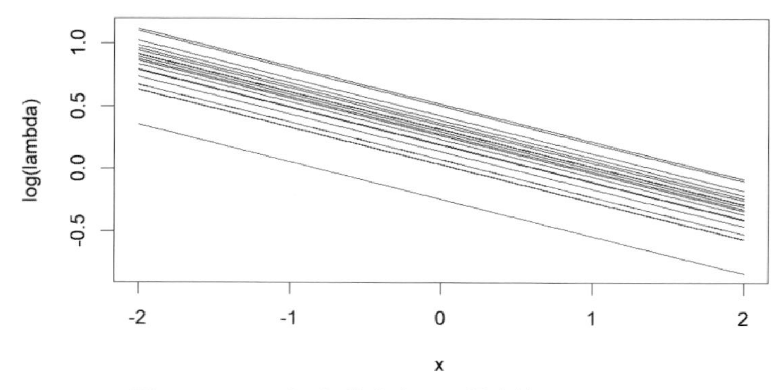

図 4.1　ランダム切片をもつ回帰直線のイメージ

て，固定効果 (fixed effect) という）と z_i のようなランダム効果が混在しているので，そのような混在を明確化した場合は，混合効果モデル (mixed effects model) という言い方もする．本書では，ランダム効果モデルという呼び方で統一することにしよう．

ランダム効果モデルにおいて，確率変数となっているパラメータをランダム効果と呼び，そのようなランダム効果を規定する固定効果のパラメータを超パラメータ (hyperparameter) と呼ぶことがある．

ランダム効果が従う確率分布は正規分布に限らない．第2章でやったEMアルゴリズムでは，雌雄どちらかという確率変数 z をランダム効果としていた．このとき，その確率分布はベルヌーイ分布である．負の二項分布では，ガンマ分布がランダム効果の分布として使われていた．しかし，本書の中では多くの場合，ランダム効果の確率分布として正規分布を使用する．その理由は，それが非常に扱いやすいためである．計算的な簡便さと効率の良さから，正規分布によるランダム効果モデルは多くの応用をもっている．

ランダム効果をもつ最尤推定法は，パラメータの一部が変動する確率変数になっている，というモデルである．パラメータ自体が確率変数になっているというのは，ベイズ統計がそうである．ランダム効果をもつ最尤法とベイズ統計の違いは，ベイズ統計はどこまで行っても（階層をどこまで上がっても），パラメータは確率変数であるのに，最尤法では，最後のパラメータ（超パラメータ）は，固定効果で確率変数ではない，というところである．しかし，ベイズ推定においても，事前分布のパラメータをデータから推定する経験ベイズ法と

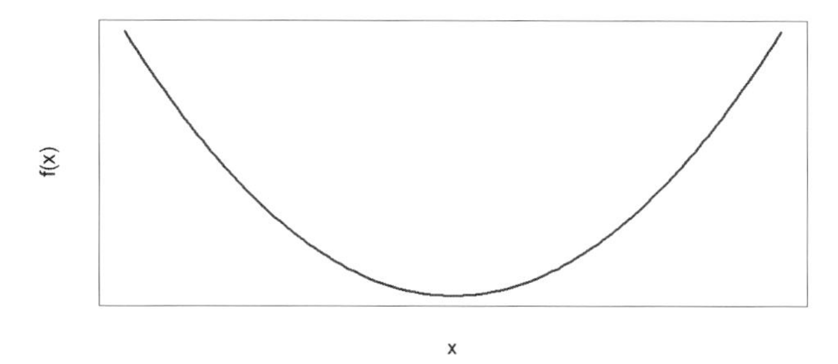

図 **4.2** 目的関数の例

いうものが知られており，これは最尤法的である．ランダム効果をもつ最尤法はベイズ的な推測になっており，経験ベイズ法は最尤法的なベイズ法である．このあたり，ややこしいが，本書ではそういうものがあるぐらいの認識にとどめて，そこまで気にしないでも良いだろう．

4.3 数値的最適化

これからいろいろなランダム効果モデルを扱っていくのであるが，一般的なランダム効果モデルにおけるパラメータ推定には数値的最適化 (numerical optimization) が必要になる．最尤推定量は，対数尤度 $\log L(\theta)$ を最大化するパラメータ $\hat{\theta}$ を求めることによって得られる．しかし，尤度関数の式が複雑になってくると，そのような $\hat{\theta}$ を求めることは容易ではない．そこで，数値的な反復計算を行うことにより，$d\log L(\theta)/d\theta = 0$ となる解 $\hat{\theta}$ を見つける方法を数値的最適化法という．

最小値（極小値）を求める問題を考えよう．単純には図 4.2 のような場合に，目的関数 $f(x)$ を最小にする値 $\hat{x}$ を見つけたい．

$\log L(\theta)$ が最大値をとる場所を見つける，または，負の対数尤度 $l(\theta) = -\log L(\theta)$ が最小値をとる場所を見つけるには，θ で微分してゼロとすれば良い．θ のかわりに一般の未知数 x を用いよう．負の対数尤度 $l(x)$ の最小化で考えれば，微分が 0 となる場所で $l(x)$ が最小となるのであるから，その周辺では微分が負から正に変わっていると考えられる．そうすると，$\hat{x}$ の左側では微分が負であるが，次の繰り返し計算では正の方向（右側）に x を動かしてみるのが良いだろう．また，微分の絶対値が大きいときは大きく動かすのが良いだろうし，小さいときは小さく動かすと $\hat{x}$ を見つけやすくなるだろう．$l(x)$ の微分 $l'(x)$ が正なら，x を少し増加すれば $l(x)$ も増加するので，最小化のためには x を小さくすれば良い．逆に，$l'(x)$ が負なら，x を少し増加すれば $l(x)$ は減少するので，最小化のためには x を大きくすれば良い，ということになる．つまり，微分係数と反対の方向に動けば良いことになる．この方法は，勾配降下法 (gradient descent method または steepest descent method) と呼ばれている（ここで，勾配と微分は同じ意味である）．

勾配降下法は，関数 $l(x)$ を最小にする最適値を求めるアルゴリズムであり，γ (> 0) を小さな値として，$x_{t+1} = x_t - \gamma l'(x_t)$ という式で x を更新していけば，x は最小値（実際は，極小値）$\hat{x}$ に近づいていく．これは，広く利用されている数値的最適化手法である．簡単な勾配降下法のアルゴリズムを R で書いてみよう．ポアソン分布の対数尤度を与え，その期待値の対数値を推定するとする（サンプルサイズ 1 のデータ y を与えたとき，パラメータを $x = \log(\lambda)$ とすると，ポアソン分布の負の対数尤度の x による微分は $\exp(x) - y$ となる）．

```
L <- function(x) exp(x)-2*x
dL <- function(x) exp(x)-2
x <- numeric(500)
x[1] <- 5
lambda <- 0.01
for (i in 2:500) x[i] <- x[i-1]-lambda*dL(x[i-1])
plot(x,xlab="iteration",ylab="Value",ylim=c(0,5))
```

勾配降下法によって，x が目的関数の最小値を与える $\hat{x} = \log(2)$ に収束する様子が見てとれる（図 4.3）．

勾配降下法で，$\gamma = 1/l''(x)$ としたものは，ニュートン法 (Newton's method) と呼ばれる．これは，$l'(x)$ のテイラー展開 $l'(x) \approx l'(x_0) + l''(x_0)(x - x_0)$ から，$l'(x) = 0$ として式を解けば，$x = x_0 - l'(x_0)/l''(x_0)$ となることによって得られる．すなわち，x_0 の次の点が $l(x) = 0$ に近づくように点を更新する．ニュートン法は，よく知られた数値的最適化法であり，R の代表的な非線形最適化関数 `nlm`，`nlminb`，`optim` などは，基本的にニュートン法に基づくア

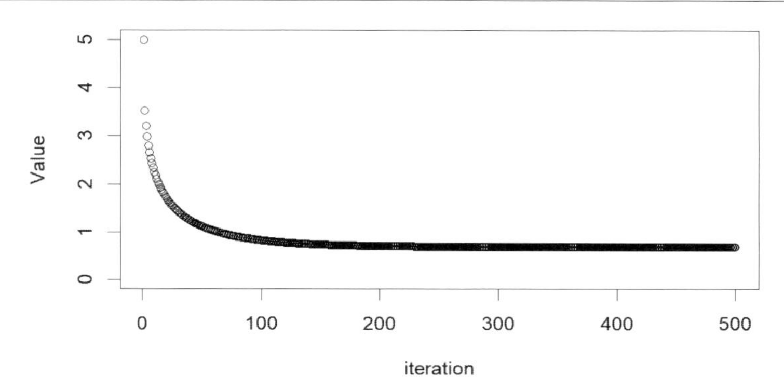

図 **4.3** 勾配降下法による収束の様子

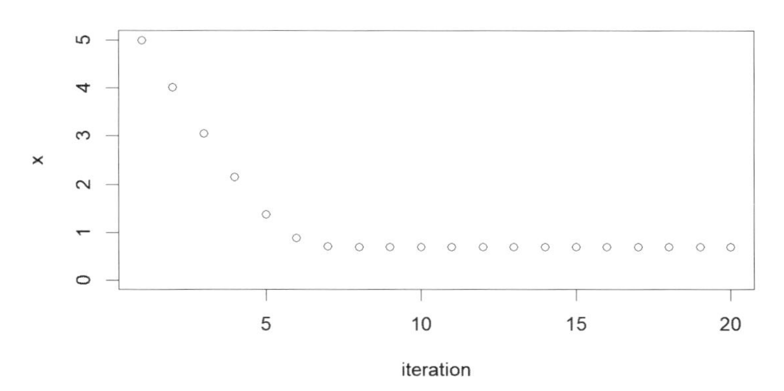

図 **4.4** ニュートン法による収束の様子

ルゴリズムを採用している．上の勾配降下法の簡単な例をニュートン法にしてみよう．今，2 階微分は $\exp(x)$ であるので，ニュートン法は次のようになる．

```
d2L <- function(x) exp(x)
x <- numeric(20)
x[1] <- 5
for (i in 2:20) x[i] <- x[i-1]-dL(x[i-1])/d2L(x[i-1])
plot(x,xlab="iteration",ylab="x",ylim=c(0,5))
```

この場合もうまく収束している（図 4.4）．違いは，$\gamma = 0.01$ とした場合には，収束までにかなりの繰り返し回数を必要としているが，ニュートン法ではあっという間に収束しているところである．つまり，ニュートン法は，素早く解に収束することを実現してくれる非常に効率の良いアルゴリズムなのである．ただし，一般の場合には，2階微分の逆数（すなわち，逆行列）を計算する必要があることになり，パラメータ数が多くなると計算が難しくなる．

Rの関数`nlm`のテストをしてみよう．とりあえずランダム効果なしのポアソン分布の平均パラメータを計算する簡単な問題を考えよう．ここでは，ポアソン分布の平均は，データごとに異なるものと仮定する．さらに，最適化のために2つの目的関数`f1`と`f2`を用意しよう．`f1`は，最小化の目的関数を与えてくれるが，その微分は明示的に与えられない．`f2`は，最小化の目的関数とともに，その微分を明示的に与えている．

```
f1 <- function(p, x) -sum(dpois(x,lambda=exp(p),log=TRUE))
f2 <- function(p, x) {
    res <- f1(p, x)
    attr(res, "gradient") <- exp(p)-x
    res
}
set.seed(1)
z <- rpois(500, lambda=mean(x))
system.time(nlm(f1,rep(0,500),x=z))
system.time(nlm(f2,rep(0,500),x=z))
```

```
user  system elapsed
0.69    0.00    1.16

user  system elapsed
0.05    0.00    0.03
```

`nlm`は，微分が明示的に与えられない場合，数値微分を使って計算を行う（そのようなニュートン法を準ニュートン法という）．しかし，数値微分の使用は，ニュートン法の効率を低下させ，計算速度をかなり遅くしてしまう．実際，数十のパラメータを有する複雑なモデルの最適化を行おうと思うと，微分

(勾配) を与えない場合，nlm のような数値的最適化の計算はかなり収束が遅くなり，解を得るのが難しくなってくる (上の例の elapsed (経過時間) となっているところが小さいほど良い)．効率的な計算のためには，勾配を明示的に与えることが肝要となる．

4.4 ランダム効果の取り扱い

「へ，へ，へっしあん！！」
「あら，大きなくしゃみ．風邪をひいたんじゃないの？ 長風呂がすぎるよ．早く風呂から上がりなさいな」
「わかった，わかった．わかった！ エウレーカ，エウレーカ」
「ちょっと裸でどこ行くのよ？ 捕まるよぉ．まったく馬鹿な人だよ...でも，嬉しそうだったねぇ...」

ランダム効果は，実際には観測されないので，それを積分によって消去した周辺確率分布によって固定効果の推定を行うことになる．本章のはじめでは，ポアソン–正規分布のパラメータ推定のために，ランダム効果をガウス–エルミート積分で消去した．しかし，積分による消去，というのがなかなか大変な仕事である．モデルが複雑になってくると，大量のランダム効果を含むことがあり，そのような場合，ランダム効果の積分には多重積分が必要になる．本章のはじめでは，10 点のガウス–エルミート積分を行っているが，2 重積分をしなければいけない場合，計算量は $10^2 = 100$ 回となる．3 重積分なら，$10^3 = 1000$ 回となる．こうした計算は尤度の 1 回の評価に必要な計算量である．その関数評価を数値的最適化の中で何度も繰り返さないといけない．簡単な関数であれば，それでもまだなんとか計算できるかもしれないが，少し複雑な関数になってくると計算するのはちょっと無理となるだろう．そこで，積分を近似する効率の良い方法が必要になる．

ガウス積分は，非常に効率の良い優れた数値積分法ではある．しかし，その適用範囲は限られる．上で説明したように，高次元積分が必要になる場合にガウス積分の使用は特に問題となる．この問題は，次元の呪い (curse of dimension) と呼ばれる問題の一種である．今，パラメータ θ はランダム効果であるとする．簡単のため θ の次元は 1 の場合を考えよう．対数尤度関数を最尤推定値のまわりでテイラー展開しよう．2次の項まで近似するとき，最尤推定量は対数尤度関数の微分を0にするものであったから，1次の項が消えて，

$$\log L(\theta) \approx \log L(\hat{\theta}) + \frac{1}{2}\log L(\theta)''\bigg|_{\theta=\hat{\theta}}(\theta-\hat{\theta})^2$$

となる．第2章で紹介したフィッシャー情報量は，対数尤度の2階微分にマイナス符号をつけたものであったので，上の対数尤度の2階微分にフィッシャー情報量を代入すれば，

$$\log L(\theta) \approx \log L(\hat{\theta}) - \frac{1}{2}I(\hat{\theta})(\theta-\hat{\theta})^2$$

が得られる．これを $L(\theta)$ の式に代入して，θ で積分する．

$$\int L(\theta)d\theta \approx L(\hat{\theta})\int e^{-\frac{1}{2}I(\hat{\theta})(\theta-\hat{\theta})^2}d\theta = L(\hat{\theta})(2\pi)^{1/2}|I(\hat{\theta})|^{-1/2}$$

真ん中の式の積分が，正規分布の確率密度関数の核関数（正規化係数を除いた部分）の積分になっているので，積分が解析的に計算できて，最後の式が得られる．これはなんであろうか？ θ での積分が，最尤推定量 $\hat{\theta}$ の式で近似されている．つまり，$L(\theta)$ の最尤推定量 $\hat{\theta}$ を求めれば，最尤推定量の尤度関数とそのフィッシャー情報量から，積分を近似することができるということになる．ここに，積分計算は，最適化問題へと帰着される．この積分の近似方法をラプラス近似 (Laplace approximation) と呼ぶ．簡単のため1次元で考えたが，多変量の場合も同様であり，多変量のときこそ大きな力を発揮することになる．θ の次元が q の場合は，ラプラス近似は

$$\int L(\theta)d\theta \approx L(\hat{\theta})(2\pi)^{q/2}|I(\hat{\theta})|^{-1/2}$$

となる．

ランダム効果を含むモデルの推定は次のように行われる．周辺尤度は超パラメータ（固定効果）を ϕ とすると，$L(\phi|x)$ と書くことができる．ここで，

$$L(\phi|x) = \int L(\theta,\phi|x)d\theta = \int p(x|\theta,\phi)p(\theta|\phi)p(\phi)d\theta$$

である．最初に，θ と ϕ の同時確率密度による尤度関数 $L(\theta,\phi)$ を，ϕ を与えたもとで，θ に関して最大化する．このとき，θ の最尤推定量 $\hat{\theta}(\phi)$ が得られる．これは ϕ のプロファイル尤度 (profile likelihood) と呼ばれるものを求めるのに等しい (Pawitan 2001)．このとき，ϕ の最尤推定値は，$\hat{\theta}(\phi)$ を与えた

上で，ラプラス近似によって与えられる周辺尤度を最大化することによって得られる（このラプラス近似は，修正プロファイル尤度と呼ばれるものに対応している (Pawitan 2001)）．

この計算は，ニュートン法により，パラメータ（または尤度）が収束するまで，繰り返し計算によって得られるが，ϕ に関して解くために $\hat{\theta}(\phi)$ を得る必要があり，最適化の中で最適化を行う必要がある（ニュートン法の中でニュートン法による最適化をするような入れ子の最適化計算）．ラプラス近似によって積分計算が必要なくなったかわりに，入れ子になった数値的最適化を何度も繰り返すことになり，それはそれで計算が大変そうである．しかし，もし数値的最適化が非常に速いならば，たとえば Markov Chain Monte Carlo 法のようなシミュレーションベースの積分近似法よりも格段に効率的な計算となり，かなりの高速化が実現できることが期待される．

以上の推定方法の理解のために簡単なコードを書いてみよう．本章 1 節でガウス積分を使用して計算したポアソン-正規分布のパラメータをラプラス近似を使用して推定する．最初に必要な関数を用意しよう．ラプラス近似のために，ポアソン-正規分布のランダム効果を積分しない同時分布の関数が必要である．そして，その推定値が与えられたとき，周辺尤度のラプラス近似式を与える関数が必要となる．ポアソン分布と正規分布の（対数）同時確率密度の勾配とヘッシアン（ある関数の 2 階微分行列をヘッシアン（ヘッセ行列，hessian matrix）という．この場合，負の対数尤度を考えているので，そのヘッシアンはフィッシャー情報量になっている）は手計算で求めることができるので，それらを与えてやろう．ポアソン分布の平均 λ の対数をとったものを θ，正規分布の平均と標準偏差の対数をまとめて ϕ とする．

```
pn <- function(x, theta, phi) -sum(dpois(x,exp(theta),
 log=TRUE)+dnorm(theta,phi[1],exp(phi[2]),log=TRUE))

g <- function(x, theta, phi) {
  res <- pn(x, theta, phi)
  attr(res, "gradient") <- -(x-exp(theta)-(theta-phi[1])/(exp(2*
   phi[2])))
  attr(res, "hessian") <- diag(exp(theta)+1/exp(2*phi[2]))
```

```
  res
}

f <- function(x, phi){
   n <- length(x)
   theta <- nlm(g, rep(0,n), x=x, phi=phi)$estimate
   res <- g(x, theta, phi)
   hes <- attr(res, "hessian")

   as.numeric(res)-0.5*n*log(2*pi)+0.5*log(det(hes))
    # Laplace approximation
}
```

関数が用意できたので，パラメータを推定する．関数 f の中では，ϕ が与えられたときの同時確率分布から θ を推定し，そうして推定された $\hat{\theta}(\phi)$ を与えたときの周辺尤度のラプラス近似から ϕ を推定する（最適化する目的関数の中で **nlm** 計算を行っていることに注意）．パラメータ ϕ をニュートン法による繰り返し計算で推定してみよう．再び，チュパカブラのデータを使用する．

```
x <- c(1,3,7,0,2,2,0,1,2,8)
res_lap <- nlm(f, c(0,0), x=x)
res <- rbind("Gauss integration"=mod_3$estimate,
 "Laplace approximation"=res_lap$estimate)
res[,2] <- exp(res[,2])
colnames(res) <- c("mean","sd")
res
```

```
                           mean        sd
Gauss integration     0.6583225 0.7693101
Laplace approximation 0.6532281 0.7847997
```

若干のずれはあるが，まずまず悪くない値である．この例は，非常に簡単なものであるので，計算速度の差を実感するのは難しい（ガウス積分もラプラス近似もどっちもすごく速い）．しかし，これが，多くのランダム効果を含む複雑な尤度関数であり，パラメータ θ が多次元で多重積分が必要になると，ガウス積分はとたんに実行不可能になってくる．だが，そのような不可能とすら思える問題であっても，ラプラス近似はわずかな時間で回答を与えてくれるのである．

4.5 Template Model Builder と GLMM

一般のモデルに対して，上のような計算コードを毎回書くのは大変であるが，R には上のような計算を実行してくれるパッケージ TMB（Template Model Builder の頭文字）がある（付録 A 参照）．TMB は，自動微分という方法でアルゴリズム全体を微分することにより，与えた最適化すべき関数の微分（勾配）の式を関数にして返してくれる．したがって，それを `nlm` のような最適化関数の勾配 `gr` のところに与えると計算が大きく高速化されることになる．自動微分 (automatic differentiation) は，「複雑な関数の微分は単純な関数の微分を合わせたものであり，微分の連鎖則によりアルゴリズム内で自動的に微分を計算していく」というものである．機械学習のニューラルネットワークにおいて，バックプロパゲーションという推定法が出てくるが，あれは自動微分のひとつの例となっている．

モデルの中にランダム効果がある場合は，上記のラプラス近似を用いて，最適化を繰り返し行うことにより，周辺尤度の最大化を行う．実際にどのように計算するのか，簡単な例で見ていこう．まずは，ランダム効果をもたないポアソン分布モデルでやってみよう．TMB の最適化のための目的関数は，C 言語（正確には C++）を使って書く必要がある．書いたコードを R から外のファイルに書き出してやろう（実際には，R 上で操作する必要はなく，あらかじめそういうファイルを用意しておけば良い）．

```
sink("pois.cpp")
cat("
// Poisson distribution

#include <TMB.hpp>
#include <iostream>
```

```
template<class Type>
Type objective_function<Type>::operator() ()
{
  // DATA //
  DATA_VECTOR(x);

  // PARAMETER //
  PARAMETER(log_lambda);

  // PARAMETER TRANSFORMATION //
  Type lambda = exp(log_lambda);

  // Main
  int N = x.size();
  Type nll = 0.0;

  for (int i=0;i<N;i++)  nll += -dpois(x(i), lambda, true);

  return nll;
}
", fill=TRUE)
sink()
```

Rでは配列は1から始まるが，C言語では配列の開始は0である．これは，RとCの間を行ったり来たりしていると混乱してくるので気をつけよう．特に，TMBで配列を間違うと計算がクラッシュすることがある．上のTMBのコードは標準的なスタイルを踏襲している．一番上では，読み込むべきデータを指定する．次に，パラメータの指定をする．今は，ポアソン分布の平均の推定をするので，パラメータは1個だけである．最後のセクションは，計算の本体で，最適化すべき関数が指定されている．ここでは，ポアソン分布の確率関数の対数を足し合わせて，マイナス符号をつけたものが目的関数となっている．上のコードを実行すれば，作業フォルダに pois.cpp というファイルができているはずである．ファイルができれば，それをコンパイル (compile) する必要がある．

```
library(TMB)
compile("pois.cpp")
dyn.load(dynlib("pois"))
```

コンパイルした場合，長いメッセージが出ると思うが，エラーが出なければ大丈夫である．2 行ぐらいの長いメッセージの後に，[1] 0 と表示されれば，問題はない．文法的なエラーがある場合は，エラーメッセージが表示され，最後に Error のような表示が出るであろう（その場合は，ファイルを修正してください）．コンパイルは結構時間がかかる．しかし，たとえばシミュレーションなどで計算を繰り返すという場合，1 回コンパイルすれば再度コンパイルする必要はないので，実用上大きな問題にはならない．

TMB 計算には，データとパラメータの初期値を与える必要がある．データやパラメータが複数ある場合，それぞれの長さや形式は異なるので，list で与えてやる．データとパラメータの初期値を与えて，TMB を実行しよう．MakeADFun というのが TMB の本体の関数である．これは，データとパラメータの初期値のもとで，最適化の目的関数，勾配関数などを変数の中に格納してくれる．このとき，勾配関数は自動微分で得られているので，非線形最適化が高速になるのである．ここでは，（別に nlm でも良いのだが）TMB 計算でよく使用される nlminb を使ってやろう．nlminb は，制約付き非線形最適化の関数であるが，安定して高速な傾向があり，TMB ユーザー間では好んで使用されるようである．

```
dat <- list(x=x)
pars <- list(log_lambda=0)
obj <- MakeADFun(dat, pars, DLL="pois")
mod_p <- nlminb(obj$par, obj$fn, obj$gr)
```

結果を見てみよう．

```
res <- rbind("nlm"=mod_1$estimate, "TMB"=mod_p$par)
colnames(res) <- "lambda"
res
```

```
       lambda
nlm 0.9555109
TMB 0.9555114
```

うまく推定できている.

次に, 同じように, ポアソン-正規分布の推定をやってみよう.

```
sink("pois_norm.cpp")
cat("
// Poisson-Normal distribution

#include <TMB.hpp>
#include <iostream>

template<class Type>
Type objective_function<Type>::operator() ()
{
  // DATA //
  DATA_VECTOR(x);

  // PARAMETER //
  PARAMETER(mu);
  PARAMETER(log_sigma);
  PARAMETER_VECTOR(z);

  // PARAMETER TRANSFORMATION //
  Type sigma = exp(log_sigma);

  // Main
  int N = x.size();
```

```
  vector<Type> lambda(N);
  Type nll=0.0;

  for (int i=0;i<N;i++){
    nll += -dnorm(z(i), mu, sigma, true);
    lambda(i) = exp(z(i));
    nll += -dpois(x(i), lambda(i), true);
  }

  return nll;
}
", fill=TRUE)
sink()
```

ここで，ポアソン分布の対数尤度関数に加えて，正規分布の対数尤度関数も加えられていることに注意しよう．今回，ポアソン分布の平均 λ はひとつひとつのデータごとに変わり，正規分布に従うので，λ はベクトルとなっている．パラメータは，正規分布の平均，標準偏差（の対数値）に加えて，ランダム効果 z のベクトルが指定されている．ただし，これだけだと，z がランダム効果なのか，固定効果なのかははっきりしない．階層構造があって，z はランダム効果なんですよ，ということは，後で MakeADFun の中で指定することになる．その前に，上の cpp ファイルをコンパイルしておこう．

```
compile("pois_norm.cpp")
dyn.load(dynlib("pois_norm"))
```

コンパイルしたら，前と同じように，データとパラメータの初期値を与える必要があるが，パラメータが変わってくる．今回は，固定効果のパラメータに加えて，ランダム効果の初期値を与える必要がある．この例では，ランダム効果の初期値はデータと同じ数（サンプルサイズ）だけ必要である．

```
dat <- list(x=x)
pars <- list(mu=0, log_sigma=0, z=rep(0,length(x)))
```

```
obj <- MakeADFun(dat, pars, random="z", DLL="pois_norm")
mod_pn <- nlminb(obj$par, obj$fn, obj$gr)
```

前と違うところは，ここではランダム効果 z の初期値も与えていること，MakeADFun という関数の中で，random="z" と z がランダム効果であることを指定しているところ，である．計算では，前節と同じように，最適化の中で最適化を入れ子で行うことになるので，単純なポアソン分布の場合よりも多くの計算が必要になる．しかし，それでもかなり高速に計算結果が得られることを体感できるだろう．推定結果をガウス積分によるものと比較してみよう．

```
res <- rbind("Gauss integration"=mod_3$estimate,
 "Laplace approximation"=mod_pn$par)
res[,2] <- exp(res[,2])
colnames(res) <- c("mean","sd")
res
```

```
                           mean        sd
Gauss integration     0.6583225 0.7693101
Laplace approximation 0.6532284 0.7848000
```

ラプラス近似の結果は，前節で TMB を使用しないで，自分でコードを書いて実行した場合とほとんど同じ値となっている．標準偏差は，ガウス積分による結果に比して，少しだけ大きく推定され，2% ほど大きくなっている（平均は，−0.8% ぐらい）．しかし，深刻な問題があるとは思われない．まぁ，大体うまく近似できていると考えられるだろう．

今回扱った例は，TMB の入門のためで，ごく簡単なものである．そのため，TMB を使用しないでも十分に速く，TMB の恩恵を実感しにくいかもしれない．本書の後半では，より複雑なモデルを使用することになるので，読者が，TMB を使えるようになって良かった！（♡），という気持ちを抱いていただけるようになることを願っている．

以上，ランダム効果と TMB の理解のために，自分で関数を書いていろいろ調べてきた．TMB の魅力がうまく伝わったであろうか？　しかし，実は，割と広いクラスのモデルに対して，上のように自分でコードを書かなくてもTMBを使ったランダム効果モデル計算を実行することが可能である．それには，Rのパッケージglmm TMBを使用すれば良い．そこで，この節の最後に，glmmTMBの応用を見てみよう（glmmは，一般化線形混合モデル (Generalized Linear Mixed-effects Models) から）．

最初に，関数 `glmmTMB` を使って，チュパカブラデータに上と同じモデルを適用してみよう．`glmmTMB` は，Rの関数 `glm` と同じような書き方で計算をすることができる．ランダム効果はカッコの中に入れて書くことになっている．今の場合，ポアソン分布の平均の対数の切片がデータによって異なるモデルになるので，(1|data の番号) のような書き方になる．ここで，1は切片を表す．

```
library(glmmTMB)
dat <- data.frame(x=x, n=1:length(x))
( mod_pn1 <- glmmTMB(x~(1|n), data=dat, family=poisson()) )
```

```
Formula:          x ~ (1 | n)
Data: dat
      AIC       BIC    logLik  df.resid
 46.20800  46.81317 -21.10400         8
Random-effects (co)variances:

Conditional model:
 Groups Name        Std.Dev.
 n      (Intercept) 0.7848

Number of obs: 10 / Conditional model: n, 10

Fixed Effects:

Conditional model:
(Intercept)
     0.6532
```

同じTMBで計算しているので，当たり前ではあるが，上のTMBによる

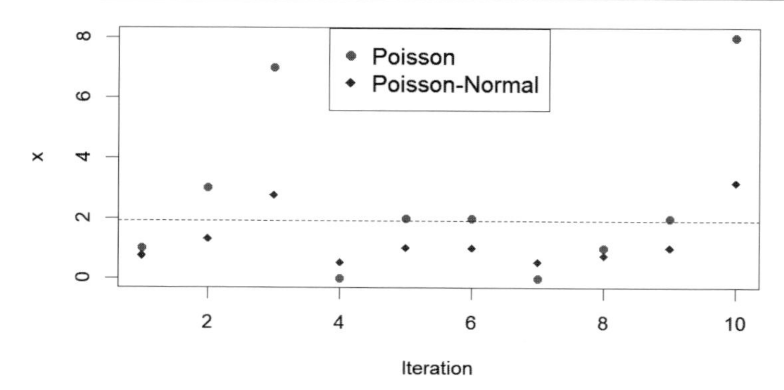

図 4.5 ランダム効果モデルによって縮小推定される様子

ポアソン正規分布モデルの結果と glmmTMB の結果は同じになった．ポアソン分布とポアソン–正規分布の推定値の比較をしてみよう．ここで，ポアソン分布はひとつの平均を推定するのではなく，データ点ごとに異なる平均をもつものとする．

```
mod_p1 <- nlm(mod, rep(0, length(x)), x=x, model="poisson")
plot(x, xlab="Iteration")
points(exp(mod_p1$estimate), col=gray(0.5), pch=16)
parms <- mod_pn1$fit$parfull
points(exp(parms[names(parms) %in% "b"]), col="blue", pch=18)
abline(h=exp(parms["beta"]), lty=2)
legend("top",c("Poisson","Poisson-Normal"), pch=c(16,18),
 col=c(gray(0.5),"blue"), cex=1.2)
```

灰色の丸点は平均をばらばらに推定したポアソンモデルの予測値で，これはもとのデータ点と同じになっている（図 4.5）．しかし，ポアソン-正規分布モデルにより，ランダム効果で予測した値（青色の菱形点）はどうだろうか？それらの値は，データ点よりばらつきが少なく，全体の平均（図 4.5 の横破線）に寄っている．特に，全体平均から外れた点は，大きく平均の方に引き寄せられている．これはランダム効果モデルの縮小 (shrinkage) 推定という性質である．個々のデータ点に対してばらばらに平均推定したものは，データ点そのままとなり過剰にデータに適合したもの（過学習）であると考えられる．一方で，ランダム効果モデルはデータの変動をとらえながらも，各データ点の情報だけを使用するのではなく，全体のデータから情報を借りて推定している．データのもつノイズに囚われすぎないように，平滑化（スムージング）をしているようなイメージである．第1章で泣いた太郎くんは，ここに希望を見出すのだ．ゼロだけど，ゼロじゃないんだ，と．

4.6　ゼロ過多モデル

第4章は過分散の話から始まった．ここで，再び過分散の問題に戻ろう．サンプルしたデータのヒストグラムを描いてみたら，ゼロが期待以上に多く，ゼロの頻度が突出していたとしよう．そのようなデータをゼロ過多データといい，過分散問題のひとつである．ここではゼロ過多データを扱うためのゼロ過多モデル (zero-inflated model) について考えよう．ポアソン分布や二項分布で予測されるよりも多くのゼロが観測される場合がある．たとえば，あなたの調査対象が非常に珍しい動物である場合，調査区域内でその動物が見つかる可能性は低く，発見数ゼロという記録ばかりになるだろう．

ここでは，R のパッケージ pscl に入っているデータ `bioChemist` を使用してみよう．これは，生物化学の大学院生の過去3年間の論文生産数の記録である．論文の生産数には，性別による違いがあるか，結婚しているかどうかによる違いがあるか，子供がいるかいないかで違うか，といったことが興味の対象である．

```
library(pscl)
data(bioChemists)
dat <- bioChemists
barplot(table(dat$art))
```

ヒストグラムを見ると，たしかにゼロが多いデータに見える（図4.6）．およそ30%がゼロデータ（論文を1本も書いていない）となっている．`summary` 関数を使って，データの中身を調べてみよう．

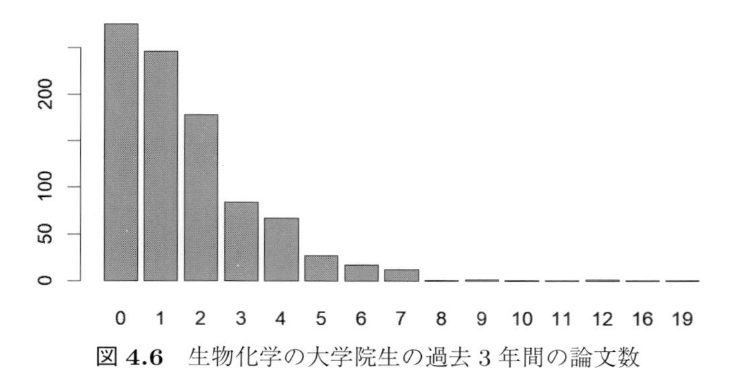

図 4.6 生物化学の大学院生の過去3年間の論文数

```
summary(dat)
```

```
      art              fem            mar             kid5              phd
 Min.    : 0.000   Men  :494   Single :309   Min.    :0.0000   Min.    :0.755
 1st Qu.: 0.000   Women:421   Married:606   1st Qu.:0.0000   1st Qu.:2.260
 Median : 1.000                              Median :0.0000   Median :3.150
 Mean   : 1.693                              Mean   :0.4951   Mean   :3.103
 3rd Qu.: 2.000                              3rd Qu.:1.0000   3rd Qu.:3.920
 Max.   :19.000                              Max.   :3.0000   Max.   :4.620
      ment
 Min.   : 0.000
 1st Qu.: 3.000
 Median : 6.000
 Mean   : 8.767
 3rd Qu.:12.000
 Max.   :77.000
```

art は大学院生の論文数で，これが予測したい応答変数である．fem は性別，mar は結婚しているか未婚か，kid5 は5歳以下の子供の数，phd は所属する大学院の名声，ment は担当の教授が過去3年間に書いた論文数である．これらが大学院生の論文数にどのように影響しているのか，というのを回帰を使って調べてやろうということになる．

まず，ゼロ過多データを扱うモデルがどういうものかを考えよう．基本的なモデルをポアソン分布とすると，ポアソン分布に従ってゼロデータが発生する．しかし，それ以上にゼロが生じる場合がある．希少動物の場合で考えてみよう．ある領域内の動物の生息数を調べるため，いくつかの矩形の調査区画（コドラートという）を設定して，その中で発見数を記録する．さて，その希少動物は，あるコドラートにはまったく存在しないためゼロ発見となる場合と，実はそこには生息しているのだけど，たまたま観測者が見逃して発見できなかった，という場合があるだろう．前者は絶対的なゼロで，後者はポアソン分布に由来するたまたま発見できなかったというゼロであり，この2つのゼロを区別して扱うことにする．

絶対的にいるかいないかを二項分布（ベルヌーイ分布）で記述し，いない確率を p，いる確率を $1-p$ としよう（通常は，いる確率を p とするが，ゼロ過多モデルではゼロ発生にも興味があるため，ゼロ確率を p とすることが多い）．ゼロが発生する確率は p に加えて，いたけどゼロだった $(1-p)\times Po(k=0)$ となる．$Po(k=0)=\exp(-\lambda)$ であるので，結局ゼロとなる確率は，$p+(1-p)\exp(-\lambda)$ である．ゼロより大きい観測 $1,2,\ldots$ は，ポアソン分布 $(1-p)\times Po(k)$ $(k=1,2,\ldots)$ に従う．

pscl は本来，ゼロ過多データの分析を行うためのパッケージで `zeroinfl` という関数をもっているが，ここでは glmmTMB の練習のために，`glmmTMB` を使用してみよう（pscl も使いやすい優れたパッケージである）．モデル選択は，R のパッケージ MuMIn の `dredge` 関数を使えば，どのモデルの AIC が小さいか，を網羅的に探索してくれる．しかし，この場合，説明変数の数が多く，それらの有無の組み合わせの数が大きくなるので，計算に比較的長い時間を要する．興味のある読者は，各自でモデル選択を実行してみられたい．ここでは，ゼロ過多なしの場合のポアソン分布モデル，ゼロ過多なしの負の二項分布，ゼロ過多ありのポアソン分布，ゼロ過多ありの負の二項分布のモデルをあてはめて，それぞれのモデルの AIC を比較してみよう．通常の負の二項分布は，`family=nbinom2` と指定することになる（`nbinom1` は，分散の定式化が異なる負の二項分布モデル）．

```
mod_p <- glmmTMB(art ~ fem+mar+kid5+phd+ment,
 family=poisson, data=dat)
mod_nb <- glmmTMB(art ~ fem+mar+kid5+phd+ment,
 family=nbinom2, data=dat)
```

```
mod_zip <- glmmTMB(art ~ fem+mar+kid5+phd+ment,
 zi= ~fem+mar+kid5+phd+ment, family=poisson, data=dat)
mod_zinb <- glmmTMB(art ~ fem+mar+kid5+phd+ment,
 zi= ~fem+mar+kid5+phd+ment, family=nbinom2, data=dat)
AIC(mod_p, mod_nb, mod_zip, mod_zinb)
```

```
         df      AIC
mod_p     6 3314.113
mod_nb    7 3135.917
mod_zip  12 3233.546
mod_zinb 13 3125.982
```

AIC最小のモデルは，ゼロ過多負の二項分布モデルであった．AICの差は結構大きいので，予測などにはベストモデルを使うのが良いだろう．ポアソンモデルとゼロ過多ポアソンモデルのAICの差は大きく，ゼロ過多の傾向が大きそうであるが，負の二項分布にした場合のインパクトのほうが大きそうである．これは，ゼロが多いというだけではなく，ポアソン分布から期待される以上に集中度が大きい（論文をすごくよく書く大学院生がいる一方で，全然書かない大学院生もいる）ためであろう．

ここでは，ゼロ過多を扱うために，0か1かのベルヌーイ分布とポアソン分布との混合分布を考えたが，ゼロは多いが，それらはすべて本当にゼロで，ポアソン分布からのゼロは一切ないという場合もあり得る．ゼロでない場合が，連続値の対数正規分布 $LN(x)$ の場合は，対数正規分布がゼロをとる確率密度は0であるので，ベルヌーイ分布だけがゼロのソースとなる．このようなモデルをゼロ切断モデル（ハードルモデル (hurdle model) またはデルタモデル (delta model)）という．ゼロ切断モデルは，ポアソン分布の場合は，ゼロである確率は p，ゼロより大きい観測値は $(1-p) \times Po(k)/(1-Po(0))$ となる．正の部分は，正値をとる確率と切断ポアソン分布（ゼロより大きいという条件付分布）の積となる．対数正規分布なら，もともとゼロをとらないので，正値に対する確率分布は $(1-p) \times LN(x)$ となる．

これらのモデルの場合，ランダム効果は，基本の確率分布とは別のベルヌーイ分布から来る2値変数であった．ゼロ過多モデルの期待値パラメータがま

た（正規分布に従う）ランダム効果を含んでいても良い．その場合は前節のポアソン–正規モデルの glmmTMB でやったように，ランダム効果とする変数が z ならば，`art ~ (1|z)` のように書く．

4.7 正則化

ランダム効果は縮小推定となり，それはモデルの過剰適合を防ぐものであった．モデルが複雑になってくると，どのようなデータでもうまく記述できるようになり，データへの完全なフィットを実現することができるようになる．しかし，これは望ましいことではなく，我々の目的は未知のデータに対して予測能力が高いモデルを作ることなので，ランダム効果モデルなどを利用して過剰適合の問題を回避する必要がある．ランダム効果モデルは，パラメータに分布仮定をおくことで，パラメータが無闇に暴れすぎないように制約をおいているものと考えられる．つまり，過剰適合を防ぐには，一般に，パラメータになんらかの制約をおくというのがひとつの手ということになる．

説明変数の中によく似たものがある場合，回帰による推定がうまくいかない場合がある．そのような例として，データ cats の体重変数にそれとよく似た変数を加えてみて，重回帰を行ったとき，結果がどのようになるかを見てみよう．後のために，各変数を平均 0，標準偏差 1 になるように基準化する．

```
library(MASS)
data(cats)
dat <- cats
set.seed(1)
dat$Bwt_s <- dat$Bwt + rnorm(nrow(dat),0,0.0001)
dat2 <- data.frame(y=log(dat$Hwt), x1=log(dat$Bwt),
 x2=log(dat$Bwt_s))
col_mean <- apply(dat2, 2, mean)
col_sd <- apply(dat2, 2, sd)
dat2 <- sweep(sweep(dat2,2,col_mean,FUN="-"),2,col_sd,FUN="/")
   # すべての変数を平均 0，標準偏差 1 に基準化
res <- lm(y~x1+x2, data=dat2)
summary(res)$coef
```

```
                Estimate  Std. Error      t value  Pr(>|t|)
(Intercept) -1.819159e-14   0.0507387 -3.585348e-13 1.0000000
x1          -2.475150e+01 263.8472840 -9.380996e-02 0.9253933
x2           2.554802e+01 263.8472840  9.682883e-02 0.9229998
```

2つの変数 `x1` (`=log(Bwt)`) と `x2` (`=log(Bwt_s)`) の回帰係数の推定値の絶対値とその標準誤差は非常に大きな値になっている．回帰係数の推定量間の相関係数を見てみよう．

```
cov2cor(vcov(res))
```

```
              (Intercept)            x1            x2
(Intercept)  1.000000e+00  3.945083e-12 -3.945083e-12
x1           3.945083e-12  1.000000e+00 -1.000000e+00
x2          -3.945083e-12 -1.000000e+00  1.000000e+00
```

`x1` と `x2` の間の相関は -1 になっていて，絶対値が 1 になっている．説明変数間の相関が高いときに，回帰係数の推定値の絶対値やその標準誤差がすごく大きくなってしまうこのような問題を多重共線性 (multicollinearity) という．多重共線性の何が問題なのだろうか？ 観測と予測のプロットを描いてみよう．

```
plot(dat2$y, predict(res), xlab="Observed", ylab="Predicted")
legend("topleft",paste0("Correlation = ",
 round(cor(dat2$y, predict(res)),3)))
```

なんだ，良い感じに推定できているではないか (図 4.7)．だが，もしそこに新たな猫がやってきたとしよう．太郎くんが，その猫の体重を測ってみると，`Bwt` $= 3$ kg だった．しかし，花子さんがその猫の体重を測ると `Bwt_s` $=$ 3.1 kg だったとする．このときの心臓重量の予測値は，

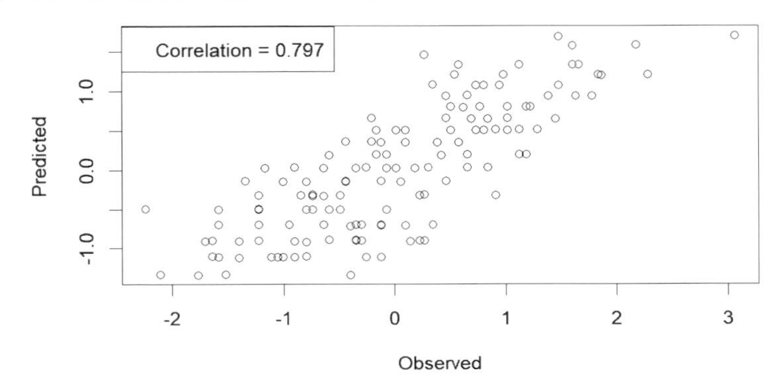

図 **4.7** 観測された心臓重量とモデルによる心臓重量の予測値

```
new_dat2 <- data.frame(x1=(log(3)-col_mean[2])/col_sd[2],
 x2=(log(3.1)-col_mean[3])/col_sd[3])
pred_lm <- as.numeric(predict(res, newdata=new_dat2))
exp(pred_lm)
quantile(dat$Hwt, probs=c(0.01,0.99))
```

```
[1] 198.2808
     1%     99%
  6.500 17.028
```

となる．すごくでかい心臓重量の予測値となった．これは，係数の値の絶対値が大きく，正負の値になっているので，ちょっとした違いが大きな変化となるためである．実際のデータにはよくあてはまっているが，未知データに対する予測モデルとしてはよろしくなさそうである．つまり，ここでも過剰適合の問題（手持ちのデータにあてはまりが良くなりすぎ（小さなバイアスとなり），（分散が大きいため）未知のデータに対する予測性能は低い）が生じていることになる．

線形回帰の式を行列形式で書いてみよう．Y を応答変数のベクトル，X を説明変数の行列，β を回帰係数のベクトルとするとき，最小 2 乗法による回帰は，

$$\|Y - X\beta\|^2$$

の最小化である．ここで，$\|A\|^2$ は，2 乗和を行列形式で書いたもので，$\|A\|^2 = A^\top A$ となる．これをベクトルの微分で考えて，ベクトル β で微分して 0 とおくとすると，

$$X^\top(Y - X\beta) = 0$$

より，

$$\hat{\beta} = (X^\top X)^{-1} X^\top Y$$

が得られる．しかし，上のように説明変数間の相関が高い場合（X の列の独立性が十分でない場合），$X^\top X$ の行列式が極端に小さな値になることから，この回帰係数の推定量は非常に不安定なものとなってしまう可能性がある．

そこで，回帰係数が大きくなりすぎることを防ぐために，最小 2 乗法に次のような回帰係数に関する罰則（ペナルティ）をおいて計算を実行してみよう．目的関数

$$\|Y - X\beta\|^2 + \lambda\|\beta\|^2$$

を最小化する．ここで，$\|\beta\|^2 = \beta_1^2 + \cdots + \beta_p^2$ である．回帰係数の 2 乗和は回帰係数が大きくなるとどんどん大きくなるので，大きな回帰係数となることを防止する効果がある．上と同様に，β で微分して，

$$X^\top(Y - X\beta) + \lambda\beta = 0$$

を解くことになるので，

$$\hat{\beta} = (X^\top X + \lambda I)^{-1} X^\top Y$$

となる．

通常の回帰で係数やその標準誤差が非常に大きくなるのは，行列 $(X^\top X)$ の列のいくつかがよく似ていて，不安定になるためである．行列に慣れていない人は，スカラー（普通の数字）で考えれば良いだろう（スカラーだと，1 次独立とか，1 次従属とかはないが，それに見合った情報がない $= x \to 0$ とみなすことができる）．x^2 が小さくなると，その逆数は大きくなり，係数が大きな

値になる（行列の場合は，$(X^\top X)$ の行列式が小さくなり（0 に近くなり），その逆行列の行列式は巨大になることになる．そのような行列は，期待される情報を十分にもっていないということで退化と言われる）．上のペナルティの付与は，そのような行列の退化を防ぐ役割を担っている．

切片のパラメータはペナルティから取り除き，切片以外の回帰係数をペナルティとするのが普通である．もともと説明変数間の高い相関が問題であり，切片は全体の平均に対応するものであるので，高い相関から派生する問題を被るわけではないからである．また，最初に変数の基準化を行う．回帰係数の 2 乗和をペナルティにして，そのペナルティの大きさを λ でコントロールするため，説明変数の単位などにより回帰係数の大きさが変わると，それぞれの係数のペナルティの重みが異なってくることになる．説明変数の単位が変わっても，回帰自体は変わらないことが期待されるので，それによって結果が異なると困ってしまう．あらかじめ変数を基準化することによって，そのような事態を回避しているのである．

実際，λ に数字を与えて，行列の退化の問題を回避している様子を見てみよう．グラフを見やすくするために，y 軸を対数スケールでプロットしよう．

```
Y <- log(dat$Hwt)
X <- model.matrix(res)
np <- length(res$coefficients)
E_mat <- diag(np)
E_mat[1,1] <- 0        # 切片をペナルティから除去するため
lambda <- c(0,10^seq(-2, 1, length = 199))
plot(lambda, sapply(lambda, function(k) det(t(X)%*%X+k*E_mat)),
 xlab="lambda", ylab="Determinant", type="l", col="blue",
 log="y")
```

λ が 0 のときは行列式は非常に小さな値だが，λ に数字が入ると行列式は大きくなっている（図 4.8）．

では，どのようにして λ を選べば良いのだろうか？　これは，過剰適合の問題である，と述べた．過剰適合を防ぐには，前章で紹介したクロスバリデーションを使用するのがひとつの手である．すなわち，データを訓練データとテ

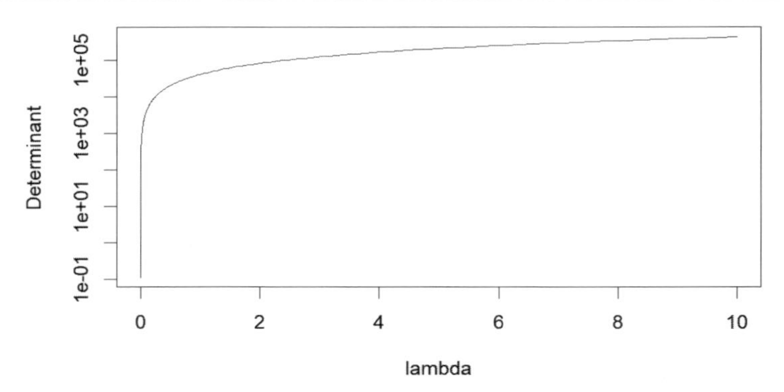

図 4.8 リッジ回帰において λ の変化に伴う行列式の変化

ストデータに分け，未知データに対応するテストデータの予測がうまくできるようなモデルを選んでやる．ここでは，1 個ずつのデータをテストデータとする leave-one-out クロスバリデーション (loocv) を使ってみよう．

```
beta_est <- function(lambda,Y,X) solve(t(X)%*%X+
  lambda*E_mat)%*%t(X)%*%Y
CV <- numeric(length(lambda))
for (k in 1:length(lambda)){
  for (i in 1:length(Y)){
    CV[k] <- CV[k] + (Y[i]-sum(beta_est(lambda[k],
     Y[-i], X[-i,])*X[i,]))^2
  }
}
plot(lambda, CV)
abline(v=lambda[which.min(CV)], col="blue", lty=2)
```

$\lambda = 0.97$ のとき，クロスバリデーションによる汎化誤差が最小になることがわかった（図 4.9）．では，$\lambda = 0.97$ のときに，上と同じ観測データ (`Bwt`, `Bwt_s`) $= (3, 3.1)$ を得た場合，予測値がどうなるかを見てみよう．

```
exp(sum(beta_est(lambda[which.min(CV)],Y,X)*c(1,
 as.numeric(new_dat2))))
```

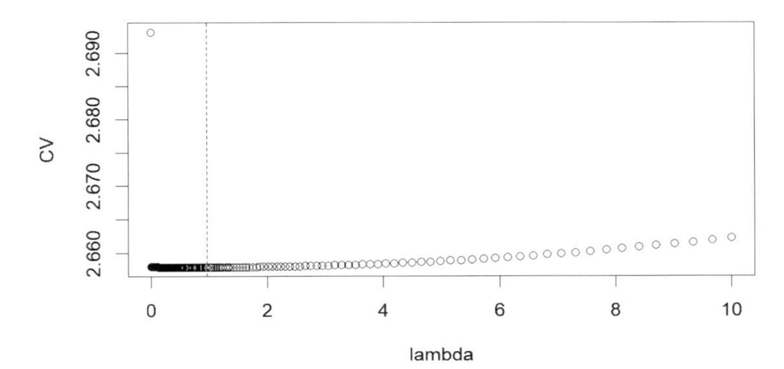

図 **4.9** λの変化によるクロスバリデーションの結果

```
quantile(dat$Hwt, probs=c(0.01,0.99))
```

```
[1] 11.80111
     1%    99%
 6.500 17.028
```

先ほどと違って，それっぽい数字が得られた！

この正則化（regularization，ペナルティをつけること）による回帰はリッジ回帰と呼ばれている．リッジ回帰は，過剰学習を防いでくれるので，多くの説明変数がある状況で予測性能が高い回帰モデルを作りたいというような場合に力を発揮する．

リッジ回帰では，係数の2乗をペナルティとしたが，異なるペナルティを考えることもできる．ペナルティを回帰係数の2乗和ではなく，絶対値の和にしたもの，

$$||Y - X\beta||^2 + \lambda|\beta|$$

をラッソ回帰という．ラッソのペナルティは絶対値であり，$\beta = 0$ で微分不可能になっていることから，通常の微分による最適化が使用できない．ラッソのパラメータ推定方法については，Efron の最小角度推定法をはじめとして，様々な方法があるが，本書では取り上げないので，興味のある読者は他の本を参考にして欲しい（James et al. 2013, Efron and Hastie 2016, 川野・松井・

廣瀬 2018)．ラッソの場合，絶対値のペナルティであることにより，λ を大きくしていくと，いくつかの係数が 0 になる．簡単な例で考えてみよう．極端な場合として，サンプルサイズが 1 である場合を考えよう．

リッジ回帰の目的関数は，

$$(y-\beta)^2+\lambda\beta^2$$

であるから，これを変形すると，

$$(\lambda+1)\left(\beta-\frac{y}{\lambda+1}\right)^2+\frac{\lambda}{\lambda+1}y^2$$

となる．これを最小にする β は，$\hat{\beta}=y/(\lambda+1)$ である（β は y そのもの（最尤推定値）でなく，それを $\lambda+1$ で割って，少し 0 に近づけたものになっており，リッジ回帰が縮小推定になっていることが見てとれる)．

一方，ラッソ回帰では，目的関数は，

$$(y-\beta)^2+\lambda|\beta|$$

となるので，$\beta>0$ の場合と，$\beta<0$ の場合で，場合分けして考える必要がある．$\beta>0$ の場合，単純に上の絶対値記号を外してやればよく，

$$\left(\beta-\frac{2y-\lambda}{2}\right)^2+\lambda y-\frac{\lambda^2}{4}$$

となる．よって，$\hat{\beta}=y-\lambda/2$ となるが，これは $\beta>0$ でないといけないので，$y>\lambda/2$ とならなければいけない．$y\leq\lambda/2$ の場合は，上の目的関数を最小にするには β が正という条件の中でどんどん小さくするしかないので，$\beta\to 0$ となる．同様に考えると，$\beta<0$ の場合は，$y<-\lambda/2$ であれば，$\hat{\beta}=y+\lambda/2$ で，それ以外では $\beta\to 0$ となる．つまり，$|y|\leq\lambda/2$ では $\hat{\beta}=0$ が最適解となる (James et al. 2013)．

これは，λ を大きくすると，β の推定値は 0 になりやすくなる，ということを示唆しており，リッジ回帰にはない性質である．第 3 章で見た AIC によるモデル選択では，もしある説明変数が予測に有用でないなら，その説明変数はモデルから落とされることになるだろう．それは，その説明変数の回帰係数を 0 にすることに等しい．すなわち，ラッソは，推定とモデル選択（変数選択）

を同時にやってしまうという画期的な方法なのである．

多くの回帰係数は0として，その情報は利用せず，本当に必要な情報だけを利用してモデルを構築するこのような方法をスパースモデリング (sparse modeling) といい，ラッソはその典型的な例となっている．そう言われると，ラッソ回帰を使えば良いような気になるが，そういうわけではない．まず正則化は，バイアスを犠牲にして，分散を小さくするという方法であり，バイアス・分散トレードオフの観点では良いモデルであるが，分散が過度に大きくなることがなく，バイアスが小さいことがより望ましい状況では，わざわざリッジ回帰やラッソ回帰のような正則化手法を使用する必要がない（第3章で見たように，最尤推定量には漸近不偏性，漸近有効性という望ましい性質がある）．

さらに，ラッソはバイアスが大きくなる場合も知られており，変数の一部が0になるというのは，必ずしも良いことばかりとも限らない．たとえば，パラメータ数がサンプルサイズより大きい $p \gg n$ のような状況では，ラッソで推定可能なパラメータ数はせいぜい n までとなる．そのような場合，そうした制約のないリッジのほうが予測性能の高いモデルとなる可能性がある．そこで，リッジとラッソを混合して，両者の良いとこどりをしようというエラスティックネット (elastic net) という方法も知られている．しかし，これさえあれば万能という方法はなく，状況に応じて，ふさわしい“良い”方法を選ばなければならない．どのようにして良い方法を知るか，それは知識と経験ということになるだろう．

リッジ回帰の目的関数を見ると，最小2乗和にペナルティとして回帰係数の2乗和が足されている．回帰係数の2乗和は，回帰係数が平均0の正規分布に従うとしても得られる．つまり，リッジ回帰とランダム効果モデルは密接に関係しており，リッジ回帰によって縮小化が起こっていて，係数の推定値が安定化していることが想像される．ランダム効果モデルの目的関数である周辺尤度は，ラプラス近似により，ヘッシアンの行列式の $-1/2$ 乗が追加されている．これは，分散共分散行列がペナルティとしてついているという形となっており（そもそもAICなどは共分散罰則の一種であり (Efron and Hastie 2016)，関連性が伺える），過剰適合により分散が大きくなりすぎるという問題を回避するために，多少のバイアスを犠牲にして縮小化を行っているという構造が見てとれる．正則化項は，回帰係数にペナルティの形でそのような確率分布を仮定するということで，階層モデル，またベイズ推定への発展という方向も考えられるだろう．実際，ベイジアンラッソのような方法が知られている．

リッジ回帰やラッソ回帰は，R のパッケージ glmnet に実装されている．最後に，その使用の仕方を簡単に紹介しよう．`glmnet` に説明変数行列 `X`（切片項は除く）と応答変数のベクトル `Y` を与える．リッジ回帰なら `alpha=0`，ラッソ回帰なら `alpha=1` とする（`alpha` を 0 から 1 の間の値にする場合は，エラスティックネットになる）．クロスバリデーションを行うための関数 `cv.glmnet` が与えられており，デフォルトで 10-fold クロスバリデーションが実行される（何も指定しないと自動的に `nfolds=10` となるので，変えたければ `nfolds=5` などとする）．クロスバリデーション誤差が最小になるモデルによる係数の推定値と未知の観測値に対する予測値を計算しよう．最初にリッジ回帰を実行する．

```
library(glmnet)
ridge_mod <- glmnet(X[,-1], Y, alpha = 0, lambda = lambda)
cv_ridge <- cv.glmnet(X, Y, alpha=0)
bestcv_ridge <- cv_ridge$lambda.min
coef_ridge <- predict(ridge_mod, s=bestcv_ridge,
 type="coefficients")
pred_ridge <- predict(ridge_mod, s=bestcv_ridge,
 newx=as.matrix(new_dat2))
```

次にラッソ回帰を実行してみよう．上で，`alpha = 0` としていたのを，`alpha = 1` に変えてやれば良い．

```
lasso_mod <- glmnet(X[,-1], Y, alpha = 1, lambda = lambda)
cv_lasso <- cv.glmnet(X, Y, alpha=1)
bestcv_lasso <- cv_lasso$lambda.min
coef_lasso <- predict(lasso_mod, s=bestcv_lasso,
 type="coefficients")
pred_lasso <- predict(lasso_mod, s=bestcv_lasso,
 newx=as.matrix(new_dat2))
```

最後に，通常の線形回帰の結果，リッジ回帰の結果，ラッソ回帰の結果を比較しよう．

```
betas <- cbind(res$coefficients, coef_ridge, coef_lasso)
preds <- exp(c(pred_lm, pred_ridge, pred_lasso))
colnames(betas) <- names(preds) <- c("lm","ridge", "lasso")
betas
preds
```

```
3 x 3 sparse Matrix of class "dgCMatrix"
                        lm      ridge        lasso
(Intercept) -1.819159e-14 2.33889921 2.338899e+00
x1          -2.475150e+01 0.08532063 1.757851e-01
x2           2.554802e+01 0.08491814 5.293327e-05

      lm    ridge    lasso
198.2808  11.7474  11.6038
```

通常の線形回帰は，上で見たように，回帰係数推定値の絶対値が非常に大きくなり，その予測値ももとのデータから想像されるものよりはるかに大きな予測値となる．一方で，リッジ回帰，ラッソ回帰は，合理的な予測値を与えてくれる．リッジ回帰のほうは，回帰係数を 0 にする性質はないので，回帰係数を半分ずつ与えて，全体の効果を予測する推定となっている．一方，ラッソ回帰は回帰係数を 0 にすることが可能で，変数 **x2** は不要という推定結果を与えている．この例は，非常に単純な例であるが，リッジとラッソの縮小推定のアプローチの差異を類推することができるだろう．

ここでは，リッジ回帰やラッソ回帰の特徴を説明するために，相関の高い説明変数が 2 つだけのごく簡単な例を取り上げた．しかし，実際の応用場面では，リッジやラッソは説明変数がたくさんある高次元データに対する解析において力を発揮する．特に，サンプルサイズ (n) よりパラメータ数 (p) が多い，$p \gg n$ の場合にリッジやラッソは安定した合理的解析結果を与えることを可能にし，これは従来の（ランダム効果を含まない）線形回帰では不可能なことである．ランダム効果による隠れ変数をパラメータと考えれば，ランダム効果

モデルも $p \gg n$ 問題に対するひとつの解決策となっていると考えられる．現代はインターネットなどを通して様々な情報（特徴量）を容易に入手可能になっており，そのようなデータの複雑な変化を階層モデルや機械学習手法で取り扱うということが半ば標準的な手法となってきている．そうした現代的な統計解析において，ランダム効果や正則化のような手法は必須の道具と考えられる．第6章以降のデータ解析において，ランダム効果や正則化のさらなる応用を見ていくことになるだろう．

第5章

非線形回帰モデルと機械学習

前章まで，一般化線形モデルや一般化線形混合モデルを見てきた．それらは平均値のある変換が説明変数に係数を掛けて足し合わせた線形モデルとなっているのだった．そのような線形モデルは，これまで見てきたように，様々なデータの分析を可能にする．しかし，線形モデルの部分を非線形モデルにすると，扱えるデータの範囲はさらに広がり，より柔軟な現象を扱うことが可能なモデルになることが期待される．一方，線形回帰自体に魅力的な部分も多いので，線形回帰のメリットを活かしつつ，非線形の問題に対応したい．近年，急速に応用の範囲を広げている機械学習は，非線形回帰もしくは非線形分類法の一種であるとみなすことができる．

本章では，非線形回帰，一般化加法モデル (generalized additive models, GAM)，樹木モデル (tree model) とその拡張 (ランダムフォレスト random forest，ブースティング boosting)，その他の機械学習手法 (ニューラルネット neural net とサポートベクターマシン support vector machine) について学習しよう．また，これまで図を描くのに関数 `plot` を使用してきたが，この章からは `ggplot` も使用しよう．`ggplot` は，プログラムを書く感覚でグラフを作成することができ，慣れてくると `plot` よりも容易に自分が描きたいグラフを作成することが可能になる．慣れていないので `ggplot` を使うのはハードルが高いという人は，簡単な入門書を読むか，インターネットで `ggplot` や `tidyverse` をググって見ていただいてから，この章を読むことをお奨めする．しかし，なんであれ，まずは怖れず使ってみることが早道ではある．

5.1 非線形回帰

動物の成長をモデル化する際によく使われるモデルとしてベルタランフィー (von Bertalanffy) の成長曲線が知られている．ベルタランフィーの成長曲線は，年齢 a のときの体長 L_a が

$$L_a = L_\infty \left(1 - \exp\left(-K(a - a_0)\right)\right)$$

に従うと仮定する．ここで，L_∞ は漸近体長で，年齢がどんどん大きくなると体長が近づく上限値である．K は成長速度を表し，年齢とともに漸近体長に近づく速さにあたる．a_0 は，出生時の体長を調整するものである．したがって，ベルタランフィーの成長曲線には 3 つのパラメータがあることになる．ベルタランフィーの成長曲線は，年齢の漸化式として，線形モデルで表すことができるのだが（L_{a+1} を考えて，それを L_a の式で表してみよう），ここではそのままのモデル式でパラメータを推定することを考えよう．例データとして，R パッケージ fishmethods に入っているデータ `pinfish` を使用しよう．これは，アメリカのフロリダ西海岸の pinfish という魚の年齢と体長の記録である（図 5.1）．

```
library(fishmethods)
library(tidyverse)
data(pinfish)
dat <- pinfish
p1 <- ggplot(dat, aes(x=age, y=sl)) + geom_point() +
 labs(x="Age", y="Lengh") + theme_bw()
print(p1)
```

この成長の様子を上のベルタランフィー成長曲線で表現したい．考えられる手法は，ベルタランフィーの成長曲線を $\hat{L}_a$ と書くとき，観測データと成長曲線の差の 2 乗和 $\sum_a (L_a - \hat{L}_a)^2$ が最小になるようにパラメータを決めることである．この方法は，非線形最小 2 乗法 (nonlinear least squares method) と呼ばれている．R には，`nls` という非線形最小 2 乗法用の関数があるので，それ

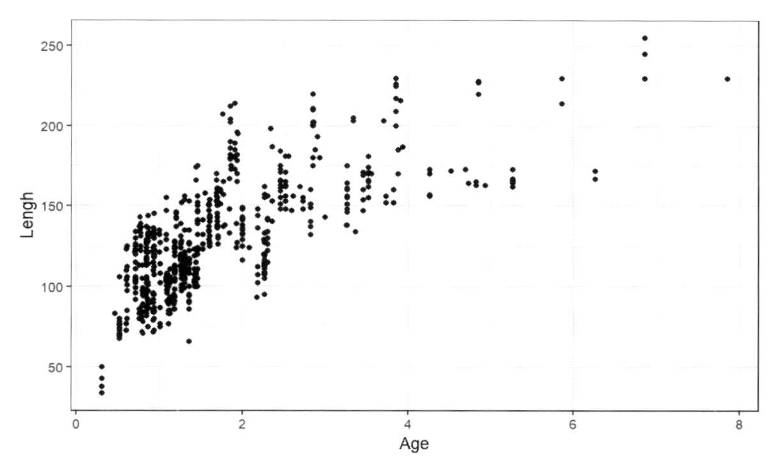

図 **5.1**　魚の成長パターン（年齢に対する体長のプロット）の例

を使ってみよう．

```
mod <- nls(sl~Linf*(1-exp(-K*(age-a0))),data=dat,
 start=list(Linf=250,K=0.5,a0=0))
parms <- summary(mod)$coefficients[,1]
Linf <- parms[1]; K <- parms[2]; a0 <- parms[3]
vB <- Linf*(1-exp(-K*(dat$age-a0)))
p2 <- p1 + geom_line(aes(x=age, y=vB), color="blue",
 linewidth=1.5)
print(p2)
```

これは，成長曲線のまわりに正規分布の誤差があるということを仮定していることになる（図 5.2）．体長は正の値であるので，正規分布の誤差を与えることは，予測の際に問題となる可能性がある．対数をとってモデルを適用することは，この問題を避けるためのひとつの方法である．

```
mod2 <- nls(log(sl)~log(Linf)+log(1-exp(-K*(age-a0))),data=dat,
 start=list(Linf=250,K=0.5,a0=0))
parms <- summary(mod2)$coefficients[,1]
```

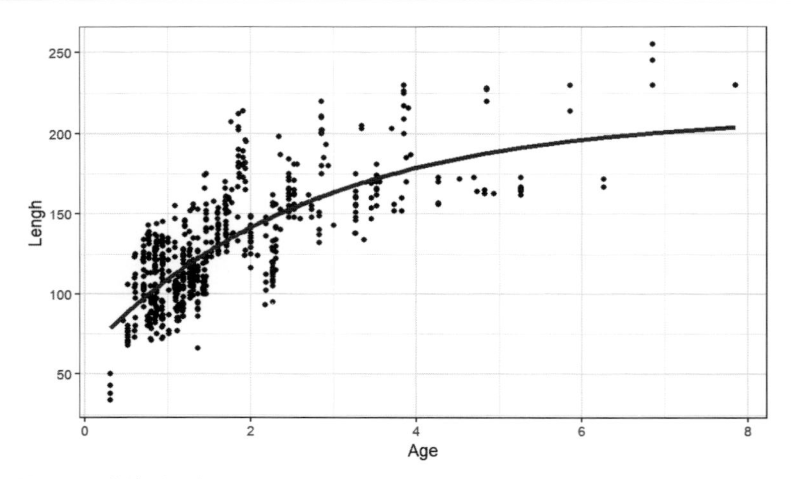

図 5.2　非線形回帰によってベルタランフィー成長曲線をフィットした様子

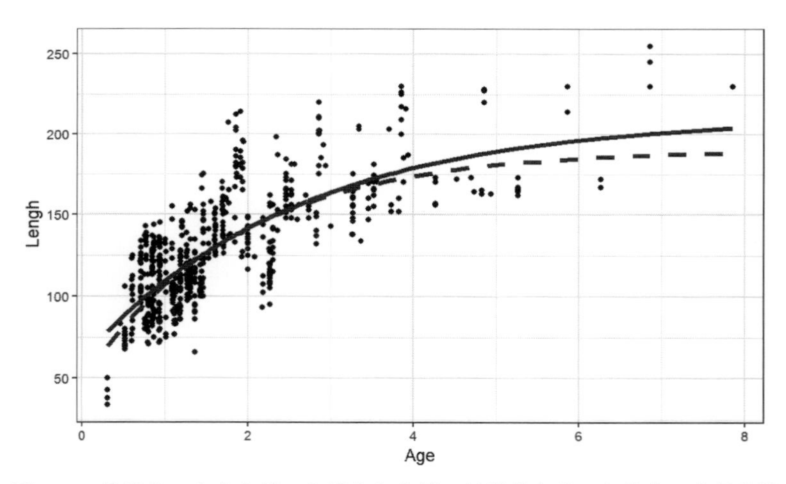

図 5.3　体長そのままを使った場合と体長の対数値を使った場合の成長曲線

```
Linf <- parms[1]; K <- parms[2]; a0 <- parms[3]
vB2 <- Linf*(1-exp(-K*(dat$age-a0)))
p3 <- p2 + geom_line(aes(x=age, y=vB2), color="blue",
 linetype="dashed", linewidth=1.5)
print(p3)
```

対数をとった場合の漸近体長は，とらない場合に比して小さめに推定されている．一方で，成長速度は対数をとった場合のほうが，大きめに推定された(図 5.3)．

このような非線形最小 2 乗法による推定は単純すぎ，あまり役に立たないと思われるかもしれない．しかし，実際の解析において，使用頻度が低いわけでもない．ずっと複雑な階層モデルなどで分析するにしても，多くの場合，適当な初期値が必要である．ここで扱ったような最小 2 乗推定値は，そのような初期値として有効に活用される．また，多少のバイアスがあっても，安定して素早く解を得られるような状況が望ましいという場合もある（第 8 章参照）．シンプルな古典的解析技術は，多くの場合，捨てたもんじゃなく，それどころか我々を大いに助けてくれるものである．

5.2 一般化加法モデル

ぷくー，ぱちん．あははは．
どうしたの？
フーセンガムさ．食べる？
いらない，フフフ．
なんだよ？
なんでもない，フフフ．
ぷくー，ぱちん．あははは．
フフフ．

上では，非線形最小 2 乗法による非線形回帰推定を行った．これは正規分布を仮定した回帰モデルになっているので，線形回帰モデル → 一般化線形モデルという流れからすると，非線形回帰 → 一般化非線形モデル，という流れがありそうである．一般化非線形モデルとしてよく知られているモデルが，一般化加法モデルである．非線形関係を表現するにはどのようにすれば良いだろうか？　たとえば，多項式回帰の平均は典型的な非線形関数になっているが，これはひとつの説明変数 x を $(1, x, x^2, x^3, \ldots)$ のようなベクトルにして，重回帰を行えばよく，パラメータ（回帰係数）に対しては線形モデルになっているので，線形回帰となる．p 次の多項式モデルを使用する場合，その平均値は，

$$E(y) = \sum_{j=0}^{p} w_j x^j$$

と書くことができる．このアイディアを一般化すれば，データ x をなんらかの（非線形）関数で置き換えて，

$$E(y) = \sum_{j=0}^{p} w_j b_j(x)$$

としてやれば，複雑な現象を自由にモデル化することができると期待される．多項式回帰の場合は，$b_j(x) = x^j$ である．$b_j(x)$ を基底関数 (basis function) と呼ぶ．基底関数として，多項式ではなく，三角関数 (sin, cos) を使用すれば，それはフーリエ級数展開となり，正規分布（の核関数）を使用すれば動径基底関数回帰と呼ばれるものになる．

これの良いところは，係数に関しては，線形モデルであるので，線形モデルのやり方（つまり，行列による計算）がそのまま使用できることである．線形回帰モデルと同様な計算方法によって，柔軟な関数形を表現でき，様々なデータに合わせることができることが期待される．

一般化加法モデル（基底関数の和になっているので，通常の線形モデルと区別するため，加法モデルと呼ぶ）では，基底関数として，区分多項式が使用される．区分多項式とは，データを区間に分割して，その区間の中で多項式を適合させ，その多項式をつなぐというものである．もし全体にひとつの多項式を適合させた場合，複雑なデータの特徴を近似しようと思うと，かなり高次の多項式が必要となる．その場合，曲線はくねくね曲がりくねり，データのないところで実際には起こっていないような予測をする可能性がある．たとえば，適当に作ったデータに最小2乗法によって多項式曲線をあてはめてみる．

```
set.seed(666)
xmax <- 5
x <- 0:xmax
n <- length(x)
y <- rnorm(n,0,1)
mod <- lm(y~poly(x,degree=n-1,raw=TRUE))
```

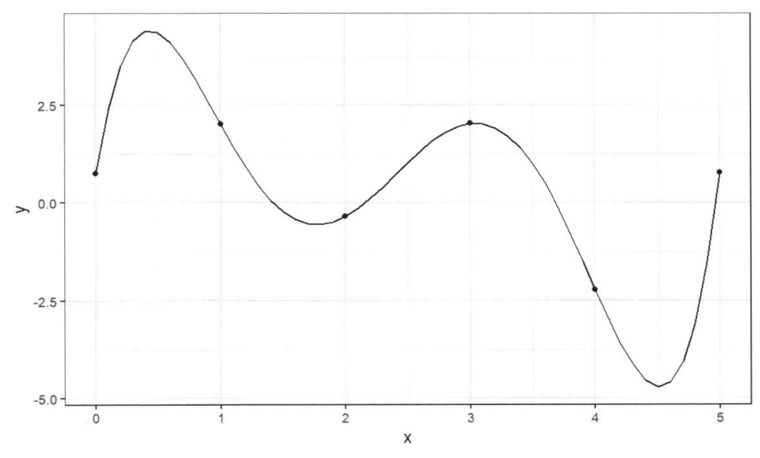

図 **5.4** 多項式曲線のフィット

```
xx <- seq(0,xmax,by=0.1)
pred <- predict(mod, newdata=list(x=xx))
dat <- data.frame(x=x,y=y)
dat_p <- data.frame(x=xx,p=pred)
p1 <- ggplot(dat,aes(x=x,y=y))+geom_point()+
 geom_line(data=dat_p,aes(x=x,y=p))+theme_bw()
print(p1)
```

すると，図 5.4 のような結果が得られる．多項式曲線は得られたデータを完全に通過しているが，0 と 1 の間，4 と 5 の間に最大・最小のピークが見られる．これは本当だろうか？　なにか意味のあるピークなのだろうか？　データが複雑になってくると，より高次の多項式が必要になり，ある点と点の間に極端なピークが存在するという場合も出てくるだろう．このような極端な外挿の問題を避けて，なおかつ柔軟なモデリングがしたいという場合に，区分多項式は有用である．図 5.5 は，図 5.4 に折れ線で点をつないだものとスプライン (spline) と呼ばれる区分多項式による曲線をフィットしたものを追加したものである．

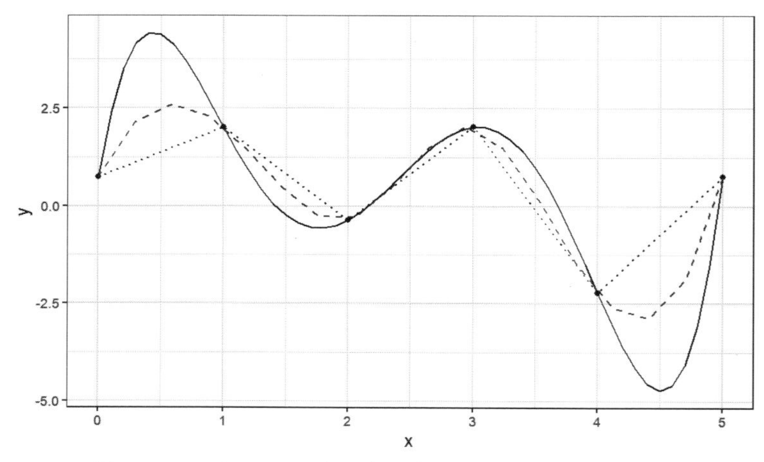

図 5.5 スプライン，多項式，点をつないだ折れ線の比較

```
fit_sp <- spline(x,y)
dat_sp <- data.frame(x=fit_sp$x,y=fit_sp$y)
p2 <- p1 + geom_line(aes(x=x,y=y),linetype="dotted")+
 geom_line(data=dat_sp,aes(x=x,y=y),linetype="dashed",
 color="blue")
print(p2)
```

点をつないだだけの折れ線であれば，極端な外挿となるような問題が避けられるが，それだけでは意味があるモデルとはなっていない．スプライン（図5.5 の青破線）は，多項式回帰の過剰な外挿を回避しつつ，ちょうどいい感じのスムーズな曲線を引いてくれている．

スプラインは，データをある間隔の区間に分けて，各区間でそれぞれ同じ次数の多項式をフィットするという方法であるが，区間ごとに多項式のフィットを行うので，低次の多項式によって複雑なデータの変動を表現できることになる．区分的に多項式をフィットする場合，全体としては上図のように滑らかな曲線になっていて欲しいので，区分ごとの多項式にいくつかの制約をおく必要がある．まず，隣り合った区間の端点での値は等しくなくてはならない（そうでないと，曲線はつながらないで切れ切れになってしまう）．さらに曲線を全体として滑らかなものにするために，端点において微分係数が等しいという制約をおく必要がある．微分係数とは，局所的な曲線の傾きであり，それが隣りあった区間で等しいものであることにより，多項式がさらに滑らかに連結される（微分係数が等しくないと，曲線がつながっていても，急に変化する折れ線のような線になってしまう）．さらにさらに，2 階微分も等しいという制約をおく．なぜなら，2 階微分は 1 階微分の変化率であるので曲線の曲がり具合に対応する．もし 2 階微分が異なるとすると，両端で曲がり具合が大きく異なるという状況が起こる可能性があり，曲線の滑らかさに影響することになるだろう．

以上のように，両区間の重なる点（節点）で，関数の値と 1 階，2 階の微分係数を等しくすることにより，全体として滑らかな曲線を描きましょう，というのがスプライン曲線の基本的なアイディアである（一番端っこの区間の端点のひとつは隣の区間がないので，外側と直線でつながるように 2 階微分係数を 0 にするという制約をおく）．区間内の多項式として 3 次多項式を用いたスプライン関数は，キュービックスプラインと呼ばれ，よく使用される．

このスプライン関数を基底関数として，基底関数を重み付けした回帰による曲線推定を行いたい．こうしたモデルは，区分を細かくすれば非常に記述力の高い柔軟なモデルとなり，たやすくデータに完全にフィットさせることができる．しかし，統計モデルは柔軟であればそれで良いというわけではない．これまで見てきたように，データに完全に合うモデルを作ることはそれほど難しいことではなく，すべてのデータを通るように線をつないでやれば良いだけである．我々の目的は，既存のデータを使って，未知のこれから得るデータに対してうまく予測することができるモデルを作ることである．その場合に，手元にあるデータにぴったりあうだけでは役に立たないという場合が多い．

そこで，スプラインを用いた回帰では，スプライン関数を基底関数とした関数を $s(x)$ とするとき，

$$\sum (y - s(x))^2 + \lambda \int \left[s''(x)\right]^2 dx$$

を最小化して回帰係数（重み w）を推定する．ここで，$s''(x)$ はスプライン関数の 2 階微分となっており，2 階微分は曲線の曲がり具合に対応するので，第 2 項は，曲がり具合が大きくなりすぎることに対するペナルティとなっている．スプライン回帰で最小化する目的関数は，第 4 章で紹介したリッジ回帰

の目的関数と似ており，曲がり具合を抑えて適切な程度のスムーズな曲線にするというペナルティによって，手元にあるデータへの過剰適合を防ぎ，予測精度を高めようという考えである（λ によって滑らかさをコントロールするスプラインを平滑化スプラインという (Hastie, Tibshirani, and Friedman 2009)）．

上の λ は，ペナルティの大きさを決めるものであり，λ が大きくなると，2階微分が大きくなることによるペナルティの効果が大きくなり，よりスムーズな曲線となるだろう．λ が小さい場合はペナルティの効果が小さくなり，より曲がりくねった曲線になりやすくなる．λ の決定は，第4章の正則化のところで見たように，クロスバリデーションで行うのが普通である．しかし，通常のクロスバリデーションでは，データを訓練データとテストデータに分けて，訓練データにモデルをフィットするという操作を何度か繰り返すことになるので，モデルが複雑で計算時間がかかるような場合に大変な労力となってしまいがちである．GAM においてしばしば利用されるのは，一般化クロスバリデーション (generalized cross validation, GCV) という量である．

簡単のため，前章のリッジ回帰の説明に戻ろう．リッジ回帰において，

$$\hat{\beta} = (X^\top X + \lambda I)^{-1} X^\top Y$$

のような方程式が出てきた．Y の期待値は，$\hat{Y} = X\hat{\beta}$ なので，これを

$$\hat{Y} = H(\lambda)Y$$

と書いてやろう ($H(\lambda) = X(X^\top X + \lambda I)^{-1} X^\top$)．すなわち，モデルによる予測は応答変数 Y を H という行列で，よりスムーズなものに変換していることになる．この H は λ によって複雑さが調整されるのであるが，複雑さを表す指標というのは，第1章でなぜ不偏分散は $n-1$ で割るのかの話のところで出てきた自由度というものを考えれば良い．第1章で，自由度は，行列の階数というものと関係していると述べた．そこで，自由度を $\mathrm{df}(\lambda) = \mathrm{trace}(H(\lambda))$ と定義してやろう．トレース (trace) は，行列の対角成分の和で，行列のもつ次元の一般化のようなものになっている（トレースは固有値の和でもある）．第1章では，行列の階数（ランク，rank）で自由度を考えたが，$H(\lambda)$ で $\lambda = 0$ とした場合は，ランクとトレースは等しくなり，またその固有値は必ず0か1であることが示せるので（$\lambda = 0$ のときは，$H(\lambda)$ は直交射影行列になっている），トレースが $H(\lambda)$ の次元に対応していることが直感的にわかり，トレー

スはλを入れた際にそうした次元の概念に対応する一般化となっている．トレースによる自由度を有効自由度 (effective degrees of freedom) という（このあたり，線形代数の知識が必要で，少々難しいが，簡単な数値例を作って実験してみると，感覚的に実感することができるだろう）．

GCV は，

$$\mathrm{GCV}(\lambda) = \sum_{i=1}^{n} \frac{(y_i - s(x_i))^2}{(n - \mathrm{df}(\lambda))^2} = \sum_{i=1}^{n} \frac{(y_i - s(x_i))^2}{(n - \mathrm{trace}(H(\lambda)))^2}$$

として定義される．$H(\lambda)$ の自由度が大きく，トレースが大きい場合は，分母が小さい値になり，GCV は大きくなる．逆に，自由度が小さく，トレースが小さい場合は，分母は n に近くなり大きい値になるが，分子の 2 乗和が大きくなり，GCV はやはり大きくなってしまうだろう．GCV は小さいほうが良いので，ちょうど良い複雑さのモデルになるように，GCV が最小になるλを選べば良い（これは第 3 章で議論したバイアス（分子）・分散（分母）トレードオフの関係となっている．AIC は，対数をとってパラメータ数のペナルティをつけており，上の分子と分母の比を足し算（引き算）関係に変換したものになっている．つまり，このあたりの発想はみな共通なものであると言えるだろう（たとえば，Efron and Hastie 2016 を参照)．GCV は，通常の（1 点のテストデータと残りの $n-1$ 点の訓練データに分ける）loocv に等しくなることが数式で示される．GCV は，モデルのフィットを繰り返す必要がなく，1 回の推定結果だけに基づいて計算できるので AIC のような便利さをもっている．

以上により，スプラインのような区分多項式を基底関数とした回帰モデルの基本的な材料が揃った．上の話は，説明変数が 1 個の場合を扱ったが，これを複数に拡張すれば，重回帰となる．また，最小 2 乗法による推定で説明を行ったが，二項分布やポアソン分布などの指数分布族の確率分布に拡張してやれば，一般化加法モデル (GAM) となるわけである．

R による GAM の使用例を見ていこう．GAM のパッケージはいくつかあるが，最も有名で広く使用されているのは，GAM の第一人者的な研究者である Simon Wood が作った mgcv というパッケージである．第 3 章の最後に見たポアソン回帰に使用した馬に蹴られて死んだ兵士の数のデータに GAM をあてはめてみよう．

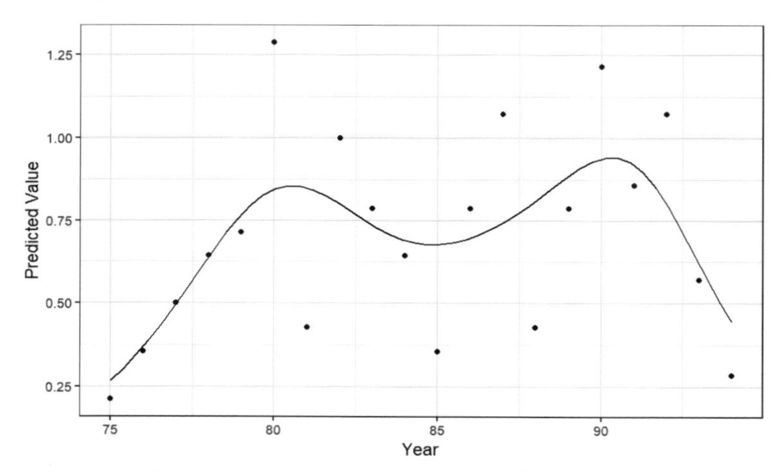

図 5.6 馬に蹴られて死んだ兵士の数に一般化加法モデルをあてはめた結果

```
library(mgcv)
library(pscl)
data(prussian)
dat <- prussian
res <- gam(y~s(year), data=dat, family=poisson)
xx <- seq(75, 94, len=50)
pred <- data.frame(year=xx, fit=predict(res,
 newdata=list(year=xx)))
dat2 <- dat %>% group_by(year) %>% summarize(mean_y=mean(y))
ggplot(pred, aes(x=year,y=exp(fit)))+geom_line()
 +geom_point(data=dat2, aes(x=year, y=mean_y))+
 labs(x="Year", y="Predicted Value")+theme_bw()
```

第3章で見た結果（そこでは多項式回帰を使用していた）に比して，小さな差だが，よりスムーズに傾向をとらえているように見える（図 5.6）．年の説明変数の有効自由度は 4.73 となっているが，これは GCV が最小になるように自動的に選ばれたものである．GAM は複雑な非線形関係が想定されるような場合であっても，GLM と同じような感覚で使用できるので，とても魅力的で，幅広く利用されている．

ママー.

どうしたの？　のびちゃん.

ドラえもんがこわれちゃったんだよ．4.73 次元ポケット〜って言うんだよぉ.

... のびちゃん，4.73 次元はあるのよ.

ママ...

5.3 機械学習とは

この節から後では，これまでと少し異なるモデルを扱うことにしよう．機械学習 (machine learning) と呼ばれる方法である．機械学習とはなにか，と聞くと，統計学の一部であると答えが返ってくることがある．しかし，筆者がはじめて機械学習の世界に触れたとき，カルチャーショックのような驚きの感情を抱いた．そこには，これまで統計学で気にしてきたようなことをすっ飛ばして目的に邁進する思い切りの良さがあり，「え，あ，そうなんだ，それでいいんだ？」というような居心地の悪さの一方で，新しいものの到来を思わせるのに十分な衝撃を与えてくれるものがあった（大坂城に大砲を打ち込まれた淀君の心境？）．それは俯瞰的に見れば，統計学の一部と考えることもできるが (Efron and Hastie 2016)，新たな世界観の中で今までは取り扱えなかった複雑な現象を紐解くために用意された新たな道具たちである.

生態学や水産資源学では，生物がどのようにして生きているのか，どうしてそのような行動をするのか，何が原因となって個体群が増減するのか，ということを知るのが大きな目的である．すなわち，他の様々な自然科学と同じく，why?という質問へ答えることが，第一の目的となる．それ故に，なぜそうなるのか，という問いに答えることができないと，極端な場合には，それは科学ではない，と批判されることもある．しかし，理由がわからなくても，できることはある．実際には，なぜそうなっているのか知らないでやっていることはたくさんあるのだ．たとえば，Wi-fi によりインターネット接続して Youtube を見ている人は，どうして Youtube を見ることができるのか知っているだろうか．飛んでいるであろう様々な電波から，どうやって正しくその電波をキャッチできるのか，考えてみると不思議である．しかし，たぶん，多くの人は知らないし，知らなくても困らない.

生態学においても，なぜそうなるかはわからないとしても，予測がうまくできれば大変助かるということがある．たとえば，ある魚はある場所でよく釣れるということが知られていれば，そこに行って釣り糸を垂らしたくなる．しかし，なぜそこに魚が多くいるのか理由を知る必要はない．ある場所でよく釣れる魚が他の場所でもよく釣れ，その2つの場所の特徴がよく似ているとする．その場合，その特徴があるときに，なぜ魚がよく釣れるかはわからないが，その特徴のある場所で釣り糸を垂らしてみたくなる．その特徴がある場所ではどこでも魚がよく釣れるならば，なにか関係があるに違いないと考え，その理由を調べるにはどうしたら良いかを考えることになるだろう．

このように，そのメカニズムを知ることなく，経験（データ）からなにかの関係性や新たなデータを得たときの結果を予測できるということは非常に有用で魅力的なことである．しかし，ある予測される量とそれを予測するための変数（説明変数：機械学習では，特徴量という用語を使用する）との関係は必ずしも単純な線形関係や既知のモデルで表現できるわけではない．たとえば，本章のはじめではある魚の成長はベルタランフィーの成長曲線に従うと仮定した．しかし，漸近体長や成長率がそのときの全体の個体数（個体数が多いと餌の奪い合いになるかも）やまわりの水温の影響で変わるとすると，個体数や水温の変化によって，成長の様子も複雑に変化するかもしれない．だが，我々はそれらが事前にどういう関係にあるか知らないので，まずはデータからその非線形な関係を知りたいと考えるだろう．そのような場合に，機械学習は非常に強力な道具となるのである．

機械学習とは，機械つまりコンピュータに情報（データ）を与えることにより，機械に自動的にデータの特徴を学習させ，その学習した成果（予測モデル）を未知データに対する予測に使用するというプロセスのこと，と言えるだろう．機械が学習する際に，統計学や確率モデルが必ず必要となるわけではない．それ故に，統計学と機械学習は必ずしも同じではないが，同じデータを扱う科学として，両者は密接に関係している．ここでは，生態学や水産学で広く使われている決定木による予測と，決定木の弱点を克服し，より良い予測を行うことができるより高度な手法であるランダムフォレストとブースティングを少し詳しめに解説し，残りのページでニューラルネットとサポートベクターマシンについて簡単に紹介しよう．

5.4 樹木モデル

「あの木のところで待っているから」
結局，ボクはその木のところに行けなかった．行けなかったというのは言い訳だ．行こうと思えば行けたのに，行かないことを選んだのだ．あれから何十年の時が流れたのだろう．もうそこには誰も待ってはいない．誰も来ないことがわかっているのに，ボクはその木の下で立ち続けていた．風が吹いて，木を揺らせる．もう戻ってこない日々をボクはただ思っていた．

樹木モデル (tree model) は，木構造を用いて分類や回帰を行う機械学習手法のひとつで，単純でわかりやすいという魅力がある．ある量 y に対して特徴量 x の大小関係などで分岐を作っていき，その場合分けによって y を予測するモデルを構築する．たとえば，魚の漁獲量を y とし，特徴量 x を { 天候，水温 } のベクトルとするとき，天気が晴れか雨かで漁獲量の平均値や魚が釣れた割合がどのように異なるかを最初の分岐とし，次に晴れで漁獲された場合に水温が 22℃ より高いか低いかで漁獲量の平均値がどのように違うかを次の分岐とする，というような感じである（図 5.7）．このような樹木モデルを決定木 (decision tree) という．決定木は，回帰問題，分類問題，両方に適用可能である．

木の分割は，分割による分類の誤り率が小さくなるように行われていく．回帰の場合，応答変数と予測モデルの差の 2 乗の和（2 乗誤差）が最小化すべき目的関数として使われる．分類問題では，次の目的関数のいずれかが用いられることが多い．

1. 誤り率 (classification error rate)　$1-\max_k p_{mk}$
2. ジニ係数 (Gini index)　$\sum_k p_{mk}(1-p_{mk}) = 1-\sum_k p_{mk}^2$
3. 交差エントロピー (cross entropy)　$-\sum_k p_{mk}\log(p_{mk})$

ここで，p_{mk} は m 番目の木の分岐点（node，ノード）においてクラス k に分類されたデータの割合である．いずれの指標も値が小さくなるほど良い（ジニ係数や交差エントロピーでは，各ノードに入るサンプルが純粋（1 だけとか

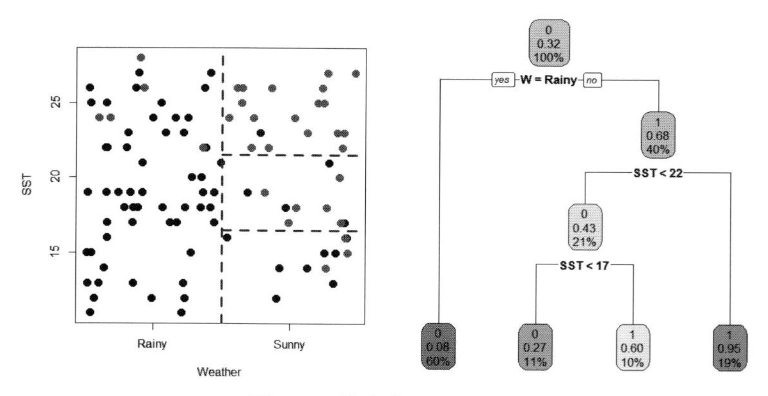

図 **5.7**　決定木のイメージ

0だけとか）のほうが分類がうまくいっているということなので，純粋度を高くしたい，つまり，$p_{mk} \to 0 \text{ or } 1$ が望ましいことになる）．ジニ係数と交差エントロピーは似たような結果となり，微分可能なので，計算上便利であることから，しばしば利用される．全体的な目的関数としては，分割された各ノード内のサンプルサイズ割合による重み付け平均となる．

ジニ係数を使った例を見てみよう．データ cats を再び利用する．雌猫は47匹，雄猫は97匹である（総数144）．体重量 (Bwt) が2 kgより重いか，軽いかで分けてみると，$\text{Bwt} \leq 2$ であった場合は，雌が3，雄が2で，$\text{Bwt} > 2$ の場合は，雌が44，雄が95であった．このとき，ジニ係数は，

$$\frac{5}{144} \times \frac{3}{5}\left(1-\frac{3}{5}\right)+\frac{139}{144} \times \frac{44}{139}\left(1-\frac{44}{139}\right)=0.217$$

となるが，$\text{Bwt} \leq 2.5$ と $\text{Bwt} > 2.5$ で分けたときには，$\text{Bwt} \leq 2.5$ で雌は36，雄は25で，$\text{Bwt} > 2.5$ で雌は11，雄は72となり，ジニ係数は，

$$\frac{61}{144} \times \frac{36}{61}\left(1-\frac{36}{61}\right)+\frac{83}{144} \times \frac{11}{83}\left(1-\frac{11}{83}\right)=0.169$$

となる．したがって，$\text{Bwt} = 2.5$ kgで分割したほうが，雌雄分類の誤り率が低く，$\text{Bwt} = 2.5$ kgによる分割のほうが選ばれることになる．

Rのパッケージ rpart を使って，Bwtの最適な閾値を計算してみよう．

```
library(rpart)
library(rpart.plot)
```

```
library(MASS)
data(cats)
dat <- cats
(res_dt <- rpart(Sex ~ Bwt, data=dat, method="class",
 parms=list(split="gini"), control=list(maxdepth=1)))
```

```
n= 144

node), split, n, loss, yval, (yprob)
      * denotes terminal node

1) root 144 47 M (0.3263889 0.6736111)
  2) Bwt< 2.45 51 17 F (0.6666667 0.3333333) *
  3) Bwt>=2.45 93 13 M (0.1397849 0.8602151) *
```

最適な体重量の閾値は，Bwt = 2.45 kg であるということがわかった（Bwt は*.*のような小数点以下 1 桁の数字なので，正確な分割になるように*.*5 のような数字で分割する．上のように 2.45 kg でジニ係数を計算してみれば，0.156 という答えを得るであろう）．

2.45 kg で分けると予測力の良いモデルが作れることはわかったが，ひとつの閾値で分ければ予測が完全であるというわけではない．さらに，範囲を分割していき，より良いモデルを作ることができるだろう．しかし，一度に最適な分割を探すためには，膨大な組み合わせを試すことになり，計算上困難である．そこで，まず最善の分割をひとつ探し，その後，その分割をさらに分割する，という操作を繰り返す（貪欲探索 (greedy search algorithm) と呼ばれる）．

しかし，分割の数を多くすれば良いというわけではなく，多くすればするほど，手持ちのデータへの説明力は上がるが，未知のデータに対する予測力は下がることになる（バイアスと分散のトレードオフ）．そこで，誤り率に，木が複雑に分岐することに対するペナルティをつけてやることにより，ちょうど良い複雑さをもった決定木を選択することを考える．

すなわち，最初に大きな木を適合して，それから徐々に木を小さくしていくために，

$$\text{誤り率} + \alpha|T|$$

を最小化することを考える．ここで，$|T|$ は最終的なノード（ターミナルノード）の個数で，α は木の分岐数を抑える調整パラメータとなる．

木が複雑になれば，誤り率は減るが，ターミナルノードの個数は増えるので，ペナルティは大きくなる．α の値は，例によってクロスバリデーションによって決定される．この操作を木の剪定 (pruning) という．今度は体重量に加えて心臓重量も説明変数として，木の最大ノード数を 30 とした上で，目的関数をジニ係数にして決定木をフィットしてみよう．後のために訓練データとテストデータに分けて，訓練データにモデルをフィットする．

```
set.seed(13)
n <- nrow(dat)
train <- sample(n,round(n*0.8))
dat_train <- dat[train,]
dat_test <- dat[-train,]
(res_dt <- rpart(Sex ~ Bwt + Hwt, data=dat_train, method=
 "class", parms=list(split="gini"), control=list(maxdepth=30)))
rpart.plot(res_dt)
```

```
n= 115

node), split, n, loss, yval, (yprob)
      * denotes terminal node

 1) root 115 36 M (0.31304348 0.68695652)
   2) Bwt< 2.35 34 10 F (0.70588235 0.29411765)
     4) Bwt>=2.25 11  1 F (0.90909091 0.09090909) *
     5) Bwt< 2.25 23  9 F (0.60869565 0.39130435)
      10) Bwt< 2.15 11  2 F (0.81818182 0.18181818) *
      11) Bwt>=2.15 12  5 M (0.41666667 0.58333333) *
   3) Bwt>=2.35 81 12 M (0.14814815 0.85185185) *
```

図 5.8 のプロットを見ると，最初に体重 2.35 kg で分割すると，2.35 kg 以

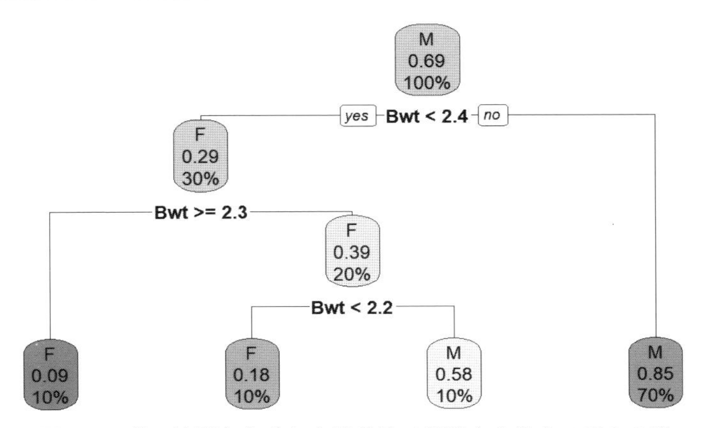

図 5.8 猫の性別を体重と心臓重量で説明する樹木モデルの例

上となるものが全体の69%で，そのうち85%は実際に雄となっているので雄と判定される．2.35 kgより小さい場合には，体重が2.25 kgで分割し，2.25 kg以上では，雌となるものが91% $(= (1-0.09) \times 100)$ なので，雌という判定になる．2.25 kgより小さいとなったものは，雄の確率が39%なので，再び雌と判定されるが，そのうち，体重量が2.15 kgより小さいものは，82%が雌なので雌と判定され，2.15 kg以上であれば58%は雄なので，雄と判定される，というような分割によって，雌雄を区別するというモデルとなっている．

関数`rpart`はデフォルト設定で10-foldクロスバリデーションを自動的に行うようになっている．`rpart`によるクロスバリデーションの結果は，`printcp`，`plotcp`を使うことによって見ることができる（`cp`はcomplexity parameterの頭文字で，上のαのことである）．

```
printcp(res_dt)
plotcp(res_dt)
```

```
Classification tree:
rpart(formula = Sex ~ Bwt + Hwt, data = dat_train, method = "class",
    parms = list(split = "gini"), control = list(maxdepth = 30))
```

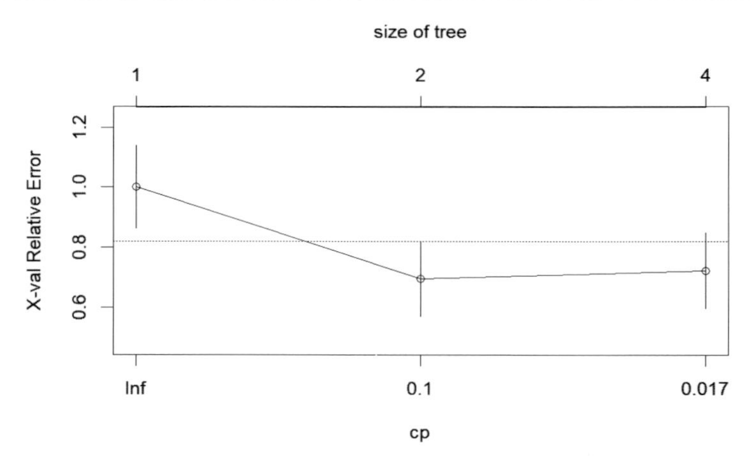

図 5.9　樹木モデルの剪定（横軸の値は printcp 表中の CP の幾何平均）

```
Variables actually used in tree construction:
[1] Bwt

Root node error: 36/115 = 0.31304

n= 115

        CP nsplit rel error  xerror    xstd
1 0.388889      0   1.00000 1.00000 0.13814
2 0.027778      1   0.61111 0.69444 0.12287
3 0.010000      3   0.55556 0.72222 0.12460
```

クロスバリデーションによる誤差が CP $= 0.027778$ あたりで小さくなり，それより CP を小さくしても大きく変化していないことから，真ん中の CP 値を選ぶのが良いだろう（図 5.9）．

2値データに対する予測モデルの評価指標として，ROC 曲線と AUC の使用がよく知られている．魚が釣れる場合と釣れない場合の標本の大きさが大きく異なるような場合，たとえば，ほとんど釣れない幻の魚を釣りたいという目的の場合，なにをやってもまったく釣れないという予測をすれば予測の誤りを減らすことができ，良いモデルと判定されてしまう．しかし，幻の魚を釣りた

		予測	
		正解	間違い
真	正解	True Positive （TP：真陽性）	False Negative （FN：偽陰性）
	間違い	False Positive （FP：偽陽性）	True Negative （TN：真陰性）

図 5.10 分割表

いというのが目的であれば，そのような予測モデルが役に立たないことは明らかである．そのような状況で，良い予測モデルを判定する方法はどういうものだろうか？

図 5.10 は，分割表 (contingency table) と呼ばれる 2 つの変数の対応関係を表すものである．行（縦方向）に真の値（データ `cats` なら，雌か雄か）を並べ，列（横方向）に体重量から予測した結果をおく．雌なら雌，雄なら雄と正確に予測できるモデルは良い予測モデルとなるので，分割表の対角線上に多くのデータが見られ，非対角線上の観測値は少なくなることが望ましい．もし真が正解であるときにモデルが正しく正解であると予測できる確率（たとえば，雄が正解であるときにモデルが正しく雄と予測する確率）が高いなら，それは裏を返せば，真が正解であるにも関わらず，モデルが間違いを予測する確率（誤って雄を雌と予測する確率）は低いということである．また，真が間違いであるときにモデルが正しく間違いであると予測できる確率が高いなら，真が間違いであるにも関わらず，モデルが誤って正しいと予測する確率は低いことになる．

以上から，分割表で期待される確率には，確率の総和が 1 になるという確率の法則から，すべての情報が必要なわけではないことがわかる．分割表の左半分の確率をコントロールすれば，右半分の確率は自動的にコントロールされることになるというカラクリである．真が正解であるときに，予測モデルもできるだけ正確に正解を返したい．しかし，これだけだと，どんなときでも正解を返す（役に立たない）予測モデルが良いモデルとなってしまう．良いモデルは，真が間違いであるときに，誤って正解とする確率をできるだけ小さくすることを同時に満たす必要がある．したがって，偽陽性が小さいときに，真陽性が高いモデルは良いモデルと判断することができる．

そこで，偽陽性率に対して真陽性率をプロットし，偽陽性率が低いときにも真陽性率が高いモデルを選ぶという戦略を考えよう．偽陽性率は，実際にはないのに，あると誤って判断する割合なので，統計学では第1種の過誤 (Type I error) と呼ばれるものである．真陽性率は実際にあるときに正しくあると判定する割合なので，統計学で検出力 (power = 1 − 第2種の過誤 (Type II error)) と呼ばれるものである．すなわち，第1種の過誤を小さくしても，検出力が十分に高いモデルを良いモデルと判断することになる．

たとえば，データ cats にロジスティック回帰を使う場合，その予測値である雌かどうかの期待値は0から1の間の確率となる．もし，真が間違いである場合に，予測モデルが正解とする誤り率を減らしたければ，どのような確率でも間違いと判定すれば良い．この場合は，偽陽性率は0になる．これは，予測モデルで正解と判定する閾値を1とすることに対応する．逆に，真が正解である場合に，予測モデルも正解と判定する割合を上げたければ，どのような確率でも正解と判定すれば良い．これは，予測モデルで正解と判定する閾値を0とすることに対応している．そこで，閾値を0から1まで変えて，その偽陽性率に対する真陽性率をプロットし，その曲線が全体的に上の方の値（1に近い値）をとれば良いとする．この曲線を ROC（受信者動作特性，Receiver Operating Characteristic）曲線といい，その下の面積を AUC (Area Under the ROC Curve) という．AUC が大きければ良いモデルとなる．

我々の目的は，未知データに対して予測力の高いモデルを構築することなので，訓練データに決定木モデルをあてはめ，テストデータに対する ROC 曲線，AUC を計算することを試みる．

```
library(pROC)
pred_dt <- predict(res_dt,dat_test,type="prob")
roc_dt <- roc(dat_test$Sex, as.numeric(pred_dt[,2]))
ggroc(roc_dt,legacy.axes=TRUE)+xlab("FPR")+ylab("TPR")+
 ggtitle(paste("AUC =",round(roc_dt$auc,2)))+
 geom_segment(aes(x=0, xend=1, y=0, yend=1), color="blue",
 linetype="dashed")+theme_bw()
```

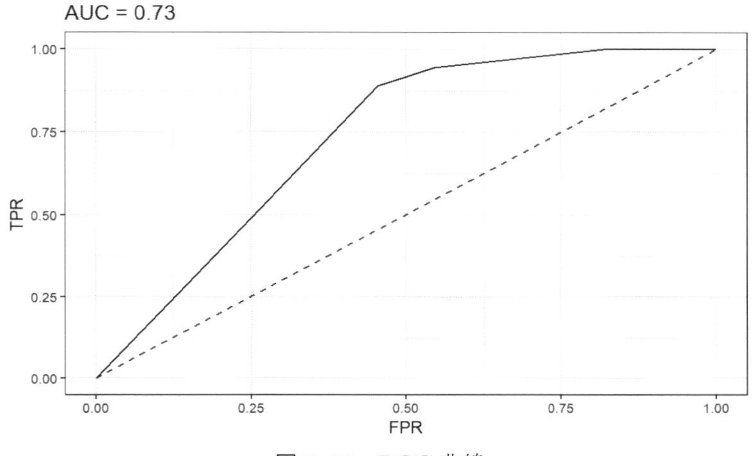

図 **5.11** ROC 曲線

もしまったくでたらめに正解・間違いを選ぶランダムな予測モデルを作れば，ROC 曲線は図の (0,0) と (1,1) を結ぶ点線上に位置することになり，AUC = 0.5 となる（図 5.11）．決定木による AUC = 0.73 となったので，ランダムな判定よりはそこそこ良いことがわかる．

決定木による予測は理解がしやすく，解釈も容易である．木をどんどん大きく（深く）していくことによって，手元のデータに対する分類の性能を上げることができる．しかし，これは過学習をしやすいということであり，バイアスは小さくなるが分散が大きくなりやすいという欠点がある．異なる訓練データに対して，決定木をあてはめてみよう．

```
set.seed(1)
mod <- list()
par(mfrow=c(1,2))
for (i in 1:2){
  train <- sample(n,round(4/5*n))
  dat_train <- dat[train,]
  mod[[i]] <- rpart(Sex~Bwt+Hwt,data=dat_train, method="class")
  rpart.plot(mod[[i]])
}
```

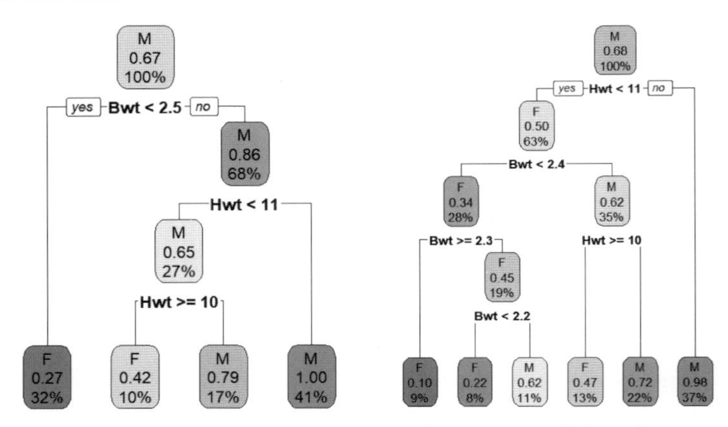

図 5.12　トレーニングデータを変えたときの決定木の違い

訓練データを変えると，木の形が変わっていることが見てとれる（図 5.12）．この不安定性は，貪欲探索によるところが大きく，最初のほうの分割が異なると，その後の分割もどんどん異なってくることになるため，データのわずかな変化が大きな木の変化をもたらすことになる．この決定木の不安定性を解決する方法が次に述べるバギング/ランダムフォレストということになる．

5.5　ランダムフォレスト

こんなところで，なにをなさっているのですか？
歩いているんです，あのひとに会えないかと．昔は，このあたりには一本の木しかなかったんです．でも，今は森のようになってしまって，わたしたちのあの木がどの木だったのかわからなくなってしまった．もしあのひとが木のところで待っていたとしても，出会えないかもしれないでしょ．だからこうして森の中を歩きまわっているんです．あのひとがどの木で待っていてもいいように．
こんなにたくさんの木が，まるで無秩序に生い茂っているというのに，大変ですね．だけど，いつか出会えますように．
ありがとう．

決定木は，データが少し変わると結果が大きく変わるという問題をもっていた．このような不安定性の解決策のひとつとして，ランダムなノイズを加えた複数の決定木を構成し，それらを平均化するという手が考えられる．ランダムにデータセットを作成するために，ブートストラップ法を使うので，この方法はバギング（bagging，Bootstrap AGGregatING から）と呼ばれる．このように複数の木を組み合わせて，より性能の良いモデルを構築する方法をアンサンブル学習（集団学習，ensemble learning）といい，バギング/ランダムフォレストや次に紹介するブースティングが代表的な方法である．

バギングでは，データをブートストラップして複数のデータ $\{x^{*b}\}$ $(b = 1,\ldots,B)$ を作り出し，それぞれに決定木を適用して，予測モデル $\{f^{*b}(x)\}$ を作る．バギングの予測モデルは，それぞれの予測モデルを平均したもの

$$f_{\mathrm{bag}}(x) = \frac{1}{B}\sum_{b=1}^{B} f^{*b}(x)$$

となる．

ブートストラップ標本による予測モデルを平均化することは分散を減少させ，安定化につながる．これは，$x_i \sim N(\mu, \sigma^2)$ $(i = 1,\ldots,n)$ のとき，その平均値は $E(\bar{x}) = \mu$ で分散は $\mathrm{var}(\bar{x}) = \sigma^2/n$ となり，n が増えれば分散が小さくなるということから類推される．平均は変わらないので，深い木を作って平均すれば，バイアスは決定木と同じで小さく，かつ分散も小さく安定した予測モデルができることになる．したがって，バギングは決定木のような高分散・低バイアスの方法に対して特に有効である．

しかし，B 個の独立同分布に従う確率変数の平均の分散は σ^2/B であるが，同分布だが独立ではなく各サンプルが正の相関 ρ をもつ場合には，平均の分散は $[\rho + (1-\rho)/B]\sigma^2$ となることが計算できる (Hastie et al. 2009)．この場合，$B \to \infty$ としても，平均の分散は $\rho\sigma^2$ となるので，完全な分散の減少を達成できないことになる．それ故，バギングの中で，独立なサンプルを作ることが重要であるが，これはなかなか難しい．というのは，非常に影響力の大きい説明変数があるとき，多くの場合，まずその変数で分割されることになり，必然的に多くの木が類似することになるのである．この問題を回避するひとつの方法がランダムフォレストである．

ランダムフォレスト (random forest) は，できるだけ相関の低い木を集めてバギングを行うために，木を分割する際に，入力変数（特徴量）をすべて

使うのではなく，（ランダムサンプルして）その一部だけを使用して，分割を行う．入力変数の数を p とするとき，ランダムに m 個だけを選んで，分割の際にそれだけを使うことにする．m の個数としては，おおざっぱな選択として，回帰の場合は $m = \lfloor p/3 \rfloor$，分類の場合は $m = \lfloor \sqrt{p} \rfloor$ が使われる（ここで，$\lfloor x \rfloor$ は，ガウス記号と呼ばれるもので，x を越えない最大の整数を意味する）．m 個の特徴量だけが使われるとすると，平均的に $(p-m)/p$ の確率で，ある特徴量は含まれなくなるので，それぞれの木の相関が減じられることになる．$m = p$ のとき，ランダムフォレストはバギングと同じである．

バギングでもランダムフォレストでもそうであるが，ブートストラップ標本に基づくため，使われないデータが出てくることになる．たとえば，$\boldsymbol{x} = (x_1, x_2, x_3)$ として，ブートストラップすると $\boldsymbol{x}^{*b} = (x_2, x_3, x_2)$ となったとすると，x_1 は使われないことになる．n 個のデータのうち1個が1回の復元抽出によるランダムサンプリングで選ばれない確率は $1 - 1/n$ となるので，n 回抽出して選ばれなかった確率は $(1 - 1/n)^n$ である．$n \to \infty$ とすると，$(1 - 1/n)^n \to e^{-1} = 0.368$ となるので，およそ40%弱のデータは使用されないことになる．この使用されなかったデータをテストデータの代わりに使ってやろうというのが OOB (Out-Of-Bag) サンプルの考え方である．

通常，サンプルデータを使って汎化誤差を評価するためには，クロスバリデーションを行う必要があるが，この計算の負荷は大きい．何度もモデルフィットを繰り返す必要があるためである．しかし，OOB サンプルの考え方を使えば，すでに一部のデータに対してモデルフィットがなされており，それを訓練したモデルとみなして，モデルフィットに使用されなかったデータをテストに使用すれば良いので，改めて訓練データとテストデータに分けてモデルをフィットする必要はないことになる．したがって，非常に効率良く汎化誤差を評価できる．

R パッケージ randomForest を使って，ランダムフォレストを実行してみよう．

```
library(randomForest)
set.seed(1)
(res_bg <- randomForest(as.factor(Sex) ~ Bwt+Hwt, mtry=2, data=
 dat_train))
```

```
(res_rf <- randomForest(as.factor(Sex) ~ Bwt+Hwt, data=
  dat_train))
```

```
Call:
 randomForest(formula = as.factor(Sex) ~ Bwt + Hwt, data = dat_train,
       mtry = 2)
               Type of random forest: classification
                     Number of trees: 500
No. of variables tried at each split: 2

        OOB estimate of  error rate: 28.7%
Confusion matrix:
   F  M class.error
F 21 16   0.4324324
M 17 61   0.2179487


Call:
 randomForest(formula = as.factor(Sex) ~ Bwt + Hwt, data = dat_train)
               Type of random forest: classification
                     Number of trees: 500
No. of variables tried at each split: 1

        OOB estimate of  error rate: 28.7%
Confusion matrix:
   F  M class.error
F 21 16   0.4324324
M 17 61   0.2179487
```

上記 **res_bg** は，$m = 2$ としてすべての特徴量（この場合は，体重量と心臓重量）を使用しているので，バギングになる．ランダムフォレスト **res_rf** は，デフォルトの設定で $m = \lfloor\sqrt{2}\rfloor = 1$ を使っている．

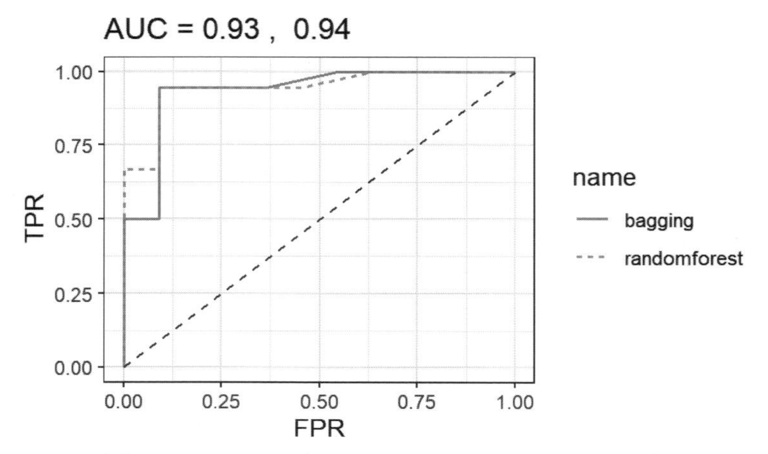

図 5.13　バギングとランダムフォレストの ROC 曲線

```
pred_bg <- predict(res_bg,dat_test,type="prob")
roc_bg <- roc(dat_test$Sex, as.numeric(pred_bg[,2]))
pred_rf <- predict(res_rf,dat_test,type="prob")
roc_rf <- roc(dat_test$Sex, as.numeric(pred_rf[,2]))
ggroc(list(bagging=roc_bg, randomforest=roc_rf),
 aes=c("linetype","color"),size=0.7, legacy.axes=
 TRUE)+xlab("FPR")+ylab("TPR")+ggtitle(paste(
 "AUC =",round(roc_bg$auc,2),",",
 round(roc_rf$auc,2)))+geom_segment(aes(x=0,
 xend=1,y=0,yend=1),color="blue",linetype=
 "dashed")+theme_bw()
```

決定木の結果と比較すると，バギングにより性能が向上していることが見てとれ，ランダムフォレストにすることにより，わずかであるがさらに性能が向上している（図 5.13）.

この例では特徴量として体重量と心臓重量の 2 つが考えられているが，どちらのほうが重要な変数だろうか？　変数の重要性を測るためには，分割によってどのぐらい損失関数 (loss function) が減少したかを見てやれば良い．損失関数が大きく減少するならばその特徴量の影響力は大きいと考えて良いだろ

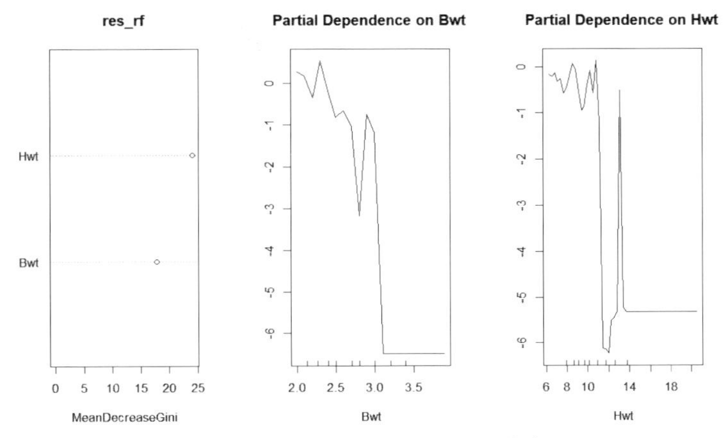

図 **5.14**　特徴量の重要度と部分依存図

う．このようにして特徴量の相対的重要性を示すことが可能である．

しかし，それだけだと重要性の大きさはわかるが，特徴量が変化したときに予測値がどのように変わるかがわからない．そこで，部分依存図 (partial dependence plot) という方法が考えられている．これは，注目する特徴量以外を平均して周辺化し，ある特徴量に対する予測値の変化をグラフ化するものである．このとき，他の特徴量の影響を考慮して平均化した後で，特定の特徴量の影響を見ていることに注意しよう．データ `cats` に対して，特徴量の相対的重要性と部分依存図を計算した結果を示そう．

```
par(mfrow=c(1,3))
varImpPlot(res_rf)

partialPlot(res_rf, dat, Bwt, "F")
partialPlot(res_rf, dat, Hwt, "F")
```

このデータでは，観測数が少ないため，滑らかな結果は得られていないが，体重量より心臓重量のほうが少し重要度が高いこと，体重量，心臓重量が大きくなると雌と判定される確率は下がり，雄と判定される確率が上がっていくことが見てとれる（図 5.14）．

バギングおよびランダムフォレストは，単純な考えで不安定な決定木を頑健な予測モデルへと変化させる．バギングに用いる木の数（ブートストラップで作り出す木の数 B）をいくら増やしても過学習にならないことが知られている．したがって，ランダムフォレストでは，そこまで神経質にいろいろ調整をする必要がなく，比較的単純なやり方で高性能の予測モデルを作ることができるというところが大きな魅力となっている．次に紹介するブースティングは，木の数を増やすと過学習をすることになるので，木の数やその他いくつかのパラメータを調整することが必要となる．しかし，一方で，これは，うまくパラメータを調整すれば，性能をより高くできるということでもある．ということで，ブースティングがどんな方法かを見てみよう．

5.6 ブースティング

おや，また会いましたね．
待っているんです．森の中をぐるぐる歩きまわるのはやめたの．だって，あのひと頑固だから，この木だと思ったら，ずっとそこで待っていると思うの．だから，この木のところにいなかったら，次はあの木って，順番に待つことにしたんです．
こんな広い森を大変そうですね．
でも，もう慣れちゃった．このアルゴリズムがわたしのバイオリズムになっちゃった．
え，アルゴリズム？
ええ，わたし，もう次の木に行くわね．あなたもこんなおばあちゃんと話していないで，あなたの人生を勾配ブーストして．
え，勾配ブースト？
...
「というようなことがあったんだよ」
「か，かあさん！」
「え，かあさん？」
「かあさんはいつも言ってたんだ．わたしがあなたのことをサポートベクターマシンするから，あなたは自分のことを勾配ブーストすればいいのよ，って」
「...」

「かあさん，おかあさーん．人生には，こんなXGブーストみたいなことがあるんだね」
「XGブースト？ ... キモっ，お前ら親子，キモ」

ブースティング (boosting) は，「大量の“弱い”予測モデルを組み合わせて強力な予測モデルを作れるか？」という問いを契機としている．この問いに対して，肯定的に「作れる！」という答えを出したのがブースティングということになる．ブースティングは，逐次的に予測モデルを作り，その重み付けによって，より予測性能の高い予測モデルを作るというもので，貧弱な予測能力の予測モデルを強化することを可能にするものである．ということで，ブースティングの発想はバギング/ランダムフォレストと対照的であることに注意が必要である．バギング/ランダムフォレストは，決定木を“強い”が分散の大きい（過学習しやすい）学習器と考えて，それらを組み合わせることにより，強力で安定した学習器を作ろうという発想である．しかし，ブースティングは，木の“強み”を利用するわけではない．むしろ，バイアスの大きい弱学習器をたくさん用意して，それらを組み合わせることにより，強力な学習器を作ろうという発想で，本質的には弱学習器として必ずしも決定木を使う必要性はない．しかし，ブースティングには広く決定木が使用されており，本節でも決定木を用いた分析を紹介する．

ブースティングのアルゴリズムは次のように進む．

- **ブースティングの基本アルゴリズム**
  1. 予測モデルの初期値を $f(x) = 0$ とする．すべての訓練データ i に対して，$r_i = y_i$ とする．
  2. 繰り返し回数 $t = 1, 2, \ldots, T$ に対して，
     a) 訓練データ (x, r) に決定木 $f_t(x)$ を適合する．
     b) $f(x) \leftarrow f(x) + \lambda f_t(x)$
     c) $r \leftarrow r - \lambda f_t(x)$
  3. $f(x) = \sum \lambda f_t(x)$

まず，データ全体を学習してから，次からはその残差 r を学習することを繰り返し，残差に対して学習した予測モデルを逐次的に加えていくことにより

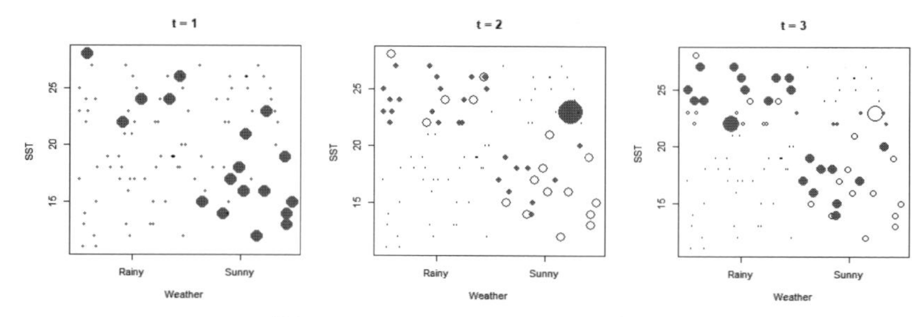

図 5.15 ブースティングの概念図

強力な予測モデルを作る，という考え方となっている．λ は学習率をコントロールするためのパラメータで，λ を小さくすると学習が遅くなり，多くの繰り返しが必要となる傾向がある（一般に，遅く学習したほうが，多くの決定木を結合した複雑なモデルになり，訓練データに対する予測性能が向上するが，テストデータ予測に対する分散が大きくなり，バイアス・分散トレードオフの問題が生じる）．λ の値はモデルの性能に関連するので，適切な値を設定する必要がある．

図 5.15 はブースティングを実行した例で，塗りつぶしの丸は間違って判定されたデータである（丸の大きさは次の学習の際の重みの大きさ）．（上の残差にあたる）間違って判定されたデータは次の学習で重点的に学習される．$t = 2$ では，$t = 1$ で間違えたデータを 1 点を除いて正しく判定することができたので，正しく判定できなかったデータを次のステップではより重点的に学習することになる．$t = 2$ で間違って判定されたデータが，$t = 3$ で重点的に学習を行う対象となる．

初期に大きな成功をおさめたブースティングの方法としてアダブースト (adaboost) と呼ばれる方法がよく知られている（麻生・津田・村田 2003）．アダブーストは，分類問題に使われる．応答変数 y は，いつものように 0 か 1 かではなく，-1 か 1 かで，$y \in \{-1, 1\}$ であるとしよう．アダブーストのアルゴリズムは次のようになる．

- アダブーストのアルゴリズム
  1. 各データに対する重みを一様にする：

$D_1(i) = 1/N \ (i = 1, \ldots, N)$

2. 繰り返し回数 $t = 1, 2, \ldots, T$ に対して，
   a) 誤り率 $\varepsilon_t = \Pr_{D_t}(f_t(x_i) \neq y_i)$ を最小化する決定木モデル $f_t(x)$ を選ぶ．
   b) モデル $f_t(x)$ の信頼度 $\alpha_t = 0.5 \times \log((1 - \varepsilon_t)/\varepsilon_t)$ を計算．
   c) データの重みを更新する：
      $D_{t+1}(i) = D_t(i) \exp(-\alpha_t y_i f_t(x_i))/Z_i$
      (Z_i は D_{t+1} を確率にするための正規化定数)
3. 判別関数 $F(x) = \mathrm{sign}\left(\sum_{t=1}^{T} \alpha_t f_t(x)\right)$

このアルゴリズムがブースティングの基本アルゴリズムに対応しているかどうかをすぐに理解するのは困難である．実は，最初のアダブーストの論文が出版されてから，なぜこのアルゴリズムがブースティングの基本アルゴリズムに対応しているのかがはっきりするまでには 5 年かかったということである．なので，アダブーストアルゴリズムがブースティングのアルゴリズムになっていることがすぐにわからなくとも心配する必要はない．ここでは，直感的に，アダブーストアルゴリズムがうまくいく理由を説明することにしよう．

アダブーストは，損失関数として指数損失を仮定しているものと考えられる．指数損失は，

$$L = \frac{1}{N} \sum_{i=1}^{N} \exp(-y_i F(x_i))$$

という損失関数である．y_i と $F(x_i)$ が一致する場合には，$\exp(-y_i F(x_i)) = \exp(-1) = 0.367$ となるが，一致しない場合には $\exp(-y_i F(x_i)) = \exp(1) = 2.72$ となり，観測データと予測モデルの結果が一致すればするほど，損失関数は小さくなる．では，この損失関数を最小にする学習器はどのようなものだろうか．

上の損失関数の中で，t 回目の学習器を $F_t(x_i)$ と書くと，ブースティングは学習器を足し合わせて予測モデルを作るので $F_t(x_i) = F_{t-1}(x_i) + \alpha_t f_t(x_i)$ となる．そこで，α_t を固定したときに，どのような $f_t(x_i)$ が最適となるかを考えよう．上の $F_t(x_i)$ の式を代入すれば，損失関数は，

$$L = \frac{1}{N}\sum_{i=1}^{N}\exp(-y_i\left(F_{t-1}(x_i) + \alpha_t f_t(x_i)\right))$$

となる．今，データの重みが $D_t(i)$ であるとすると，$y_i \neq f_t(x_i)$ となる確率は，ε_t となる．また，$y_i = f_t(x_i)$ となる確率は $1 - \varepsilon_t$ となる．$f_t(x_i)$ だけを変えられるなら，上の exp の中の最初の項 $-y_i F_{t-1}(x_i)$ は定数となる．$y_i = f_t(x_i)$ ならば，その積は1で，$y_i \neq f_t(x_i)$ ならば，その積は -1 となるので，上の損失関数の期待値は，

$$C\left[e^{-\alpha_t}(1-\varepsilon_t) + e^{\alpha_t}\varepsilon_t\right]$$

となる．ここで，C は $f_t(x_i)$ に関係のない定数をまとめたものである．上の式を変形すると，

$$C\left[e^{-\alpha_t} + (e^{\alpha_t} - e^{-\alpha_t})\varepsilon_t\right].$$

$\alpha_t > 0$ とすると，$(e^{\alpha_t} - e^{-\alpha_t}) > 0$ だから，上の式を最小にするのは，ε_t を最小にすれば良い．すなわち，ε_t を最小にするように決定木モデルをあてはめれば良い．これは，重み付きデータに対して最適な決定木を選ぶことに他ならない．

次に，最適な $f_t(x_i)$ が選ばれたもとで，それが与えられたときに，損失関数を最小化する α_t はどうなるかを考えよう．上の損失関数 L を α_t で微分すれば，

$$\begin{aligned}
\frac{\partial L}{\partial \alpha_t} &= \frac{1}{N}\frac{\partial}{\partial \alpha_t}\sum_{i=1}^{N}\exp(-y_i\left(F_{t-1}(x_i) + \alpha_t f_t(x_i)\right)) \\
&= C\frac{\partial}{\partial \alpha_t}\left[e^{-\alpha_t}(1-\varepsilon_t) + e^{\alpha_t}\varepsilon_t\right] \\
&= C\left[-e^{-\alpha_t}(1-\varepsilon_t) + e^{\alpha_t}\varepsilon_t\right]
\end{aligned}$$

となる．ここで $\partial L/\partial \alpha_t = 0$ とすれば，$\alpha_t = 0.5\log((1-\varepsilon_t)/\varepsilon_t)$ が求まる．以上から，アダブーストは指数損失を最小化するように，決定木モデルとその重み（信頼度）を決定するアルゴリズムとなっている．

データの重みは，前回のデータの重みにそのデータの損失関数を掛けて更新される．このとき，間違えて判定されたデータの損失関数は大きく，正しく判

定されたデータの損失関数は小さくなるので，次のステップでは，間違って判定されたデータへの重みは大きくなり，正しく判定されたデータへの重みは小さくなることになる．これは，残差を学習するというブースティングの基本アルゴリズムの考えに対応していると言えるだろう．更新されたデータの重みのもとでは誤り率が 0.5 になることを示すことができる．これは，上の損失関数の期待値の中の式 $\left[e^{-\alpha_t}(1-\varepsilon_t)+e^{\alpha_t}\varepsilon_t\right]$ の α_t のうち，誤りに対応するのは第 2 項であり，$\alpha_t = 0.5\log\left((1-\varepsilon_t)/\varepsilon_t\right)$ を代入すると，$\exp(-\alpha_t)(1-\varepsilon_t) = \exp(\alpha_t)\varepsilon_t = \sqrt{\varepsilon_t(1-\varepsilon_t)}$ より，

$$\frac{e^{\alpha_t}\varepsilon_t}{e^{-\alpha_t}(1-\varepsilon_t)+e^{\alpha_t}\varepsilon_t} = 0.5$$

となることからわかる．0.5 というのはランダムに判別すれば達成される確率であるので，最悪の学習結果ということになる．つまり，更新されたデータの分布は，直前の学習器が最も苦手とするものとなっており，そのような重みのデータを新しい学習器で学習することになっているということである．これにより，重みの更新が残差の学習に対応していることが直感的に理解できる．

アダブーストは高い判別性能をもち，ブースティングの大きな成功例となった．その後，より効率的でより頑健なブースティングの方法が考えられた．これを勾配ブースティング (gradient boosting) といい，アダブーストをその特別な場合として含む，様々な（微分可能な）損失関数に適用することができる，より一般的なブースティングの高速計算アルゴリズムとして知られている．勾配ブースティングでは，勾配降下法の考え方を用いる．勾配降下法は，損失関数 $L(x)$ を最小にする最適値を求めるアルゴリズムである．γ を小さな値として，$x_{t+1} = x_t - \gamma L'(x_t)$ という式で x を更新していけば，x は最小値（実際は，極小値）に近づいていく．$\gamma = L(x)/L'(x)^2$ とすればニュートン法に一致し，よく知られた最適化法を包含するものであることがわかる（第 4 章参照）．L の微分 L' が正なら，x を少し増加すれば L も増加するので，最小化のためには x を小さくすれば良い．逆に，L' が負なら，x を少し増加すれば L は減少するので，最小化のためには x を大きくすれば良い．つまり，微分係数と反対の方向に動けば良いことになる．したがって，$\gamma > 0$ ならば，勾配降下法を繰り返せば，いずれ目的関数 L を最小にする x に辿り着くことが期待される．

勾配降下法の式 $x_{t+1} = x_t - \gamma L'(x_t)$ を変形すると，$x_{t+1} - x_t = -\gamma L'(x_t)$

となる．左側は残差の形をしている．つまり，負の勾配の学習は，近似的に残差を学習することに等しいということになる．勾配ブースティングのアルゴリズムは次のようになる．

- **勾配ブースティングのアルゴリズム**
  1. 予測モデルの初期値を $f_0(x) = \mathrm{argmin}_\rho \sum_{i=1}^{N} L(y_i, \rho)$ とする．
  2. 繰り返し回数 $t = 1, 2, \ldots, T$ に対して，
     a) 勾配 $r_{it} = -\left[\dfrac{\partial L(y_i, f(x_i))}{\partial f(x_i)}\right]_{f=f_{t-1}}$ を計算．
     b) r_{it} を予測する決定木モデル $g(x)$ を構築．
     c) 勾配降下法のステップサイズにあたる
        $\rho = \mathrm{argmin}_\rho \sum_{i=1}^{N} L(y_i, f_{t-1}(x_i) + \rho g(x_i))$
        を計算する．
  3. $f(x) \leftarrow f(x) + \rho g(x)$

負の勾配を決定木で学習するところが，判別を間違えたより難しい残差データに対する学習に対応すると考えれば，このアルゴリズムともともとのブースティングの基本アルゴリズムとの対応関係を理解するのは容易だろう．勾配ブースティングは，一般の損失関数に対して用いることができ，損失関数を指数損失にした場合，アダブーストと一致することになる．

勾配ブースティングで t 回目の予測モデルの構築の際，訓練データの一部だけを使用して（通常，非復元抽出が用いられる），勾配ブースティングを行う場合がある．これは，第4章の勾配降下法をランダムに選ばれたデータに適用する確率的勾配降下法を勾配ブースティングに応用したものであり，確率的勾配ブースティング (stochastic gradient boosting) と呼ぶ．一部のデータだけを使うことにより計算時間が短縮され，かつ，確率的ゆらぎを入れることによって，局所最適解から抜け出して，大域的最適解に達する可能性を高くすることができる（結果として，予測性能が向上する）．確率的にデータをリサンプリングすることから OOB サンプルの考え方を適用することも可能になり，ブースティングとバギングを融合した方法とも考えられる．

ブースティングは，バギングと異なり，木の数を増やしすぎると過学習するので，どこで打ち切るかが問題となる．したがって，加える木の数（T の数）

を適当なところで抑えることが重要である．勾配ブースティングは基本的に4つのパラメータを調整する（チューニングする）必要がある (Hastie et al. 2009)．最も重要なチューニングパラメータは繰り返し回数 T である．さらに個々の木の大きさをどうするかということも問題になる．木の大きさ（ターミナルノードの数）J もモデルの複雑さに関係し，予測性能に影響を与える．J はどの木でも全部一緒にするのが良いが，その場合，$J-1$ 次より大きい相互作用は考慮できないことになる．しかし，$J>10$ が必要になることは通常起こらず，$J \geq 6$ で劇的な性能の改善が起こることはまずないと考えて良い．他のチューニングパラメータとして，学習の速さを遅らせる調整係数 ν がある．ν は 0 から 1 の間の数字で，学習器の更新を $f_{t-1}(x_i)+\nu\rho g(x_i)$ とする．このように学習を遅らせることは，過学習を起こりにくくさせる効果があり，第4章で扱った正則化と同じで shrinkage する効果をもつ．最後の調整パラメータとして，確率的勾配ブースティングでリサンプルする標本の割合 η がある．η も 0 から 1 の間の数で，全部のサンプルを使うと局所解に収束する場合があるので，一部だけを使うのが望ましい．

R の gbm パッケージを読み込んで勾配ブースティングを実行してみよう．

```
library(gbm)
set.seed(1)
dat_train$sex <- as.numeric(dat_train$Sex)-1
res_ab <- gbm(sex ~ Bwt + Hwt, data=dat_train,
 distribution="adaboost", n.trees=100, bag.fraction=1,
 shrinkage=1, interaction.depth=1, cv.folds=5)
res_gb <- gbm(sex ~ Bwt + Hwt, data = dat_train,
 distribution="bernoulli", n.trees=100, bag.fraction=1,
 shrinkage=1, interaction.depth=1, cv.folds=5)
res_sgb <- gbm(sex ~ Bwt + Hwt, data = dat_train,
 distribution="bernoulli", n.trees=100, bag.fraction=0.5,
 shrinkage=0.1, interaction.depth=2, cv.folds=5)
```

最初の `res_ab` は `distribution="adaboost"` としており，指数損失を使用した勾配ブースティングとなっており，アダブーストになっている．`res_gb` は勾配ブースティングであり，アダブーストとの違いは損失関数にロジスティック回帰モデルに従う損失関数を使ったという点だけである．最後の res_sgb は，bag.fraction=0.5 で確率的勾配ブースティングでリサンプルする標本の割合 $\eta = 0.5$ としており，shrinkage=0.1 は学習速度を遅らせる shrinkage パラメータ ν を 0.1 にセットするということになる．それぞれのモデルの性能を ROC 曲線で見てみよう．

```
pred_ab <- predict(res_ab,dat_test,n.trees=which.min(
 res_ab$cv.error),type="response")
roc_ab <- roc(dat_test$Sex, as.numeric(pred_ab))
pred_gb <- predict(res_gb,dat_test,n.trees=which.min(
 res_gb$cv.error),type="response")
roc_gb <- roc(dat_test$Sex, as.numeric(pred_gb))
pred_sgb <- predict(res_sgb,dat_test,n.trees=which.min(
 res_sgb$cv.error),type="response")
roc_sgb <- roc(dat_test$Sex, as.numeric(pred_sgb))
ggroc(list(Ada_boost=roc_ab,Gradient_boost=roc_gb,
 Stochastic_gradient_boost=roc_sgb),
 aes = c("linetype","color"),size=0.7,
 legacy.axes=TRUE)+xlab("FPR")+ylab("TPR")+
 ggtitle(paste("AUC =",round(roc_ab$auc,2)," ",
 round(roc_gb$auc,2)," ",round(roc_sgb$auc,2)))+
 geom_segment(aes(x=0, xend=1, y=0, yend=1), color="brown",
 linetype="dashed")+theme_bw()
```

このデータに対するブースティングの学習器の予測は，アダブーストに比して，勾配ブースティングと確率的勾配ブースティングによる性能の向上が見られた（図 5.16）．しかし，この例では，ランダムフォレストのほうが性能が良かった．一般に，ブースティングはバギング/ランダムフォレストより性能が良くなることが多いようであるが，ランダムフォレストの性能は多くの場合十分に高く，ブースティングに匹敵する性能をもつこともしばしばである．ランダムフォレストは簡素で使いやすく細かい調整の必要性は大きくないが，ブースティングは調整を行うことが重要である．一般には，より高い予測性能を求める場合，ブースティングを適用することを試みるのが良いだろう．

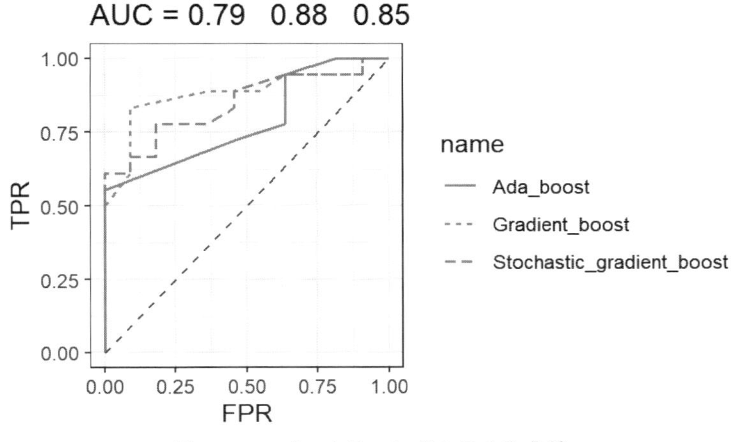

図 **5.16** ブースティングの ROC 曲線

ブースティングは高い予測性能をもち，最近でも次々と新しい手法が開発されている．xgboost は，Extreme Gradient Boosting の略で，勾配ブースティングの決定版的なものである．いろいろな機能を組み合わせて効率化を図ることにより，gbm より性能が高く，およそ 10 倍程度の高速化となっていると言われている．さらに，データが大量なときに特に高速になる LightGBM も知られている．LightGBM は，xgboost と同程度の性能を有しながら，計算速度は xgboost の 10 倍ほどにもなると言われている．ここでは，xgboost の実行例を示しておこう（図 5.17）．

```
library(xgboost)
res_xgb_cv <- xgb.cv(param=list("objective"="binary:logistic"),
 data=as.matrix(dat_train[,2:3]), label=dat_train$sex, nfold=5,
 subsample=0.5, eta=0.1, nrounds=100, verbose=0)
nround_xgb <- which.min(res_xgb_cv$evaluation_log[[4]])+1
res_xgb <- xgboost(param=list("objective"="binary:logistic"),
 data=as.matrix(dat_train[,2:3]), label=dat_train$sex,
 subsample=0.5, eta=0.1, nrounds=nround_xgb, verbose=0)
pred_xgb <- predict(res_xgb, as.matrix(dat_test[,2:3]),
 type="response")
```

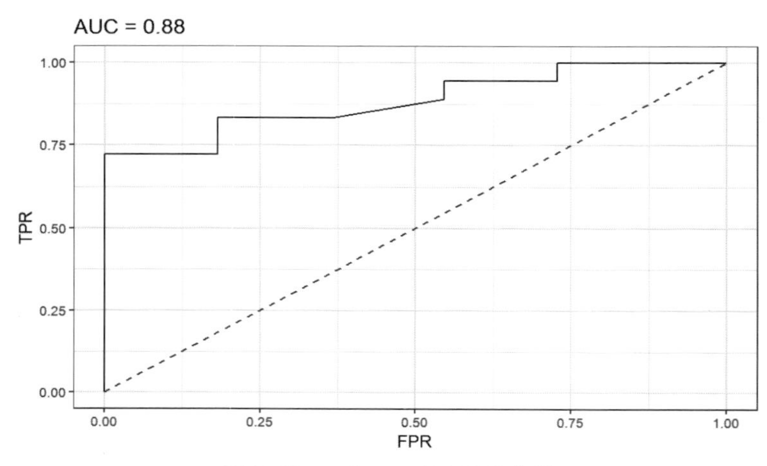

図 **5.17**　xgboost の ROC 曲線

```
roc_xgb <- roc(dat_test$Sex, as.numeric(pred_xgb))
ggroc(roc_xgb,legacy.axes=TRUE)+xlab("FPR")+ylab("TPR")+
  ggtitle(paste("AUC =",round(roc_xgb$auc,2)))+geom_segment(aes(
  x=0, xend=1, y=0, yend=1), color="blue", linetype="dashed")+
  theme_bw()
```

5.7　その他の機械学習手法

「まったくどういう神経をしているのかしら？！」
わかるわけないじゃないか，どうしてそんなアウトプットになっちゃったのか，ボクにわかるわけないじゃないか．そんなの，ボクの神経網の隠れ層にでも聞いてくれよ．
だが，先生はボクの罪状をネチネチとあげつらい，一向におさまる気配はない．
涙がこぼれないように，ボクは上に視線を移す．煤けた壁には肖像画．
「今，笑った？」
「セ，センセイのことを笑ったんじゃありません．壁にかかったボルツマンの仏頂面がおかしくて...」

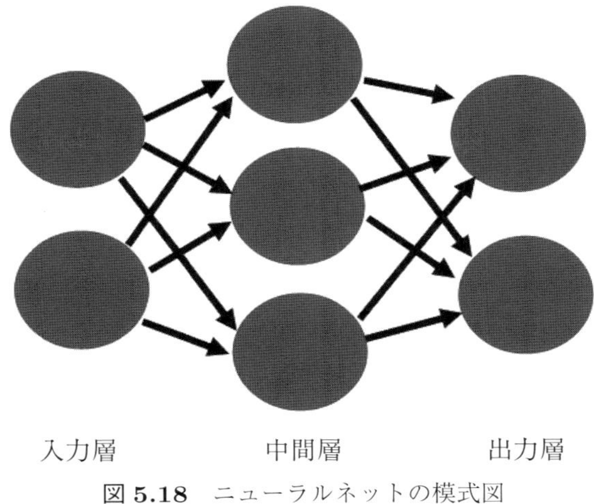

図 5.18 ニューラルネットの模式図

「まあ！まあ！　おかしくなんかありません．まったくどういう神経をしているのかしら？！」

本章で紹介しなかったその他の教師あり機械学習法について簡単に述べておく．まず最初に非常に有名な予測モデルとしてニューラルネットがある．ニューラルネット (neural net) は，脳内の神経回路網を数学的に表現したものとなっている．様々な入力の値があるとき，それに対して行動を起こすかどうかはその入力を重みで線形結合したものの量が，ある閾値を越えるかどうかで決まるとする．これは単純な神経回路であり，線形の判別しかできない．非線形の判別をするためには，そのような回路を多数組み合わせれば良い．入力層と中間の隠れ層，出力層に分けて，複雑なネットワークにより学習を行うモデルをニューラルネットという（図 5.18）．隠れ層の数（中間層数）を非常に多くして学習性能を上げる方法が深層学習 (deep learning) ということになる．

ここでは，単純な 3 層（入力層，隠れ層，出力層）のニューラルネットをデータ `cats` に適用してみよう．入力データは体重量 (Bwt) と心臓重量 (Hwt) であるが，これに定数項を加えて $\{1, \mathrm{Bwt}, \mathrm{Hwt}\}$ としよう．これに層間でロジスティック回帰を行うことにより入力から出力への予測を行うことを考える (ニューラルネットでは，層間の予測モデルを活性化関数と呼ぶ)．中間層である隠れ層は 1 つのユニットからなるとすると，

$$a = \frac{1}{1 + \exp\Bigl(-(w_{10}^{(1)} + w_{11}^{(1)}\mathrm{Bwt} + w_{12}^{(1)}\mathrm{Hwt})\Bigr)}$$

となる．この隠れ層の値は，出力層につながるので，再びロジスティック回帰を行うことにより，出力（この場合は雌雄のどちらか）の予測値 o は，

$$o = \frac{1}{1 + \exp\Bigl(-(w_{10}^{(2)} + w_{11}^{(2)}a)\Bigr)}$$

となる．つまり，入力層から隠れ層の重みパラメータは $(w_{10}^{(1)}, w_{11}^{(1)}, w_{12}^{(1)})$ の3つで，隠れ層から出力層の重みパラメータは $(w_{10}^{(2)}, w_{11}^{(2)})$ の2つの合計5個のパラメータを計算することが必要となる．

パラメータ $w_{jk}^{(l)}$ の推定には，ブースティングのところで紹介した勾配降下法を用いれば良い．すなわち，損失関数の微分の値と反対方向に重み w を更新していけば良いことになる．しかし，パラメータ w による損失関数の微分をどのようにして計算すれば良いだろうか？

最初に，隠れ層と出力層をつなぐパラメータ $w^{(2)}$ について考える．損失関数は，

$$L = -\left[y \log o + (1-y)\log(1-o)\right]$$

となるので，この微分 $\partial L/\partial w_{11}^{(2)}$ を考えると，合成関数の微分を考えることで，

$$\frac{\partial L}{\partial w_{11}^{(2)}} = \frac{\partial L}{\partial o}\frac{\partial o}{\partial w_{11}^{(2)}} = (o-y)a$$

となる．$(o-y) = \delta^{(2)}$ と書くことにすれば，

$$\frac{\partial L}{\partial w_{11}^{(2)}} = \delta^{(2)}a$$

となる．

次に，入力層と隠れ層をつなぐパラメータ $w^{(1)}$ について考える．損失関数の微分 $\partial L/\partial w_{11}^{(1)}$ を考えると，再び合成関数の微分を考えれば，

$$\frac{\partial L}{\partial w_{11}^{(1)}} = \frac{\partial L}{\partial o}\frac{\partial o}{\partial a}\frac{\partial a}{\partial w_{11}^{(1)}} = (o-y)w_{11}^{(2)}a(1-a)W$$

となるので，$\delta^{(1)} = \delta^{(2)}a(1-a)w_{11}^{(2)}$ とすれば，

$$\frac{\partial L}{\partial w_{11}^{(1)}} = \delta^{(1)} W$$

となる．$\delta^{(1)}$ は，先の層の結果 $\delta^{(2)}$ を含んでいるので，この結果をとっておけば，芋づる式に微分を計算していくことができる．これは，1 変数の簡単な例であるが，多変数に拡張した場合も考え方は同じである．

このように，出力層から入力層まで後ろ向きに合成関数の微分（微分の連鎖律という）を繰り返すことにより，効率的に損失関数の微分を計算していく方法を誤差逆伝播法（backpropagation，バックプロパゲーション）と呼ぶ（この計算の効率化は本質的に，第 4 章で出てきた自動微分と同じである）．単純なニューラルネットの場合は，上のような計算でうまくいくが，層がたくさんになる（深くなる）と勾配消失問題 (vanishing gradient problem) といい，勾配がどんどん小さくなって計算できなくなる問題がある．深層学習では，様々な工夫により勾配消失を防ぎ，深い層でも効率的に学習することを可能にしている．

ここでは，単純なニューラルネットの適用例を見てみよう．R には nnet というパッケージが用意されている．関数 `nnet` の引数 `size` は隠れ層のユニットの数で，`decay` とあるのは重みの学習速度の減衰率で，最初に大きく学習し，学習が進むにつれて学習速度を遅らせるための設定である．

```
library(nnet)
res_nn <- nnet(sex~Bwt+Hwt, data=dat_train, size=50,
 decay=0.25, maxit=100, trace=FALSE)
pred_nn <- predict(res_nn, dat_test)
roc_nn <- roc(dat_test$Sex, as.numeric(pred_nn))
```

さらに，サポートベクターマシンというよく知られた予測モデルについて簡単に紹介しよう．サポートベクターマシン (support vector machine) は，パラメータ推定を凸 2 次最小化問題として考えることにより安定かつ高速に解が得られること，カーネルトリックを使用することにより柔軟な非線形モデルによる予測となることなどが大きな特徴である．

アダブーストと同様に応答変数を $y \in \{-1, 1\}$ として，2 つのクラスを線形モデルで分類する問題を考える．重み w と特徴量 x の積による分離境界 $wx +$

bを考え，$wx+b>0$なら$y=1$，$wx+b<0$なら$y=-1$となるようにwを選ぶ．$wx+b$としてはいろいろな線が考えられるが，各クラスのデータから境界への距離（マージン）を最大化するように線を選ぶことにしよう．2つのデータセットからの距離が最大になるということは，分類性能が自然と高くなるということである．$wx+b\geq 1$ならクラス$y=1$を，$wx+b\leq -1$ならクラス$y=-1$となるように分離すると，これらの境界$wx+b=\pm 1$の間の距離は$2/\|w\|$となるので，これを最大化すれば良い．これは，$y(wx+b)\geq 1$のもとで（この制約条件の等号を満たすデータのうち解に影響を与えるものをサポートベクターという），

$$\frac{1}{2}\|w\|^2$$

を最小化することと同値になる．

この最小化は，凸2次最小化問題として知られているので，最適解を効率的に計算することができる．解wはxの線形結合として表せるので，それを上の目的関数に代入すれば，目的関数はxの内積の形に書ける．より柔軟な予測を行うため，xをより高次元の非線形関数$\phi(x)$に変換したとき，この考えを用いれば，$\phi(x)$の具体的な変換を与えずとも，その内積さえ与えれば良いということになる．これにより高次元空間への写像のために必要な計算量を大幅に削減することが可能となり，次元の呪いを克服することができる．これがカーネルトリック (kernel trick) と呼ばれる方法で，内積の関数形を与えることにより，特徴ベクトルに最適な非線形変換を与えることが可能になる．カーネルトリックによりサポートベクターマシンの判別性能は大きく向上し，サポートベクターマシンは深層学習がブームになる以前には優れた予測モデルとしてもてはやされた．サポートベクターマシンは，入力xに重みwを掛けて，その変換で識別しようというもので，形式としては隠れ層なしのニューラルネット（単純パーセプトロン）と同じ形になっている．線形問題の限界をカーネルトリックによって乗り越えるというのがサポートベクターマシンであり，層を増やすことによって非線形問題に対応しようというのがニューラルネットや深層学習ということになるだろう．

R でサポートベクターマシンを適用する際には，kernlab というパッケージの中の `ksvm` を利用することができる．ここでは，カーネルトリックに使うカーネル関数としてガウシアンカーネルを使用している．`kpar=list(sigma=1)`

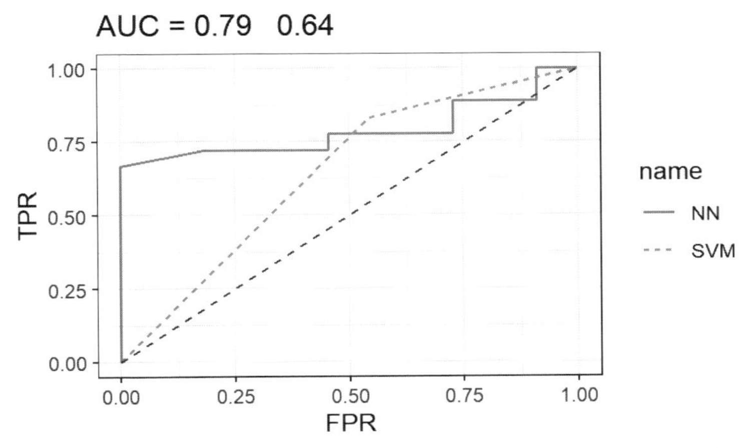

図 **5.19** ニューラルネットとサポートベクターマシンの ROC 曲線

は，ガウシアンカーネルのスケールパラメータ `sigma` の値をセットしている．`sigma` が大きいと過学習しやすいモデルとなり，`sigma` が小さいとスムーズ化され訓練データに対するバイアスが大きくなる．`C` は誤分類を許容する程度で，`C` を小さくすると誤分類に対して寛容になり，逆に `C` を大きくすると誤分類を許さなくなっていく．

```
library(kernlab)
res_svm <- ksvm(as.matrix(dat_train[,2:3]),dat_train[,1],
 type="C-svc",kernel="rbfdot",kpar=list(sigma=1),C=5,
 scaled=FALSE,cross=5)
pred_svm <- predict(res_svm,as.matrix(dat_test[,2:3]))
roc_svm <- roc(dat_test$Sex, as.numeric(pred_svm))
```

ニューラルネットとサポートベクターマシンの ROC 曲線と AUC を見てみよう（図 5.19）．

```
ggroc(list(NN=roc_nn,SVM=roc_svm),aes = c("linetype","color"),
 size=0.7,legacy.axes=TRUE)+xlab("FPR")+ylab("TPR")+
 ggtitle(paste("AUC =",round(roc_nn$auc,2)," ",
```

```
round(roc_svm$auc,2)))+geom_segment(aes(x=0, xend=1, y=0,
yend=1),color="blue", linetype="dashed")+theme_bw()
```

この章の後半では，代表的な機械学習手法の基本的な考え方と簡単な応用を紹介した．機械学習手法の性質は，超パラメータ（hyperparameter, ブースティングでいえば，繰り返し数や学習率など，事前に設定する必要があるもの）に依存するので，超パラメータを適切に選択する必要がある．それにはクロスバリデーションを使用するのが一般的であるが，複数の超パラメータの組み合わせを調べる必要があり，手続きが煩雑で，計算量も大きくなりがちである．R には caret などの超パラメータの選択を手助けしてくれる便利なパッケージがあるので，そうしたものを活用するのが良いだろう．

個体数推定のための統計モデル

嘘つき，詐欺師．
どうされたのでしょう，奥様？
だって，そうじゃございません？　個体群...というようなタイトルの本なのに，ちっとも個体群の話なんてないじゃございませんか？　ヘッシアンとかクロスバリデーションとか，なんですか？　そんなの個体群になんの関係がおありなの？　まるでイカサマじゃないですか？
奥様のおっしゃる通りでございます．なんだ，こんな本．詐欺じゃないか，イカサマじゃないか．ええ，こうしてやる，こうしてやる．
あら，あら，そこまでしなくても．ワタクシも言い過ぎてしまったようですわ．わかりますのよ．それが必要になるんだって，わかっていますのよ．
さすが，奥様．お目が高い．そうなんでげす．これからそれらを使って，個体群のやつめをこうやってああやって．いひひひ．
あらまぁ，そんなことまで？　オホホホ．

ということで（どういうことで？），統計学の話は前章までとして，この章からはいよいよ個体群生態学の話をしよう．生物個体群は時空間の中をダイナミックに変動する．その基礎となるものは，個体数である．しかし，個体数は普通未知の世界である．海の中のクジラは，あなたが見たすべてであろうか？いいえ，海の底にはもっとたくさんのクジラが，ピノキオを飲み込んだり，モービーディックと戦ったりしているのですわ．ということで（どういうことで？），我々は今もっているデータから個体数を推定しなければならない．

そのとき，前章までに学んだ統計学の話が，それはもう大いに役立つんでございますよ，奥様，いひひひ．

6.1　調査データを利用した個体数推定

「ねぇ，煙草，吸ってたの？」「え，なぜさ？」「畳のここに焦げ跡があるから..」「あぁ，このアパートに越して来たときにさ，どうしても花火がやりたくなって．でも部屋の中で花火なんてできないじゃん？　それで，ラーメンのどんぶりにヘビ花火を入れて，火をつけたんだよ．そしたらビックリするぐらいモコモコ大きくなって，慌てて飲んでた缶ビールをかけたんだけど，間に合わなくてさ..」「. . . じゃあ，あたし，もう行くね」「あぁ，元気でな..」それ，あたしだったんだよ，どんぶりから飛び出して，あなたの部屋の畳に焦げ跡をつけた真っ黒の蛇，それ，あたしだったんだよ．思ったけど，言わないで，部屋を出た．

どのぐらいの個体が存在するのか事前にはわからない．そのような場合，調査区域を設定し，その中で個体数を調べる．個体数調査をしたい領域内に，四角形の区域を定め，その区域内だけを調査する．このような四角形の区域をコドラート (quadrat) という．領域を N 個のコドラートに分割し，その中の n 個の調査をするとする．コドラート内にいる個体をもらさず全部数える（センサス，census）場合，各区域内の個体数を z_i とすれば，

$$\hat{P} = \frac{N}{n}\sum_{i=1}^{n} z_i = N\bar{z}$$

として，全個体数が推定できる．コドラート内の個体数カウントの分散を $s^2 = \frac{1}{n-1}\sum(z_i - \bar{z})^2$ とするとき，全個体数の分散は，

$$\mathrm{var}(\hat{P}) = \frac{N-n}{n}s^2$$

となる．分子の $N-n$ は N 個のコドラートから，n 個だけ抽出して推定することによる有限母集団補正である．

だが，コドラート内の個体を全数調査できない場合もある．そのような場合，各個体は発見確率 p で発見されるとすると，コドラート内の発見数が n

であれば，実際には m 匹いたものが，平均的に確率 p で発見され，確率 $1-p$ で見落とされたと考えられる．すると，$n = m(1 \times p + 0 \times (1-p)) = mp$ より，そのコドラート内の個体数は $\hat{m} = n/p$ となる．たとえば，発見確率が 0.5（2 回に 1 回発見される）であるとすると，個体数は観測された数の 2 倍であると推定されることになる．

観測した個体数 n は普通記録がとられ，それ自体は得るのが難しい量ではない．難しいのは発見確率をどのようにして推定するかである．個体が動物だとして，発見して捕まえた個体に標識をつける．その後，再び調査を行い，発見して捕まえた個体数が k で，そのうち標識がついていた個体数が h であったとする．最初のサンプリングと 2 回目で条件が等しいなら，$n/m = h/k$ となることが期待される．すなわち，$\hat{p} = h/k$ として発見確率 p を推定し，$\hat{m} = n/\hat{p} = nk/h$ とする．この個体数推定の方法は，ピーターセン法 (Petersen method) として知られ，標識再捕法の最も基礎的なものである．

再捕では k 個体中 h 個体に標識がついている．標識がついている個体を成功とすると，これは二項分布となっている．例データを見てみよう．R のパッケージ PL.popN は捕獲-再捕の結果のデータと個体数推定プログラムを含むパッケージであるが，現在は R の repository には置かれていない．しかし，GitHub 上にあるので，そこからデータを読み込んでみよう．`bird`，`mouse`，`possum` という 3 つのデータセットがあるが，ここでは `possum` というデータを使用する．`possum` は，マウンテンピグミーポッサムというネズミに似た有袋類の捕獲-再捕データである．

```
url <- "cran/PL.popN/master/data/possum.txt"
possum <- read.csv(paste0("https://raw.githubusercontent.com/",
 url),sep=" ")
head(possum, n=4)
```

```
  i y t1  x
1 1 1  1 45
2 2 5  1 40
3 3 2  1 37
4 4 4  2 45
```

データ possum は4つの列からなり，行数（観測数）は43である．最初の i は観測番号で1から43まで数字が並んでいるだけなので，とりあえず無視しよう．43個の個体が捕獲された．それぞれの捕獲機会は5回ある．y は5回中何回捕獲されたかを示す．t1 というのは，5回のうちどの時点で捕獲が開始されたかである（最初の捕獲時点）．x はポッサムの体重量でとりあえずは無視して解析しよう．1回も捕獲されていない個体は記録されないので，y は1～5の数字である．なので，少々ややこしいが，y と t1 から二項分布の対応するデータを作ろう（再捕によって発見確率を推定するので，1回捕獲されてから後が対象データとなることに注意）．試行回数を n，成功回数を z で表す．

```
possum$n <- 5-possum$t1
possum$z <- possum$y-1
mod0 <- glm(cbind(z,n-z)~1,family=binomial,data=possum)
```

二項分布をフィットすることにより，発見確率に関する情報が得られた．ここで，mod0 に含まれる係数は，確率 p をロジット変換 $\log(p/(1-p))$ したものになっている．そこで，確率 p を得るためには，逆変換をしてやらないといけない．

```
logit_p <- mod0$coefficients
ilogit <- function(x) exp(x)/(1+exp(x))
( p <- ilogit(logit_p) )
```

```
(Intercept)
  0.3963964
```

確率はおよそ0.4であるので，個体数の推定値は，

```
n <- nrow(possum)
( N <- n/p )
```

```
(Intercept)
   108.4773
```

となり，およそ110個体ほどのポッサムがいると推定された．確率 p の推定値で割って得られる個体数の推定量をホルビッツ-トンプソン (Horvitz-Thompson) 推定量と呼ぶ．

データ possum には，体重量 x の情報も入っていたので，この影響を見てみよう．もしポッサムが大きいなら発見がしやすそうである．だが，大きすぎるとポッサムと判定できず別の動物だと間違えて記録してしまったり，大きい個体はより警戒心が強く見つけにくいということもあるかもしれない．

```
library(tidyverse)
mod1 <- glm(cbind(z,n-z)~x,family=binomial,data=possum)
mod2 <- glm(cbind(z,n-z)~x+I(x^2),family=binomial,data=possum)
AIC(mod0, mod1, mod2)
new_x <- 30:50
new_possum <- data.frame(x=new_x,y=ilogit(predict(mod2,
 newdata=list(x=new_x))))
ggplot(new_possum, aes(x,y))+geom_line()+labs(x="Body Weight
 (g)", y="Detection Probability")+theme_bw()
```

```
     df      AIC
mod0  1 111.3197
mod1  2 111.7587
mod2  3 104.1644
```

発見確率のロジット変換が体重量に線形に関係しているというモデルとそれに加えて2乗の項もつけたもの（図6.1）を調べてみた．AICが最も小さいのは2乗の項までを含むモデルであり，体重量が40 g程度のときが発見されやすいと推定された．体重量による発見確率の違いを考慮して個体数を推定してみよう．今度は，発見確率が各データで異なるので，推定量は，

$$\hat{N} = \sum_{i=1}^{n} \frac{1}{\hat{p}_i}$$

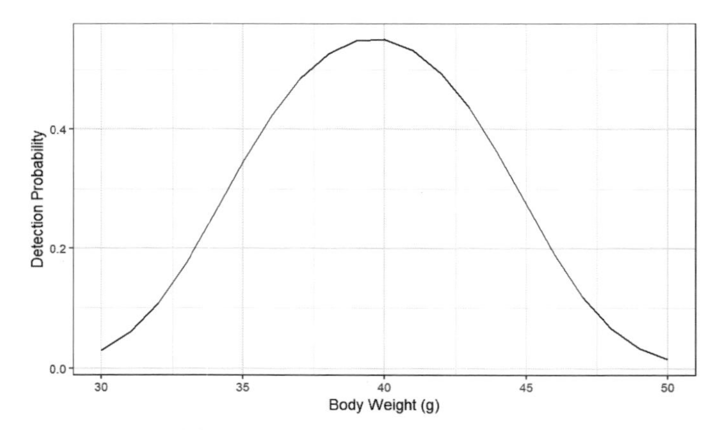

図 6.1　発見確率がポッサムの体重の2次関数となっている場合

となる.

```
pred_p <- ilogit(predict(mod2))
( N_new <- sum(1/pred_p) )
```

```
[1] 169.9427
```

発見確率が個体間で異なるという影響を考慮しなかった場合に比して，かなり大きい個体数推定値となった．この個体数推定量の精度はいかほどであろうか？　それには個体数推定量の分散を計算してやれば良い．ここでは第1章で学んだデルタ法を使って近似分散を計算してみよう．デルタ法の計算では関数の微分とパラメータの分散共分散行列が必要であった．この場合，手計算で微分を求めることが可能であるが，いろいろな場合に使用できるように数値微分による計算を行ってみよう．

```
numeric_deriv <- function(mod, h=0.00001){
  p <- mod$coef
  X <- model.matrix(mod)
  d <- h*diag(length(p))
  apply(d,1,function(x) (sum(1/ilogit(X%*%(p+x)))-
```

```
    sum(1/ilogit(X%*%(p-x))))/(2*h))
}
var_N <- t(numeric_deriv(mod2))%*%vcov(mod2)%*%
 numeric_deriv(mod2)
se_N <- sqrt(var_N)
( cv_N <- se_N/N_new )
```

```
          [,1]
[1,] 0.4118157
```

数値微分として，h を小さな正の値として，$f'(x) = (f(x+h) - f(x-h))/(2h)$ を利用した．発見確率の推定に伴う不確実性を考慮したとき，個体数推定値の精度（変動係数）は 40% ほどであった．$\hat{N} \pm 1.96 \times \mathrm{SE}(\hat{N})$ として 95% 信頼区間を求めることができるが，個体数 N は必ず正の値をとるので，ここでは対数正規分布に基づく信頼区間（第 2 章）を計算してみよう．95% 信頼区間は，

```
alpha <- 1-0.95
C_ln <- exp(qnorm(1-alpha/2)*sqrt(log(1+cv_N^2)))
CI_ln <- c(N_new/C_ln, N_new*C_ln)
round(CI_ln, 2)
```

```
[1]  78.23 369.15
```

となる．78 匹から 369 匹までということで，CV の値も 40% と大きいので，広い信頼区間となっている．少なくとも 43 匹は発見したのだから，下限は 43 匹より大きくなって欲しいが，それについては大丈夫である．しかし，場合によっては，それよりも低い数になってしまうこともある（たとえば，上の信頼区間を 95% ではなく，99.99% にした場合，下限はいくらになるだろうか？）．それは対数正規分布という分布の仮定をおいたためである．

個体数の信頼区間の下限が発見数を下回る（可能性がある）のが気持ち悪いという人もいるかもしれないので，第 1 章で紹介したブートストラップ法で信頼区間を構成してみよう．

```
alpha <- 1-0.95
Sim <- 2000
N_b <- NULL
set.seed(1)
for (i in 1:Sim){
  id <- sample(n, n, replace=TRUE)
  mod2b <- glm(cbind(z,n-z)~x+I(x^2),family=binomial,
   dat=possum[id,])
  pred_pb <- ilogit(predict(mod2b))
  N_b <- c(N_b, sum(1/pred_pb))
}
CI_b <- quantile(N_b,probs=c(alpha/2,1-alpha/2))
round(CI_b, 2)
```

```
  2.5%   97.5%
100.16 4235.94
```

下限値は100となり，対数正規の場合より多くなった．個体数はpで割って計算するので，観測総数より大きくなるのは自然なことであり，導出の方法からして，下限値が観測数を下回るようなことは起こり得ない．ブートストラップ法を使うことで，対数正規分布の使用によって不自然な結果が出ることを解消することができる．しかし，上の結果では上限値がかなり大きくなってしまっている．これは，ブートストラップを行う過程で，非常に小さい確率pが出てきて，それで割ることにより，かなり大きな個体数推定値が出てきてしまうためである．この問題は一種の過剰適合によるものであり，ランダム効果を使用するなどなんらかの平滑化を利用することにより解決することが可能である．

6.2 距離採集法

コドラートを設定し，その中の個体数を全数調査する，あるいは，発見確率が推定可能になるように，標識再捕などの繰り返し観測を行う調査により個体数を推定する方法について紹介した．しかし，コドラートの設定が難しい，またコドラートを設定してそれぞれを調査するというのが手間な場合がある．たとえば，クジラの調査である．クジラの個体数を推定する調査は，広い海域を船で移動してクジラがいるかどうか調べる場合が多い（飛行機による調査や，岸壁から調査するなどの方法もある）．その場合，船を出すことで結構なコストがかかる．もしコドラートを設定すれば，コドラート間の移動に時間がかかり，その間は得られるものがないことになる．広い海域であるとこれは調査費用の浪費となり，どこでもドアがあれば！　と思うかもしれない（しかし，どこでもドアが作れるほどの科学力があれば，クジラを船で調査する必要はないのかもしれないが...）．そこで考え出された方法が，ライントランセクト法 (line transect method) と呼ばれる方法である．

これは調査海域にラインを引き，そのラインの範囲内で発見できる個体を数えるというものである．ラインを通過していきながら調査するので，移動のロスがない．ラインはランダムに配置する必要があるが，そうすると移動のロスが生じてしまうので，ジグザグのラインにして調査海域を覆うようにし，ラインの開始点のみをランダムに決めるという方法がとられることが多い（クジラがランダムに分布している必要はない）．通常ライン上とその周辺では個体を必ず（確率1で）発見できるという仮定がおかれる．そこで，ライン上とその近くで発見された個体数を全数調査と考え，その面積を a，発見数を n とした場合，調査海域全体の面積を A とすれば，全個体数は $\hat{N} = (A/a)n$ によって推定できる．

だが，ラインとその近辺だけの発見を使うとすると，その外側で発見されたものはすべて捨てることになる．希少な種で，ラインとその近辺でまったく発見がなく，ラインから離れた場所で数頭の発見があるという場合もあるだろう．そのような場合，どうやって個体数を推定すればよいだろうか？　近くにクジラがいればまず間違いなく発見できるが，かなり遠くにいるクジラは見落としてしまうこともあるだろう．そこで，ラインからの距離が近ければ高い確率で発見でき，遠ければ確率が低くなる発見確率 (detection probability) を導入してやろう．これは発見があったときにその記録とともに，発見対象までの距離を記録しておけば良いことになる．このような方法を距離採集 (distance sampling) 法という．調査ラインから発見個体までの垂直横距離 (perpendicular distance) x が必要な情報になるが，実際の調査で横距離を記録するのは難しい場合，発見個体までの距離 r と調査線からの角度 θ を記録し，$x = r \sin\theta$ として横距離を算出することになる．横距離の頻度分布から発見確率が推定できれば，上と同じような原理で（ホルビッツ-トンプソン推定量を使って），個体数を推定することができる．今の場合，ライン上を移動しながら，個体が発見されないかどうかを調査するので，再捕するような方法をとるのは困難であり，可能だとしてもコストがかかる．距離を測定するだけなら1回ですみ，大変効率が良い．

距離の関数として発見関数を定義する必要がある．よく使用される発見関数のひとつとして，次のような正規分布の核関数を利用した半正規関数というのが知られている（マイナスの値は考えないので，“半”正規）．

$$g(x) = \exp\left(-\frac{x^2}{2\sigma^2}\right)$$

x は調査線から発見対象物まで垂直に測った距離であり，$x = 0$ のとき（クジラが調査線上にいるとき）は発見関数 $g(0) = 1$ となる．x が増加すると $g(x) \to 0$ となり，発見確率が小さくなっていく．その関数形は平均0の正規分布の確率密度関数から $1/(\sqrt{2\pi}\sigma)$ を除いた残りである．$g(x)$ は距離 x が与えられたときの発見確率で，ある距離 x にいるクジラが発見されるか発見されないかという事象の確率になっている．我々がもっているデータは個々のクジラの発見距離であるので，発見確率を知るためには，発見距離の確率分布が必要である（今の場合，未知のパラメータは σ）．

発見距離の確率は，その個体が発見されたという条件のもとで，その個体が距離 x にいる，という確率となる．これは第1章の条件付確率であり，条件付確率の公式から，$Pr(x\text{にいる} \mid \text{発見}) = Pr(x\text{にいる}, \text{発見})/Pr(\text{発見})$ となる．ここで，ラインがランダムに配置されているという仮定が使用される．ラインがランダムであるとすれば，個体が x にいるかどうかと，それが発見されるかどうかは独立であり，また個体がラインから垂直な距離 x にいるという事象は一様分布（第2章）に従う．したがって，ラインのまわりの個体を観測可能な範囲を W とすると，分子は $Pr(x\text{にいる}, \text{発見}) = g(x) \times 1/W$ となる．分母は，ベイズの定理（第2章）から $Pr(\text{発見}) = \int g(x)/W dx$ となる．結局，$1/W$ は分母と分子で相殺し，距離の確率分布 $f(x)$ は，$f(x) = g(x)/\int g(x)dx$ となる．$\int g(x)dx$ は有効探索幅 (effective search width, esw) と呼ばれる．

今，我々は発見距離のデータをもっているとする．そのとき，発見確率を推定して，それに基づきホルビッツ-トンプソン推定量により個体数を推定したい．それには，発見距離から，最尤法によって未知パラメータ σ を推定してやればよい．最大化すべき対数尤度関数は，

$$\log(L) = \sum_{i=1}^{n} \log\left[f(x_i)\right] = \sum_{i=1}^{n} \log\left[g(x_i)\right] - n \times \log \mathrm{esw}$$

となる．実際のデータで発見関数推定をしてみよう．R のパッケージ Rdistance を使用する．その中の `sparrowDetectionData` は，Brewer's sparrow というスズメのライントランセクト調査による発見データである．データを見てみよう．

```
library(Rdistance)
data("sparrowDetectionData")
dat <- sparrowDetectionData
dat <- dat %>% mutate(pd=as.numeric(dist))
p1 <- ggplot(dat, aes(x=pd, y=..density..))+
 geom_histogram(position="identity",boundary=0,bins=15)+
 labs(x="Perpendicular Distance (m)")+theme_bw()
print(p1)
```

ラインからの垂直横距離のヒストグラムは，大体のデータは 150 m 以下であるが，200 m ぐらいにいくつかの発見があることを示している（図 6.2）．これらを外れ値として，最大の横幅を 120 m に設定してみよう．

```
x_max <- 120
dat <- dat %>% filter(pd <= 120)
p1 <- ggplot(dat, aes(x=pd, y=..density..))+
 geom_histogram(position="identity", boundary=0, bins=15)+
 labs(x="Perpendicular Distance (m)")+theme_bw()
g <- function(x,sigma) exp(-x^2/(2*sigma^2))
log_like <- function(p, dat, x_max=120){
  x <- dat$pd
```

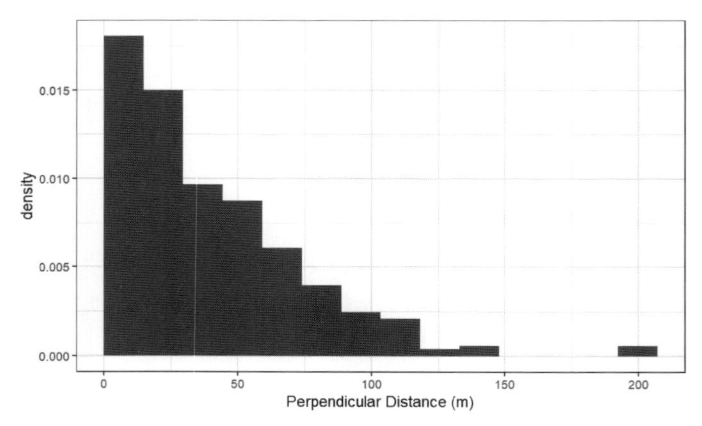

図 **6.2** 発見距離のヒストグラム

```
  x <- x[x <= x_max]
  sigma <- exp(p)
  w <- sqrt(2*pi)*sigma*(pnorm(x_max,0,sigma)-pnorm(0,0,sigma))
  # w は esw で発見関数の積分になっている.
  # 半正規発見関数の場合, このようになるが, 一般には,
  # w <- integrate(g,0,w,sigma=sigma)$value
  # のように数値積分を使用する.
  -sum(log(g(x,sigma))-log(w))
}
init_p <- log(mean(dat$pd))
mod <- nlm(log_like, init_p, dat=dat, x_max=x_max, hessian=
 TRUE)
sigma <- exp(mod$estimate)
x <- seq(0,x_max)
esw <- function(sigma, x_max=120) sqrt(2*pi)*sigma*
 (pnorm(x_max,0,sigma)-pnorm(0,0,sigma))
w <- esw(sigma, x_max)
dat1 <- layer_data(p1)
pred <- sapply(1:nrow(dat1), function(i) sqrt(2*pi)*sigma*
 (pnorm(dat1$xmax[i],0,sigma)-pnorm(dat1$xmin[i],0,sigma)))
pred1 <- pred/sum(pred)*sum(dat1$y)
```

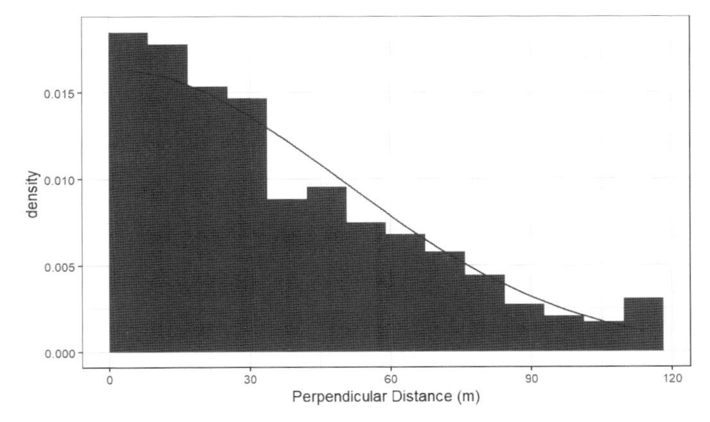

図 6.3 発見関数の推定を行って，発見距離の予測値を算出

```
p2 <- p1 + geom_line(data=dat1, aes(x=x,y=pred1), color="blue")
print(p2)
```

コードが少々ややこしいが，フィットした発見関数による距離の確率モデルは観測データによくあてはまっているようにみえる（図 6.3）．発見関数が得られたので，それを使って個体数を推定したい．しかし，今の情報だけから個体数を推定することはできない．ライントランセクト法による個体数推定量は，

$$\hat{N} = A\frac{n}{2L\hat{w}}$$

となる．ここで，A は調査エリアの面積，n は発見個体数，L はラインの全長，$\hat{w}$ は上で求めた有効探索幅である（分母に 2 がついているのはラインの両側で発見があるため．全数調査可能な範囲 a を $\hat{a} = 2L\hat{w}$ として推定していることになる）．有効探索幅は，平均的な発見確率に対応している（有効探索幅を最大幅で割ったものが平均発見確率であるが，最大幅は相殺して式中から消える）．

個体数を得るためには，面積 A とラインの全長 L の情報が必要である．Rdistance には，調査ラインに関する別のデータセット `sparrowSiteData` が用意されているので，それを使おう．調査面積 A はそのデータを見てもわからないが，`help(sparrowSiteData)` とすれば調査の情報を見ることができ

る．調査面積 $A = 4105$ (km^2) であり，$l = 500$ (m) のラインが 72 本引かれていたことがわかる ($L = 72 \times l = 36,000$ m)．個体数を推定しよう．

```
data(sparrowSiteData)
dat_s <- sparrowSiteData
L <- sum(as.numeric(dat_s$length))
n <- nrow(dat)
A <- 4105*1000^2
( N <- A*n/(2*L*w) )
```

```
[1] 324474.2
```

この調査エリア内のスズメの個体数はおよそ 30 万羽であると推定された．上と同様に個体数推定値の標準誤差を評価し，信頼区間を計算してみよう．個体数推定量のうち変動のもととなるのは，距離サンプルから推定される有効探索幅 w と調査ラインあたりの発見数（遭遇率）n/L である．遭遇率の分散は，ラインの本数を k として，i 番目のラインの発見数を n_i，長さを l_i とするとき，

$$\mathrm{var}(n/L) = \frac{1}{k-1}\sum_{i=1}^{k}\frac{l_i}{L}\left(\frac{n_i}{l_i} - \frac{n}{L}\right)^2$$

で与えられる．これはラインの長さによる重み付き分散である．一方，有効探索幅 w の分散は，デルタ法を利用して，

$$\mathrm{var}(w) = \left(\frac{dw}{d\sigma}\right)^{\mathsf{T}} \mathrm{var}(\sigma)\left(\frac{dw}{d\sigma}\right)$$

によって計算できる．遭遇率と有効探索幅の分散が得られれば，再びデルタ法によって，個体数の分散は，

$$\mathrm{var}(\hat{N}) = \hat{N}^2\left([\mathrm{CV}(n/L)]^2 + [\mathrm{CV}(\hat{w})]^2\right)$$

となる．上から，$\mathrm{CV}(n/L)^2 = \mathrm{var}(n/L)/(n/L)^2$ などはわかっているので，個体数 N の分散が計算できる（上は，$\mathrm{CV}(N)^2 = \mathrm{CV}(n/L)^2 + \mathrm{CV}(w)^2$ とな

っている)．実際のデータを使って計算してみよう．

```
numeric_deriv <- function(mod, h=0.00001){
  p <- mod$estimate
  d <- h*diag(length(p))
  apply(d, 1, function(x) (esw(exp(p+x)) - esw(exp(p-x)))/
   (2*h))
}
var_w <- t(numeric_deriv(mod))%*%(1/mod$hessian)%*%
 numeric_deriv(mod)
cv_w <- sqrt(var_w)/w
k <- nrow(dat_s)
n <- tapply(dat$dist, dat$siteID, length)
n[is.na(n)] <- 0
l <- as.numeric(dat_s$length)
mean_nl <- sum(n)/L
var_nl <- 1/(k-1)*sum(l/L*(n/l-mean_nl)^2)
cv_nl <- sqrt(var_nl)/mean_nl
cv_N <- sqrt(cv_nl^2+cv_w^2)
C_ln <- exp(qnorm(1-0.05/2)*sqrt(log(1+cv_N^2)))
CI_ln <- c(N/C_ln, N*C_ln)
round(CI_ln, 2)
```

```
[1] 263135.2 400111.8
```

このようにしてライントランセクト法による個体数推定値とその信頼区間を得たが，実際にはより複雑な計算が必要になる．sparrowDetectionDataの2列目はgroupsizeとなっており，これは発見されたスズメの群れサイズである．もし複数羽のスズメが一緒にいれば，それは一羽だけのスズメより発見しやすいだろう．同じ距離でも，スズメの群れサイズが大きければ発見確率は高くなるはずである．そのために，発見関数は群れサイズに依存するというモデルが必要になるだろう．また，sparrowSiteDataを見ると，木の高さなど植生に関する情報が含まれていることがわかる．こうした情報も発見関数に影響を与えるだろう．発見関数と植生に関する情報をリンクするようなモデルを考える必要がありそうである．実際にそのようなモデルが使用され，個体数の推定がなされているが，本書の範囲を越える話であるため割愛することにしよう．

また，ライントランセクト法では，調査ライン上で必ず個体が発見されるという仮定が必要であるが，たとえばクジラのような海の中に潜る生物では，調査ライン上の個体でも見逃してしまう可能性がある．そのような場合には，独立観察者による調査を行い，標識再捕法とライントランセクト法を融合させたような方法により個体数の推定を行う．このあたりも興味深い話題であるが，専門書に譲ろう．ライントランセクト法による個体数推定法とその拡張に興味をもたれた読者には，Distance Sampling の専門書 (Buckland et al. 2004) を読まれることをお薦めする．

6.3 占有モデル

「どうしたんだ，しけた面して」
「見た目はいい感じにできたんですが，履き心地がイマイチなようで，どうしたものか，と」
「お前，自分で履いてみたのか？ 履いて歩いてみたのか？ そうしないで，わかるわけないだろう？」
「だって，親方，これハイヒールですぜ」
「お前，バカヤロウ，ハイヒールだからどうしたっていうんだ．先代の親方は，俺が悩んでいると，俺の頭をはたいて言ったもんだ．ドントシンク，ヒ〜ルってな」

調査域をいくつかの方形の区画（コドラート）に分割して，それぞれのコドラート内にある種がいるかどうかを記録する．あるコドラートにはある種がいて，あるコドラートにはある種はいない．この調査を繰り返せば，ある種が生息地を占有したり，そこから消失したりするダイナミックな変化を知ることができる．ここでは，そのような調査データから種の出現数，個体数を推定する問題を考えてみよう．

基本的な占有モデル (occupancy model) は，次のような形式をとる．まず，種の真の在・不在を表すモデル

$$z_i \sim Bin(1, \psi)$$

があるとする．我々はコドラート i $(i = 1, \ldots, M)$ で調査を行うが，そのコドラートにその種がいたとしても，それが発見されるかどうかは確率的プロセスに従い不明である．もしそこにその種がいないなら，その種は発見されることはないとしよう．その場合，観測データは，

$$x_i \sim Bin(n_i, \theta z_i)$$

となる．コドラート i で観測を n_i 回行い，x_i 回の発見があったということである．発見の期待値は，$n_i \theta z_i$ となる．ここで，期待値に z_i が入っているが，もしその種が存在しない場合は，それが観測されることはないという仮定を反映させるためである．θ は発見確率で，その種が存在するなら確率 θ で発見される．

このモデルは，真の在・不在状態 z が観測することができない隠れ変数となっており，階層モデルの形式になっている．階層モデルのパラメータを推定するには，周辺尤度の最大化を行うのだった．周辺尤度は，

$$\prod_{i=1}^{M} [Bin(x_i | n_i, \theta)\psi + I(x_i = 0)(1 - \psi)]$$

となる．そこに種が存在する確率は ψ で，その場合，n_i 回調査すれば，x_i 回の発見がある．しかし，種が存在しない場合が確率 $1 - \psi$ で起こり，その場合はその種が発見されることはない．二項分布から期待されるよりゼロが多く観測されることから，その情報を利用して発見確率と種の存在確率を分離して推定することを可能にしており，第 4 章で取り上げたゼロ過多二項分布の応用例となっている．θ, ψ をなぜ推定できるかを簡単な例で見てみよう．

```
N <- 100; n <- 3; theta <- 0.4; psi <- 0.3
x1 <- rbinom(N,n,theta)
x2 <- rbinom(100,1,psi)*rbinom(100,n,theta)
var(x1)/mean(x1)
var(x2)/mean(x2)
```

```
[1] 0.6057182
[1] 1.553117
```

二項分布は第2章で見たように，平均 $n\theta$，分散 $n\theta(1-\theta)$ をもつ．したがって，分散/平均 $= 1-\theta$ となり，分散/平均が1より小さくなることが期待される．実際，上で二項分布だけから発生させたデータは分散が平均より小さくなっているが，ψ の存在確率も入れたゼロ過多二項分布で発生させたデータは分散のほうが平均より大きくなっている．このような二項分布を超えたゼロの発生とそれによる過分散が，背後にある存在確率と発見確率を分離するための情報を与えてくれることになる．

実際の推定の様子を見てみよう．R パッケージ unmarked に入っているデータ `crossbill` を使ってみよう．crossbill はイスカと呼ばれ，上下のくちばしが交差した鳥である．$M = 267$ のコドラートを年3回調査している．ここでは，1999年の調査結果を分析してみよう．

```
library(unmarked)
data(crossbill)
dat <- crossbill[, 1:7]
dat$n <- apply(dat[,5:7],1,function(x) sum(!is.na(x)))
dat$x <- apply(dat[,5:7],1,sum,na.rm=TRUE)
dat <- dat[dat$n > 0, ]
```

すべてが欠測となっているコドラートを除くと，全部で245のコドラートが調査された．そのうち201個のコドラートは3回調査がなされたが，44個のコドラートは3回目の調査がなされず欠測となっていて2回だけの調査となっている．このデータに占有モデルを適用して，種の存在確率 ψ と発見確率 θ を推定してみよう．

```
loglik <- function(p, dat){
  psi <- exp(p[1])
  theta <- exp(p[2])
  n <- dat$n
  x <- dat$x
```

```
  -sum(log(dbinom(x,n,theta)*psi+ifelse(x==0,1,0)*(1-psi)),
   na.rm=TRUE)
}
mod <- nlm(loglik,c(-1,-1),dat)
psi <- exp(mod$estimate[1])
theta <- exp(mod$estimate[2])
( parms <- c(psi=psi, theta=theta) )
```

```
      psi     theta
0.3667650 0.3557262
```

パラメータ推定値が得られたので，それを使って種がどのぐらい存在しているのか推定してみよう．もし発見があったのなら，それはそこに種がいるからである．つまり，発見があったという事実は，その種が確実にいるということなので，$Pr(z=1|x>0)=1$ となる．発見がなかった場合はどうだろうか？発見がない場合，実際にいなかった場合と，いたけれども発見されなかった可能性が考えられる．発見がない $x=0$ という条件のもとでその種が存在する $z=1$ の確率は，ベイズの定理から

$$Pr(z=1|x=0)=\frac{(1-\theta)^n\psi}{(1-\theta)^n\psi+(1-\psi)}$$

となる．これを使って，crossbill がどのぐらい存在するかを推定してやろう．

```
i0 <- which(dat$x==0)
p0 <- dbinom(0,dat$n[i0],theta)*psi/(dbinom(0,dat$n[i0],
 theta)*psi+(1-psi))
N0 <- replicate(1000,sum(rbinom(length(i0),1,p0)))
N <- sum(dat$x>0)+N0
( quantile(N, probs=c(0.025,0.5,0.975)) )
hist(N)
```

```
 2.5%   50% 97.5%
   81    90    99
```

発見があったコドラート数は 63 であるが，crossbill が存在するコドラート

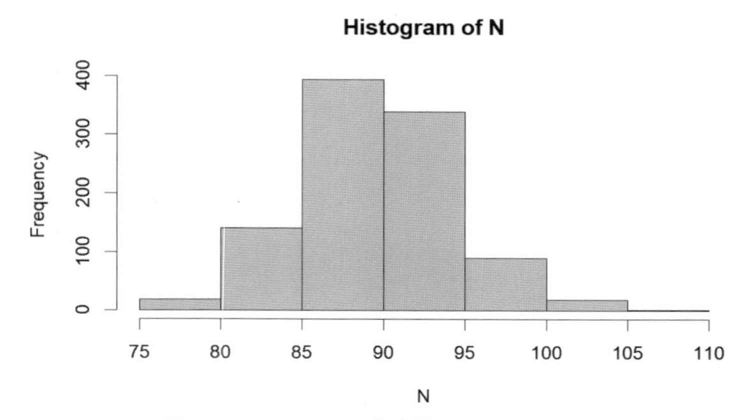

図 **6.4** crossbill の存在数のヒストグラム

は 90 ぐらいであると推定された（図 6.4）.

ここまでは，種がいるかいないかだけを考えてきた．さらに個体数を推定する問題を考えてみよう．発見確率がどのコドラートでも同じ θ であるとしてきたが，もしそのコドラートに多くの個体がいるなら発見確率は大きくなるであろう．コドラート i に N_i 個の個体がいるとする．それぞれが独立に発見されるとすると，1 個体を発見する確率を ϕ とするとき，1 個体も発見されない確率は $(1-\phi)^{N_i}$ となる．逆に，少なくとも 1 個体は発見される確率は $\theta_i = 1-(1-\phi)^{N_i}$ となる．このようにして，発見の確率モデルは，$x_i \sim Bin(n_i, \theta_i)$ となる．しかし，θ_i の中の個体数 N_i は未知であるので，このままでは推定ができない．個体数 N_i はポアソン分布 $Po(\lambda)$ に従うと仮定してやろう．先ほどは，隠れ変数 z は 0 か 1 の値をとる 2 値変数であったが，今回は個体数が隠れ変数となるので，0 から無限大までの値をとるゼロ以上の整数全体となる．それ故，周辺尤度は，観測されない個体数を 0 から ∞ まで足し合わせて，

$$\sum_{N=0}^{\infty} [Bin(x_i|n_i, \theta(N))Po(N|\lambda)]$$

となる．このモデルはロイル–ニコルズ (Royle-Nichols) モデルと呼ばれている (Royle and Nichols 2003)．データ `crossbill` を使って，個体数推定を行ってみよう．まず，パラメータの推定を行う．

```
n_mix <- function(p, dat, max_N=100){
  x <- dat$x
  n <- dat$n
  phi <- 1/(1+exp(-p[1]))
  theta <- function(N) 1-(1-phi)^N
  lambda <- exp(p[2])

  like <- sapply(1:nrow(dat), function(i) sum(dbinom(x[i],n[i],
   theta(0:max_N))*dpois(0:max_N,lambda)))
  -sum(log(like))
}
mod <- nlm(n_mix, c(-1,-1), dat=dat, hessian=TRUE)
phi <- 1/(1+exp(-mod$estimate[1]))
lambda <- exp(-mod$estimate[2])
( c(phi=phi, lambda=lambda) )
```

```
      phi    lambda
0.2763439 1.9641038
```

0 から ∞ まで足し合わせるとすると計算が終わらないので，適当なところで打ち切ることにする．1 個体の平均発見確率は 0.28 であり，各コドラートには平均的におよそ 2 個体が存在しているという結果が得られた．λ に調査したコドラート数を掛けて総個体数を求めよう．さらに，これまでと同様に対数正規分布を仮定した 95% 信頼区間を計算してやろう．

```
N <- nrow(dat)*lambda
var_N <- nrow(dat)^2*as.numeric(t(c(0,lambda))%*%solve(
 mod$hessian)%*%c(0,lambda))
cv_N <- sqrt(var_N)/N
C_ln <- exp(qnorm(1-0.05/2)*sqrt(log(1+cv_N^2)))
CI_ln <- c(lower=N/C_ln, estimate=N, upper=N*C_ln)
round(CI_ln, 2)
```

```
  lower estimate    upper
322.32   481.21   718.41
```

個体数は480ほどで，95% 信頼区間は [322, 718] となった．先の解析で，crossbill が存在するコドラートは90ぐらいであったが，そうしたコドラートには平均5羽ぐらいの crossbill が存在するということになるだろう．前々節と同じく，発見確率や平均個体数に説明変数を入れることも可能である．データ `crossbill` には，各コドラートの標高や森林の被覆度のような説明変数がある．それらの発見確率に対する効果を推定して，それを考慮した上で個体数を推定することも可能であろう．しかし，それをやっていると長くなるので，説明変数を入れた場合は読者の宿題として残し，ここは先を急ごう．

6.4 相対資源量指数

個体数そのものを知ることはできないが，相対的な個体数の変化率ならわかるという場合がある．ライントランセクト法で個体数を調査する場合，発見確率を推定するための距離情報を記録しなかったが，発見確率は一定であると仮定できるなら，個体数カウントデータは相対個体数の時系列であるとみなされる．水産資源学では，CPUE（Catch Per Unit Effort，単位努力量あたり漁獲量）という量がよく使用される．海の中のどこかで網をひくとすると，もしその場所にたくさんの魚がいれば，網をひいた回数だけたくさんの魚が獲れるだろうし，その場所に魚がいないなら，いくら網をひいても魚が獲れないだろう．逆に，魚がたくさん獲れたとしても，それは何回も何回も網をひいた結果かもしれないし，少ししか魚が獲れなかったとしても，網を1回だけひいた結果かもしれない．漁獲量だけだとその資源量を反映しているとはいえないが，努力量あたりの漁獲量は資源量の情報を反映していると考えられる．このようにして，漁獲量 C を網の曳網回数のような努力量 E で割った

$$CPUE = C/E$$

を資源量の相対的指数として利用しよう，という考えである．

しかし，通常，そのまま漁獲量を努力量で割ったCPUE（nominal (または raw) CPUE，生のCPUEという）がそのまま使用されることは多くない．

CPUEは漁業者が漁獲してきたデータをもとに計算される．しかし，漁業者はランダムに魚を獲る場所を決めるわけではなく，魚がたくさんいると思われる場所で網をひき，魚がいなさそうな場所では網をひきたくないと思うだろう．漁業者がランダムサンプリングしないで魚がいそうな場所で獲るというサンプリングバイアスの効果を取り除いて，真の資源量の変化をよく近似する指数を作りたい．この操作を標準化 (standardization) という．

漁獲量 C は，資源量と努力量に比例しているとする．比例定数を q と書くと，$C = qEN$ となる（比例定数 q を漁獲効率とか漁具能率などと呼ぶ）．CPUEの式にすれば，$CPUE = qN$ である．両辺対数をとると，

$$\log(CPUE) = \log(q) + \log(N)$$

となるので，漁具能率 q の変化を説明する変数を入れてCPUEの変化をよく再現できるモデルができれば，その変数の効果を取り除いたあとには，資源量の変化だけが残っていると考えられる．標準化の重要性を理解するために，次のような簡単なシミュレーション実験を行ってみよう．

真の資源量は，前年の資源量に比例して，$N_{t+1} = aN_t$ となっているとする．知りたいのは t 年の資源量の相対的な大きさ（変化率 a）である．CPUEは，資源量に比例するものとして，

$$CPUE_{t,i} = q_{t,i} N_t \exp(\varepsilon_{t,i})$$

となっているとする．ここで，$i = 1, \ldots, 5$ で毎年5回の漁獲が行われるとする．$\varepsilon_{t,i} \sim N(0, \sigma^2)$ は，観測誤差で正規分布に従う．$q_{t,i}$ は，東西の漁獲場所によって異なり，東なら0.1であるが西なら0.9の2つの値をとる．東西のどちらの場所で漁獲するかは年によって変化し，最初の頃は東で漁獲していたが，年を経るに連れ西側での漁獲が多くなるとする（最初は，陸地に近い東側で漁獲していたが，だんだん獲れなくなって来ると少々のコストをかけても遠方の西側に行くというようなイメージ）．推定したいパラメータを $\log(a) = -0.2$ として，30年間のCPUEデータがあるとする．シミュレーションで100個のデータを作ろう．

```
set.seed(1)
a <- exp(-0.2); log_a <- log(a)
```

```
Y <- 30; Sim <- 100; SS <- 5; sigma <- 0.4; q <- c(0.1, 0.9)
Year <- rep(rev(2022-(0:(Y-1))), each=SS)
n <- matrix(NA, nrow=Y, ncol=Sim)
cpue <- log_q <- matrix(NA, nrow=Y*SS, ncol=Sim)
n[1,] <- rnorm(Sim,0,1)
eps <- matrix(sigma*rnorm(Y*SS*Sim),nrow=Y*SS,ncol=Sim)
p <- function(i) 1/(1+exp(-(i-Y/2)/5))
Location <- sapply(rep(1:Y,each=SS), function(i) rbinom(Sim, 1,
 p(i)))
log_q <- log(t(matrix(q[Location+1],nrow=Sim,ncol=
 Y*SS))); Location <- t(Location)
cpue[1:SS,] <- log_q[1:SS,] + n[1,] + eps[1:SS,]
for (i in 1:(Y-1)){
  n[i+1,] <- log_a+n[i,]
  cpue[i*SS+(1:SS),] <- log_q[i*SS+1:SS,] + n[i+1,] +
   eps[i*SS+1:SS,]
}
p1 <- ggplot(data=data.frame(Year=unique(Year),Prob=p(1:Y)),
 aes(x=Year,y=Prob))+geom_line(color="blue",linewidth=2)+
 labs(y="Probability of Selecting q = 0.9")+theme_bw()
WE <- c("East","West")
Loc <- WE[Location[,1]+1]
dat_for_gg <- data.frame(Year=rep(unique(Year),each=SS),
 num=rep(1:SS,len=nrow(cpue)), Location=Loc, CPUE=cpue[,1])
p2 <- ggplot(dat_for_gg, aes(x=Year,y=CPUE,color=Location,
 shape=Location))+labs(y="log(CPUE)")+geom_point()+
 theme_bw()+theme(legend.position=c(0.1,0.25))
cowplot::plot_grid(p1,p2,nrow=2,align="v")
```

図 6.5 の上図は $q = 0.9$ となる西側が選択される確率を示しており，年が経過するにつれて西側で漁獲がされやすくなっている．図 6.5 の下図はひとつのシミュレーションデータをプロットしたものであり，はじめのほうの年は東側で漁獲されているが，後のほうの年になると西側での漁獲が多くなる．もし東側・西側での漁獲パターンの情報を知らずに，相対資源量指数として素朴な

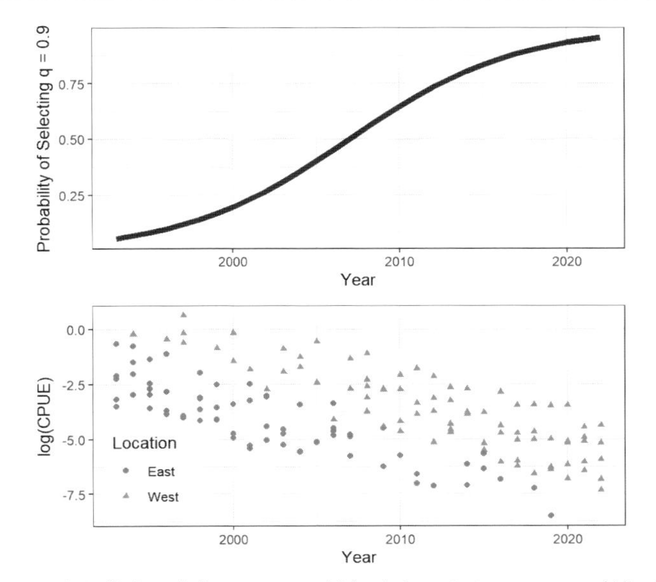

図 **6.5**　漁具能率の変化パターン（上）と年による CPUE の変化（下）

CPUE を使用するとどのようになるだろうか？

```
res_nom <- lapply(1:Sim, function(i) lm(cpue[,i]~Year))
res_std <- lapply(1:Sim,
 function(i) lm(cpue[,i]~Year*Location[,i]))
dat_for_gg2 <- data.frame(Model=c(rep(c("Nominal",
 "Standardized"),each=Sim)), Trend=c(sapply(1:Sim,
 function(i) res_nom[[i]]$coef[2]),
 sapply(1:Sim, function(i) res_std[[i]]$coef[2])))
ggplot(dat_for_gg2,aes(x=Model,y=Trend))+geom_boxplot()+
 geom_hline(yintercept=log_a,linetype="dashed")+theme_bw()
```

説明変数を年の効果だけにしたモデルと年と場所の効果を入れたモデルをフィットして，年の効果を取り出した．100 個のシミュレーションデータセットに対して，それぞれのモデルから年の効果の推定値がそれぞれ 100 個得られるので，それをボックスプロットとして描いた（図 6.6）．左側は場所の効

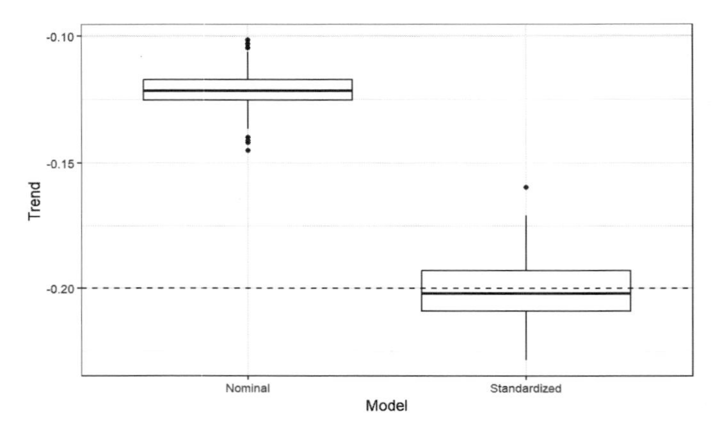

図 6.6 場所の効果を入れないモデル (Nominal CPUE) と場所の効果を入れたモデル (Standardized CPUE) の年トレンド

果を入れないモデル，右側は場所の効果を入れたモデルの年トレンドである．場所の効果を入れた標準化モデルでは正しく年の傾向を推定できているが，場所の効果を入れなかった場合は，年の減少の大きさが低く見積もられている．これは，後半の年に漁具能率の高い西側海域で漁獲しているため（図 6.5 の上図），実際には個体数が減少しているのに，それを検出しきれなかったためである．このようにして，CPUE のような情報から真の個体数の変化を抽出するためには，説明変数を考慮すること（ひいては，標準化）が重要であることがわかった．

CPUE は正の値であるので，単純な場合には上記のように対数をとって正規分布の誤差を仮定するということがしばしば行われる．しかし，実際の漁業データでは，複数種の漁獲の記録がなされ，ある場所ではある魚がたくさん獲れ，ある魚はまったく獲れない，また他の場所では，ある魚がまったく獲れず，別のある魚は大量に獲れるということが起こる．そうすると，ある魚の漁獲量データにはゼロデータが入ってくる．ゼロの対数は $-\infty$ となるので，そのままでは計算することができなくなってしまう．ひとつの方法として，CPUE に小さな正の数を足し込む方法がある．しかし，そのような方法は，ゼロデータ問題を回避するためだけに考えられた合理性を欠くものであり，往々にしてモデルの性能も良くないことが多い．そこで，ゼロデータを扱えるような確率分布を仮定するアプローチがとられる．しかし，単独で，ゼロデータを含み，かつ，正の値だけを考えるような連続量の確率分布は一般には存在しない．それ故，混合分布を使用するのが普通である．

対数をとって正規分布とする場合は，ゼロと正の値に分けて，まず二項分布（ベルヌーイ分布）を適用し，正の値であった場合には改めて対数値に正規分布を適用する，という操作が行われる．これは生態学ではハードルモデルと呼ばれるモデルに対応し，水産資源学ではデルタモデルと呼ばれている．ゼロデータを扱うのに，ポアソン分布とガンマ分布を組み合わせたTweedie分布が使用されることもある．水産資源学の場合，漁獲量は重量で記録されることが多いが，クジラやマグロのような大型の種では尾数での記録となることもあり，そのような種のデータ中に多くのゼロ漁獲がある場合，二項分布とポアソン分布や負の二項分布を組み合わせたゼロ過多ポアソン分布やゼロ過多負の二項分布が使用される場合もある．

ここでは，IOTC（インド洋まぐろ類委員会）のホームページに掲載されている「表層漁業 (surface fishery)」で漁獲された魚のデータを見てみよう．データは多くの魚の情報を含むが，キハダというまぐろの一種のCPUEを解析してみよう．知りたいのは年による資源の変化である．標準化の際，年の効果は通常，カテゴリー変数として扱われる．これは，後で見るように，資源量指数は個体群動態モデルのインプットとして使用されるものなので，年による変化を（潜在的なサンプリングバイアスを取り除いた上で）できるだけ生のままで扱いたいためである．

年に加えて，月と場所の説明変数を加え，さらに年と月，年と場所の交互作用も見てみよう．誤差の確率分布としては，Tweedie分布を使用する．年の効果だけを考えたモデル，年と月と場所の主効果だけを考えたモデル（交互作用なし），年と月と場所の主効果に加えて，年と月，年と場所の交互作用を考えたモデルの3つのモデルを比較する．年の効果以外は興味の対象外であることと，欠測値が生じる場合の問題を回避するために，年の主効果以外はランダム効果として取り扱う．また，この場合，漁獲量 (Catch) と努力量 (Effort) の変数があるので，漁獲量を応答変数として，努力量の対数値をオフセット（Offset，回帰係数を1に固定した説明変数）として扱った．Tweedieモデルのリンク関数は，デフォルトで対数関数となっているので，これはCPUEを応答変数とするのに等しい効果をもつ（$\log[E(Catch)] \sim 1 \times \log(Effort)$ より，$\log[E(Catch)/Effort] = \log[E(CPUE)]$ を見ているとみなせる)．サンプルサイズが大きくて計算時間がかかるので，ここでは2014年以後（2023年までの10年間）の日本による漁獲データだけを使用してみる．

```
llibrary(glmmTMB)
library(rvest)
library(stringr)
html <- read_html("https://iotc.org/data/datasets/latest/CE/
 Surface")
zip_loc <- html %>% html_elements("a") %>% html_attr("href")
 %>% str_subset("\\.zip")
temp <- tempfile()
download.file(zip_loc, temp)
cpue_dat <- read.csv(unzip(temp))
YFT_dat <- cpue_dat[,1:15]
YFT_dat$Catch <- apply(YFT_dat[,13:15],1,sum,na.rm=TRUE)
dat <- subset(YFT_dat,
 Year>=2014 & substr(YFT_dat$Fleet,1,3)=="JPN")
dat$Year <- factor(dat$Year)
dat$Month <- (dat$MonthStart+dat$MonthEnd)/2
dat$Month <- factor(dat$Month)
dat$Grid <- factor(dat$Grid)
mod_td0 <- glmmTMB(Catch~ Year-1,offset=log(Effort),
 family=tweedie,data=dat)
mod_td1 <- glmmTMB(Catch~ Year+(1|Month)+(1|Grid)-1,
 offset=log(Effort),family=tweedie,data=dat)
mod_td2 <- glmmTMB(Catch~ Year+(1|Month)+(1|Grid)+
 (1|Year:Month)+(1|Year:Grid)-1,offset=log(Effort),
 family=tweedie,data=dat)
AIC(mod_td0,mod_td1,mod_td2)
```

```
        df      AIC
mod_td0  9 2724.390
mod_td1 11 2602.745
mod_td2 13 1939.597
```

3つのモデルのAICを比較すると，交互作用も含む最も複雑なモデルのAICが最小となった．

前章で見たxgboostによる予測も行ってみよう．関数`xgboost`には`offset`という引数がないので，`CPUE`を直接モデル化して，あとで`Catch`の予測を行おう．`glmmTMB`による予測と比較する．

```
set.seed(1)
library(xgboost)
dat_xgb <- dat %>% mutate_at(vars(Year, Month), as.numeric)
X_xgb <- model.matrix(~Year+Month+Grid, data=dat_xgb)
Y_xgb <- dat_xgb$Catch/dat_xgb$Effort
mod_xgb_cv <- xgb.cv(param=list("objective"="reg:tweedie"),
 data=X_xgb, label=Y_xgb, nfold=5, subsample=0.5, eta=0.1,
 nrounds=100, verbose=0)
nround_xgb <- which.min(mod_xgb_cv$evaluation_log[[4]])+1
mod_xgb <- xgboost(param=list("objective" = "reg:tweedie"),
 data=X_xgb, label=Y_xgb, subsample=0.5, eta=0.1,
 nrounds=nround_xgb, verbose=0)
pred_xgb <- dat$Effort*predict(mod_xgb,X_xgb,type="response")
pred_tmb <- predict(mod_td2, type="response")
cor(dat$Catch, pred_xgb)
cor(dat$Catch, pred_tmb)
dat_pp <- data.frame(Mod=factor(rep(c("xgboost","glmmTMB"),
 each=nrow(dat)),levels=c("xgboost","glmmTMB")),
 Obs=rep(dat$Catch,2),Pred=c(pred_xgb, pred_tmb))
ggplot(dat_pp, aes(x=Obs, y=Pred, color=Mod, shape=Mod))+
 geom_point()+theme_bw()
```

```
[1] 0.9105629
[1] 0.9878861
```

観測値と予測値の相関係数やプロットから，この場合は，glmmTMBのほうが若干良い予測を行っているように見える（図6.7）．

glmmTMBによる各モデルから年の効果だけを抽出して年の傾向を描画し

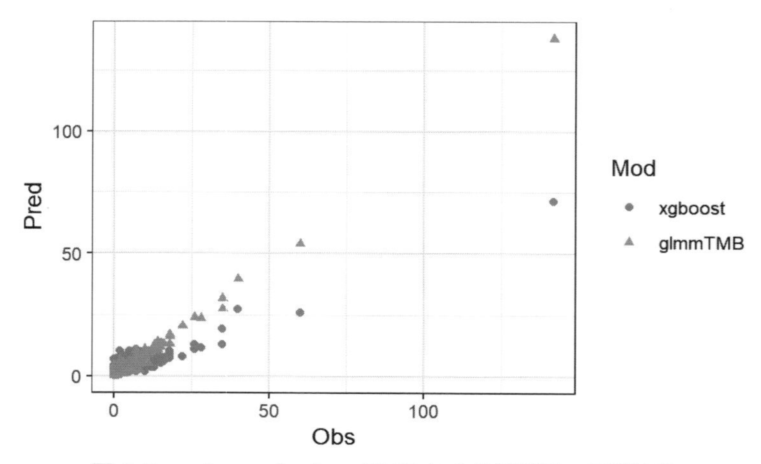

図 **6.7** xgboost と glmmTMB による漁獲量の予測結果

てみよう．年の効果だけを取り出したものを標準化指数と呼び，資源量の相対値として扱われる．

```
pred0 <- exp(mod_td0$fit$
 parfull[names(mod_td0$fit$parfull)=="beta"])
pred1 <- exp(mod_td1$fit$
 parfull[names(mod_td1$fit$parfull)=="beta"])
pred2 <- exp(mod_td2$fit$
 parfull[names(mod_td2$fit$parfull)=="beta"])
pred0 <- pred0/mean(pred0)
pred1 <- pred1/mean(pred1)
pred2 <- pred2/mean(pred2)
Year <- as.numeric(as.character(unique(dat$Year)))
dat_for_plot <- data.frame(Year=rep(Year,3), Model=factor(rep(
 0:2,each=length(Year))), CPUE=c(pred0,pred1,pred2))
ggplot(dat_for_plot, aes(x=Year, y=CPUE, linetype=Model))+
 geom_line()+theme_bw()
```

どのモデルから得られる標準化指数でも，全体的な傾向は似ているが，最終年の資源の増加傾向は，月と場所の効果を入れたモデルの結果が最も緩やかに

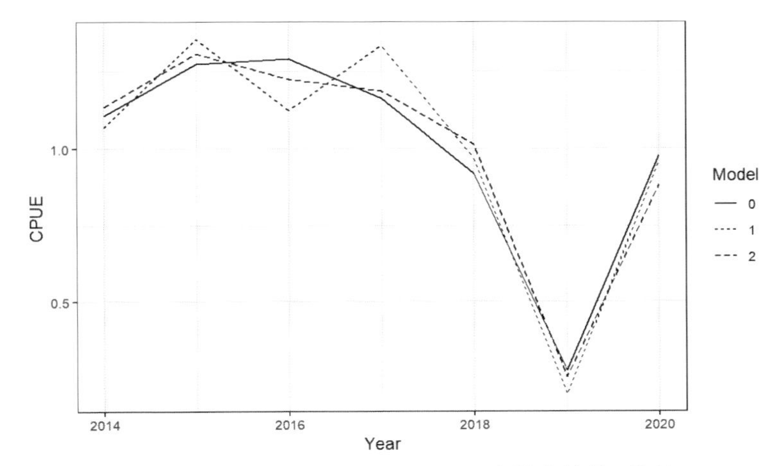

図 6.8　3 つの glmmTMB モデルの標準化結果の比較

なっているように見える（図 6.8）．このことは，CPUE 標準化において，漁場の変化が重要な要因となっていることを示唆するものなのかもしれない．

他の魚種ならどうなるのか，また IOTC のホームページには他の漁法によるデータもあるので（たとえば，はえ縄という漁法なら，漁獲量データの単位は尾数となる），興味のある読者は様々なデータを利用していろいろな分析モデルをテストしてみることができるだろう．

6.5 デルーリー法による個体数推定

俺はお前をタコ殴りにして，お前は俺の下で必死に抵抗してさ，俺のお気に入りのＴシャツをビリビリに破ってさ．最後には，肩のあたりに一切れ残っているだけになっちゃってさ．

どんなＴシャツだっけ？

ボブ・ディランがギターを持って歌っているＴシャツで，いっぱい歌詞が書いてあってさ．

今だったら，負けないよ．

そら，そうさ．もう俺もいい年だよ．

ねぇ，なんて書いてあったの？

え？

残ったTシャツの切れ端．歌詞が残ってた？
あぁ，残った切れ端にはさ，But don't think twice, it's all right. って書いてあったのさ．

漁獲によって魚がたくさん獲れるということは，少なくともそれだけの魚はそこにいたということである．そこで，獲った分だけ戻してやれば，もとの魚の量に近づけるのではないかという発想が生まれる．その魚が漁獲以外では増えも減りもしないのならば，魚をどんどん獲っていって，最終的にまったく獲れなくなれば，獲った分を合計した全数がもともとそこにいた魚の総数である．

ある期間毎日毎日，魚の漁獲を行う．その間に魚の個体数（資源量）は漁獲以外で変化しないと仮定できるとする．最初の資源量を N_0 と書くと，現在の資源量 N_t は N_0 からそれまでの漁獲量を引いたものになる．それを式で書けば，

$$N_t = N_0 - \sum_{i=0}^{t} C_i$$

となる．ここで，CPUE は資源量に比例するという仮定を使用して，$CPUE_t = qN_t$ として，それを上に代入すれば，

$$CPUE_t = qN_0 - q\sum_{i=0}^{t} C_i$$

が得られる．

$CPUE_t$ と累積漁獲量 $\sum_{i=0}^{t} C_i$（時間 t とそれ以前に漁獲された漁獲量をすべて足し合わせたもの）は観測された量なので，応答変数を CPUE，説明変数を累積漁獲量として直線回帰をすれば，その傾き $\times(-1)$ が漁具能率 q の推定値であり，切片は漁具能率と初期個体数の積となるので，切片を $(-1)\times$ 傾きで割ったものが初期個体数の推定値となる．このようにして初期個体数を推定する方法をデルーリー法 (DeLury method) と呼び（レズリー法 (Leslie method) とも呼ばれるが，日本ではデルーリー法がよく使用されるので，本書ではデルーリー法という用語を使う），単純な線形回帰の応用により個体数や漁具能率などの重要な量が推定できるので，水産資源学では人気がある方法

のひとつである．

ここでは，McAllister et al. (2004) の論文中に記載されているパタゴニアヤリイカのデータにデルーリー法を適用してみよう．データは 1987 年から 2000 年まで整理されているが，2000 年のデータを抽出して，デルーリー法によって資源量と漁具能率を推定する．Catch の単位はトンで，CPUE はトロールという漁法によって 1 時間あたりに獲られた量（トン）を示している．

```
delury <- read.csv("Delury.csv")
del2000 <- subset(delury,Year==2000)
del2000$CC <- cumsum(del2000$Catch)
mod_del <- lm(CPUE~CC,data=del2000)
q <- -mod_del$coef[2]
N0 <- mod_del$coef[1]/q
p1 <- ggplot(del2000, aes(x=CC, y=CPUE))+geom_point()+labs(x=
 "Cumulative Catch", y="CPUE")+theme_bw()
del2000_add <- rbind(del2000, c(NA,NA,0,0,NA,N0))
del2000_add <- cbind(del2000_add, pred_CPUE=
    q*N0-q*del2000_add$CC)
( p2 <- p1+geom_line(data=del2000_add, aes(x=CC, y=pred_CPUE),
 color="blue", linetype="dashed")+annotate("text", x=65000,
 y=0.1, label=paste0("N0 =", round(N0))) )
```

回帰直線を伸ばして，$y = 0$ の線と交わる x 軸の点が初期資源量 N_0 の推定値となっており，2000 年には約 7 万 7 千トンのヤリイカが存在していたと推定された（図 6.9）．vcov(mod_del) とすると，線形回帰の切片と傾きの分散共分散行列が出てくるので，切片/(− 傾き) の分散共分散行列をデルタ法によって評価すれば，初期資源量の分散を知ることができる．分散を計算して，それから対数正規分布に基づく 95% 信頼区間を計算してみよう．

```
dN0 <- c(1/(-mod_del$coef[2]), mod_del$coef[1]/mod_del$coef
 [2]^2)
SE_N0 <- sqrt(t(dN0)%*%vcov(mod_del)%*%dN0)
CV_N0 <- SE_N0/N0
```

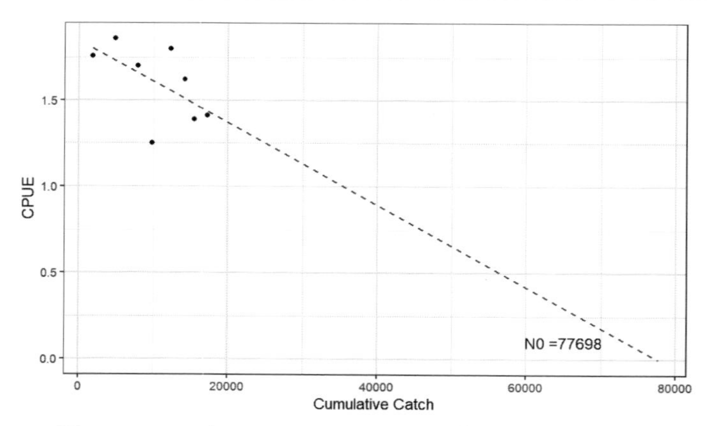

図 6.9 2000 年のデータにデルーリー法をあてはめた結果

```
C_NO <- exp(qnorm(1-0.05/2)*sqrt(log(1+CV_NO^2)))
( CI_NO <- c(NO/C_NO, NO*C_NO) )
```

```
[1]  30413.93 198491.35
```

変動係数は 50% と大きいので，信頼区間は広いものとなっている．2000 年のデータだけを抽出して，デルーリー法を適用したが，データには 1987 年から 2000 年までの 14 年間のデータが含まれているので，各年のデータにデルーリー法を適用して，初期資源量と漁具能率を推定してみよう．2000 年以外の年については，上のコードで `subset` の条件を `Year==1987` などとして指定を変えれば良いだけなので，読者の宿題としよう．各年に対して推定した漁具能率と初期資源量を年に対してプロットしたものを示す．

漁具能率は毎年大きく変動し，それに対応する形で初期資源量も大きく変動している（図 6.10）．2000 年は，漁具能率がかなり低く，その分，資源量はかなり大きかったと推定された．2000 年の資源量は前年の 4 倍ほどになっている．しかし，これは本当だろうか？　漁具能率や資源量は一般に前年とそこまで大きく変わらないとも考えられるので，これはデータに対する過剰適合を示唆するものかもしれない．この問題の解決は，次章まで待つことにしよう．

上の方法では，CPUE と累積漁獲量を使用したが，CPUE と累積努力量を使用するやり方もある．時間 t における努力量を E_t と書くと，そのときの漁

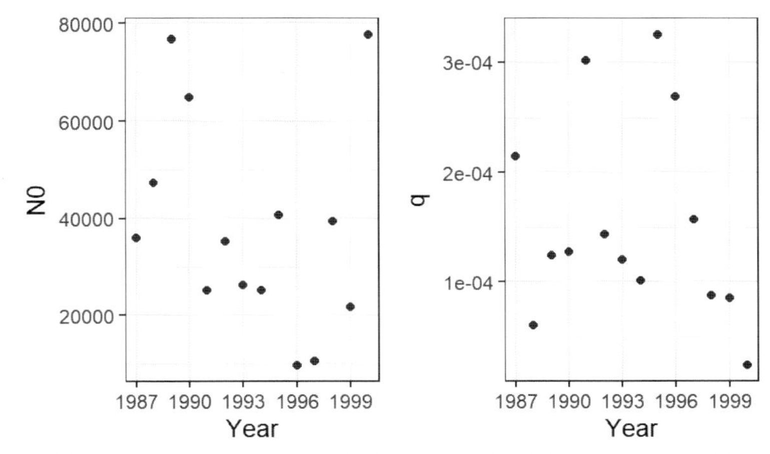

図 6.10 1987 年から 2000 年までのデータに対してデルーリー法で推定した初期資源量 (N_0) と漁具能率 (q)

獲の大きさは $F_t = qE_t$ となるとする．資源は，瞬間的に FN の大きさだけ減少していくとすると，微分方程式

$$dN/dt = -F_t N$$

を解くことになり，$\log(N_t) = -\int F_t dt + C$（$C$ は定数）となる．これから，$t = 0$ のときの資源量を N_0 とすれば，$N_t = N_0 \exp(-\int F_t dt)$ となるが，exp の中の $\int F_t dt$ を離散的な努力量の和で近似すれば，$N_t = N_0 \exp(-q \sum E_t)$ と表される．これに両辺対数をとると，

$$\log(N_t) = \log(N_0) - q \sum E_t$$

となる．累積漁獲量の場合と同様に，$CPUE_t = qN_t$ を代入すれば，

$$\log(CPUE_t) = \log(qN_0) - q \sum E_t$$

となり，この場合は，累積努力量に対して，CPUE の対数値を回帰することになる．

上で紹介したモデルでは，資源の減少は漁獲のみによって起こると仮定しているが，自然死亡係数は期間中一定であるとして，時間 t 以前の自然死亡による減少も考慮すれば，

$$\log(CPUE_t) = \log(qN_0) - q\sum E_t - M(t-1)$$

というモデルを考えることもできる．この場合，累積努力量に加えて，時間 $t-1$ も説明変数となっており，重回帰の応用となっている．また，生態学では除去法 (removal method) として，二項分布や多項分布を仮定したモデルがしばしば利用される．さらに，海域別のデータにデルーリー法を適用する際には，その分布が集中分布となっている可能性に対応するために，Taylor のべきモデルという確率分布を基礎とするモデルを使用する場合もあり，デルーリー法や除去法の応用は非常に広い．

6.6　コホート解析

動植物の評価の中で，年齢は重要な要因である．どの年齢で成熟し，繁殖に寄与するようになるのか，どの年齢でどれぐらい成長するのか，そういった情報によって，個体群の特徴が異なるので，その特徴に応じた評価モデルが必要になってくる．ここでは，年齢別の個体数推定値を得る方法のひとつであるコホート解析（cohort analysis．水産資源学では，virtual population analysis (VPA) という呼称もよく使われる）を見てみよう．

t 年の a 歳の個体数を $N_{a,t}$ と書くことにする．個体群が瞬間的漁獲死亡率（漁獲死亡係数という）F で漁獲されていくとすると，現在の個体数を1とするとき，1年後の生き残りは $\exp(-F)$ となる．漁獲以外の瞬間死亡率を M（自然死亡係数という）とすれば，漁獲死亡と自然死亡からの生き残りは $\exp(-F-M)$ となる．翌年には，個体は1歳年をとるので，

$$N_{a+1,t+1} = N_{a,t}\exp(-F_{a,t} - M_{a,t})$$

という式が得られる．

$\exp(-F_{a,t})$ は漁獲によって生き残った割合なので，

$$1 - \exp(-F_{a,t}) = \frac{C_{a,t}}{N_{a,t}}$$

となる．これを上の式に代入すれば，

$$N_{a+1,t+1} = N_{a,t}\exp(-M_{a,t})\left(1 - \frac{C_{a,t}}{N_{a,t}}\right) = (N_{a,t} - C_{a,t})\exp(-M_{a,t})$$

となり，式を逆にしてやれば

$$N_{a,t} = N_{a+1,t+1} \exp(M_{a,t}) + C_{a,t}$$

が得られる．すなわち，現在の個体数を漁獲以外で死んだ分だけ戻してから，さらに漁獲で獲った分を戻すと，前年の1歳若い個体数になる，というわけである．これを繰り返せば，現在の資源量がわかれば，それがかつて（若いときに）どのぐらいいたかというのを遡って推定していくことができる．同じ年に生まれた個体の集まりをコホート（年級群）と呼ぶので，コホートを逆向きに追跡していくような方法であり，コホート解析と呼ばれる．

上の式では，前年の個体数が自然死亡によって減少する前に，漁獲が行われることを仮定していることになる．もし，漁獲が年の真ん中で起こるとすると，

$$N_{a+1,t+1} = (N_{a,t} \exp(-M_{a,t}/2) - C_{a,t}) \exp(-M_{a,t}/2)$$

となるので，この式を $N_{a,t}$ の式に直してやれば，

$$N_{a,t} = (N_{a+1,t+1} \exp(M_{a,t}/2) + C_{a,t}) \exp(M_{a,t}/2)$$

となる．これらの式は，最終年と最高齢の年齢別資源尾数がわかっていれば，既知の値（年齢別の自然死亡係数と漁獲尾数）からそれ以前の年とそれより若い年齢の個体数が芋づる式に求められることを表している．最終年，最高齢の個体数は，漁獲と自然死亡を経たあとのものであるから，大体これぐらいはいるだろうといった想定をしやすい．

しかし，より扱いやすくするために，通常は，個体数ではなく，最終年・最高齢の漁獲係数に仮定をおく場合が多い．最高齢の漁獲係数と最高齢 −1 歳の漁獲係数が等しいという仮定をおいてやれば，過去の最高齢の漁獲係数を仮定しなくても芋づる式に漁獲係数と個体数推定値が得られていくことがわかる（図 6.11）．その場合，推定する必要があるパラメータは，最終年の最高齢 −1 個の漁獲係数だけになる（最高齢と最高齢 −1 歳は等しいので年齢数 −1 個になる）．しかし，それでもまだ推定パラメータ数が多いという場合，最終年の漁獲係数は前年の同年齢の漁獲係数と等しいという制約をおく（一般には，最終年の漁獲係数はその前数年間の平均漁獲係数と等しいという制約が与えられる）．その結果，最終年・最高齢の漁獲係数だけを与えれば良いことになるが，

1) なにも制約をおかないとき

年齢 | 年	2015	2016	2017	2018	2019	2020	2021	2022	2023
0									
1									
2									
3+									

2) 最高齢と最高齢 −1 の漁獲係数は等しい

年齢 | 年	2015	2016	2017	2018	2019	2020	2021	2022	2023
0									
1									
2									
3+									

3) 最高齢と最高齢 −1 の漁獲係数は等しい
　+ 最終年の漁獲係数は前年の漁獲係数と等しい

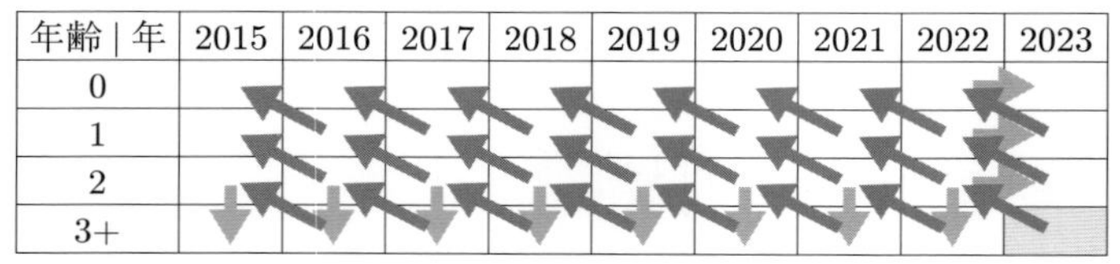

年齢 | 年	2015	2016	2017	2018	2019	2020	2021	2022	2023
0									
1									
2									
3+									

図 6.11　コホート解析では，制約条件によって推定パラメータを減らせる

これは年齢別漁獲尾数の情報だけから決定される．最終年・最高齢の漁獲係数は，最終年・最高齢 −1 歳の漁獲係数と等しく，かつ，前年の最高齢の漁獲係数と等しいという 2 重の制約が入っているため，それら両方を満たすようなものはひとつの値に決定されることになるからである．

以上は年齢別個体数を推定する仮定であるが，数式的にどのようにして解いていくかを整理しよう．まず，最終年 T，最高齢 A の漁獲係数を $F_{A,T}$ とする．これを与えれば，漁獲が年の真ん中で起こるとすると，漁獲尾数は

$$C_{A,T} = N_{A,T} \exp(-M_{A,T}/2)\,(1 - \exp(-F_{A,T}))$$

で与えられる．これを N について解くと，

$$N_{A,T} = C_{A,T} \frac{\exp(M_{A,T}/2)}{1 - \exp(-F_{A,T})}$$

となり，最終年/最高齢の個体数が得られる．$N_{A,T}$ が得られたら，その前年

の1歳若い個体数は，

$$N_{A-1,T-1} = (N_{A,T}\exp(M_{A-1,T-1}/2) + C_{A-1,T-1})\exp(M_{A-1,T-1}/2)$$

から計算することができる．個体数がわかると，先の式を F に対して解くと，

$$F_{a,t} = -\log\left(1 - \frac{C_{a,t}\exp(M_{a,t}/2)}{N_{a,t}}\right)$$

として F が計算できる．さらに上記の仮定（最高齢と最高齢 -1 歳の F は等しい，と，最終年のある年齢の F はその前年の同年齢の F に等しい）により，過去のすべての年齢の個体数が計算できることになる．実際の計算を見てみよう．

RのパッケージTropFishRには`whiting`というタラ科の魚の年齢別漁獲尾数 (catch at age) のデータがあるので，それを使って年齢別漁獲係数と年齢別個体数を推定してみよう．`whiting`は0歳から7+歳までの年齢に分解されており，年としては1974年から1980年までの7年間の記録となっている．7+歳というのは，7歳以上ということであり，プラスグループと呼ばれるものであるが，ここでは簡単のために7歳のように扱い，8歳以上の個体はいないとする．プラスグループの扱いについては後で述べる．7歳の漁獲尾数が0となっている年もあり，0だと計算ができないので仮に0.1のような小さい値を与えて計算してみよう．

まず，最終年・最高齢の漁獲係数 $F_{A,T}$ になんらかの値を与えたときに，上の動態方程式によってコホートを遡って個体数を計算する関数`cohort_analysis`を用意する．それから，最高齢と最高齢 -1 の漁獲係数が等しい，最終年と最終年 -1 の同年齢の漁獲係数が等しい，という仮定によって，該当する箇所の漁獲係数を埋めて，それらの漁獲係数をスタートとして，再び`cohort_analysis`によって，個体数を遡って計算していく．

```
library(TropFishR)
data(whiting)
dat <- whiting
vpa <- function(p, dat, replace_zero_catch=0.1){
  F_AT <- exp(p)
```

```
caa <- as.matrix(dat$catch)
caa[caa==0] <- replace_zero_catch
M <- dat$M
nr <- nrow(caa)
nc <- ncol(caa)

naa <- faa <- matrix(NA, nr, nc)

cohort_analysis <- function(fr,i,j){
  faa[i, j] <- fr
  naa[i, j] <- caa[i, j]*exp(M/2)*(1-exp(-faa[i, j]))

  for (k in 1:i){
    if (i-k > 0 & j-k >0){
      naa[i-k, j-k] <- (naa[i-(k-1), j-(k-1)]*exp(M/2)+
       caa[i-k, j-k])*exp(M/2)
      faa[i-k, j-k] <- -log(1-caa[i-k, j-k]*exp(M/2)/
       naa[i-k,j-k])
    }
  }
  return(list(faa=faa, naa=naa))
}

res <- cohort_analysis(F_AT, nr, nc)
faa <- res$faa
naa <- res$naa

for (i in 1:(nr-1)){
  Fr <- faa[nr-i, nc-1]
  res <- cohort_analysis(Fr, nr-i, nc)
  faa <- res$faa
  naa <- res$naa
}
for (j in 1:(nc-1)){
```

```
    Fr <- faa[nr-1, nc-j]
    res <- cohort_analysis(Fr, nr, nc-j)
    faa <- res$faa
    naa <- res$naa
  }

  return(list(faa=faa, naa=naa))
}
```

関数 vpa は，p と dat という引数を必要とし，p は最高齢・最終年の漁獲係数の対数値，dat は関数 vpa による計算のもととなるデータ（年齢別漁獲尾数，自然死亡係数に関する情報などを含む）である．たとえば，vpa(log(1.5), dat) と打ち込んでみよう．結果の推定漁獲係数 faa をよく見てみると，おかしなところに気づくかもしれない．最終年以外では，仮定した通り $F_{A,t} = F_{A-1,t}$ が成立しているが，最終年だけは $F_{A,t} > F_{A-1,t}$ となっている．これは，上の関数 vpa では，その仮定がなされていないためである．では，vpa(log(1.4), dat) と打ち込んでみよう．その結果を見ると，今度は，最終年だけ $F_{A,t} < F_{A-1,t}$ となった．これは，つまり，1.4 から 1.5 の間に最終年で $F_{A,t} = F_{A-1,t}$ を満たす $F_{A,T}$ がある，ということである．そこで，それを推定するプログラムを書いてみよう．

```
nr <- nrow(dat$catch)
nc <- ncol(dat$catch)
f_vpa <- function(p) {
  res <- vpa(p, dat)
  res$faa[nr, nc]/res$faa[nr-1,nc]-1
}
log_F_AT <- uniroot(f_vpa,c(0.01,3))$root
( F_AT_est <- exp(log_F_AT) )
```

```
[1] 1.439613
```

推定されたパラメータ F_AT_est を見ると，$\hat{F}_{A,T} = 1.44$ となっている．結果として得られた年齢別個体数推定値を年別にプロットしてみよう．

```
library(tidyverse)
res <- vpa(log_F_AT, dat)
colnames(res$naa) <- substr(colnames(dat$catch),2,5)
dat1 <- res$naa %>% as.data.frame()
 %>% tibble::rownames_to_column("age")
 %>% pivot_longer(!age, names_to = "year", values_to = "value")
 %>% mutate_at(vars(year), as.factor)
dat1$age <- as.numeric(dat1$age)-1
dat1 <- dat1 %>% mutate_at(vars(age), factor, levels=7:0)
range <- seq(0,100,len=5)
range <- range[1:(length(range)-1)]
ggplot(dat1,aes(x=year, y=age)) + geom_point(aes(size=value,
 fill=age, color=age), alpha = 0.75, shape = 21) +
 coord_fixed(ratio=2) + scale_size_continuous(limits=c(0.0001,
 1.0001)*max(dat1$value, na.rm=TRUE), range = c(1,10),
 breaks = round(range*max(dat1$value, na.rm=TRUE)/100,
 digits=0)) + theme_bw() + theme(axis.text.x =
 element_text(angle = 90, hjust = 1), panel.background =
 element_blank(), panel.border = element_rect(colour = "black",
 fill = NA, size = 1.2)) + labs(x="Year", y="Age",
 size="Population Size") + guides(color="none", fill="none")
```

年齢別の個体数が減少していく様子が見てとれる（図 6.12）．この方法は，基本的には年齢別漁獲尾数があれば，個体数を推定できるので魅力的である．しかし，この方法にはいくつかの問題がある．まず，この方法には多くの仮定をおく必要がある．特に問題となる仮定は，最終年の漁獲係数と過去の漁獲係数が等しいというものである．毎年一定の数を漁獲している状況を考えてみよう．それが獲り過ぎならば，個体数は減少していく．漁獲数は変わらないのに，個体数が減少していくという場合，漁獲の強さは増加していくだろう．これは過剰漁獲であり，乱獲 (overfishing) と呼ばれる現象である (Hilborn and Hilborn 2012).

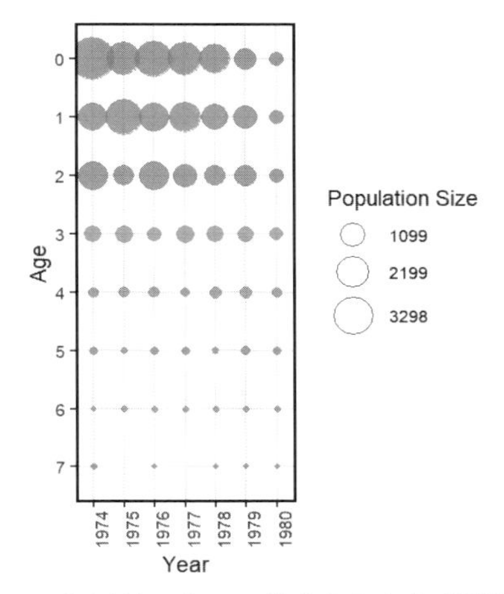

図 6.12 コホート解析によって推定された年齢別個体数の変化

個体群を守るため，乱獲であるということを確証したい．しかし，個体数推定を行うためにおいている仮定は，近年の漁獲係数が一定である，というもので，これは乱獲状態にあるということとは矛盾している．乱獲がどうかということを調べたいのに，乱獲ではない，あるいは乱獲状態を過小評価するような仮定をおいてしまっていることになる．また，この方法は完全に決定論的なものである．仮定が正しいときには，正しいのであるが，その仮定が間違っていれば，間違っている．しかし，その仮定が正しいかどうかを確認するのは難しい．それは，この方法が決定論的なやり方であるためである．もし統計モデルであれば，仮定を緩めた場合とそうでない場合を比較して，データへのあてはまり具合やクロスバリデーションのような方法で，その仮定の妥当性を評価することも可能であろう．しかし，仮定によって完全に決まってしまうガチガチのモデルでは，仮定の良し悪しを判断することができないのである．

そこで，コホート解析=VPA に統計モデル的要素を取り入れる拡張がなされる．これをチューニング VPA という（英語では，tuned VPA）．VPA を他の情報によって調整する（チューニングする）ようなものである．他の情報として，相対資源量の情報 CPUE がしばしば利用される．$CPUE = qN$ という関係がしばしば仮定されるので，$(\log(CPUE) - \log(qN))^2$ を最小化することによって，パラメータを推定するチューニング VPA を実行してみよう．ここで，パラメータとは，最終年の年齢別漁獲係数ということになる．最初に関数

vpaを最終年の年齢別漁獲係数すべてをパラメータとするように書き換えよう.

```
vpa2 <- function(p, dat, replace_zero_catch=0.1){
  F_T <- exp(p)
  F_AT <- last(F_T)

  caa <- as.matrix(dat$catch)
  caa[caa==0] <- replace_zero_catch
  M <- dat$M
  nr <- nrow(caa)
  nc <- ncol(caa)

  naa <- faa <- matrix(NA, nr, nc)

  cohort_analysis <- function(fr,i,j){
    faa[i, j] <- fr
    naa[i, j] <- caa[i, j]*exp(M/2)*(1-exp(-faa[i, j]))

    for (k in 1:i){
      if (i-k > 0 & j-k >0){
        naa[i-k, j-k] <- (naa[i-(k-1), j-(k-1)]*exp(M/2)+
         caa[i-k, j-k])*exp(M/2)
        faa[i-k, j-k] <- -log(1-caa[i-k, j-k]*exp(M/2)/
         naa[i-k,j-k])
      }
    }
    return(list(faa=faa, naa=naa))
  }

  res <- cohort_analysis(F_AT, nr, nc)
  faa <- res$faa
  naa <- res$naa
```

```
  for (i in 1:(nr-1)){
    Fr <- F_T[nr-i]
    res <- cohort_analysis(Fr, nr-i, nc)
    faa <- res$faa
    naa <- res$naa
  }
  for (j in 1:(nc-1)){
    Fr <- faa[nr-1, nc-j]
    res <- cohort_analysis(Fr, nr, nc-j)
    faa <- res$faa
    naa <- res$naa
  }

  return(list(faa=faa, naa=naa))
}
```

上で定義した vpa2 関数を使って，最終年の年齢別漁獲係数を推定したい．しかし，データ whiting には CPUE の情報はないので，ここでは自前で CPUE の情報を作ろう．各年齢に最初の年に 100 で 7 年後に 5 まで落ちるような仮想的な値を作り，それぞれに誤差を付与する．この CPUE データに個体数が合うように最終年の年齢別漁獲係数を推定する．

```
set.seed(1)
cpue <- matrix(log(seq(100,5,len=nc))+rnorm(nc*(nr-1),0,0.4),
 nrow=nr-1, ncol=nc, byrow=TRUE)
dat$log_cpue <- cpue
f_vpa2 <- function(p) {
  res2 <- vpa2(p, dat)
  log_cpue <- dat$log_cpue
  log_q <- sapply(1:(nr-1), function(i) mean(log_cpue[i,] -
   log(res2$naa[i,])))
  log_q <- matrix(rep(log_q,each=nc),nr-1,nc,byrow=TRUE)
  sum((log_cpue-log_q-log(res2$naa[1:(nr-1),]))^2)
}
```

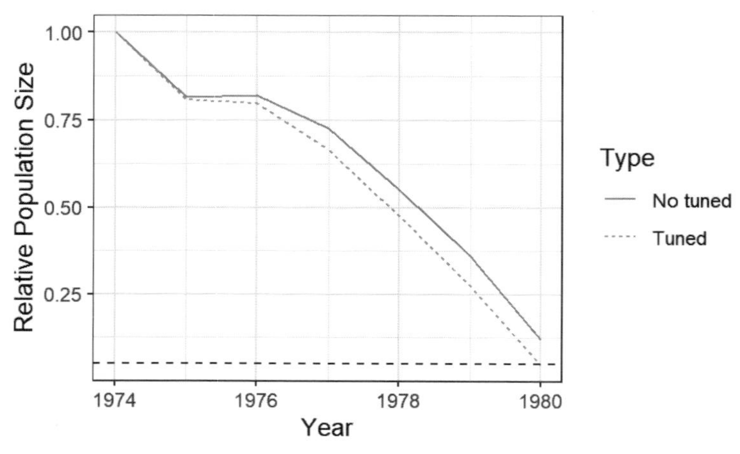

図 **6.13** 2つのコホート解析結果の比較

```
log_F_T <- nlm(f_vpa2,log(rep(1,7)))$estimate
F_T_est <- exp(log_F_T)
res2 <- vpa2(log_F_T,dat)
N1 <- colSums(res$naa)
N2 <- colSums(res2$naa)
N1 <- N1/N1[1]
N2 <- N2/N2[1]
dat_for_plot <- data.frame(Year=as.numeric(rep(colnames(
 res$naa),2)),Type=factor(rep(c("No tuned","Tuned"),each=
 nc)),PopSize=c(N1,N2))
ggplot(dat_for_plot, aes(x=Year,y=PopSize,color=Type,
 linetype=Type))+
 geom_line()+labs(y="Relative Population Size")+
 geom_hline(yintercept=0.05, linetype="dashed")+theme_bw()
```

推定した総個体数の推定値は，チューニングを行った場合，シミュレーションで作り出したCPUEのトレンド（7年後に5%まで減少）に合致している（図6.13）．一方，チューニングを行わなかったVPAはそれより高い個体数推定値となっており，信頼できる相対資源量指数が有効な場合は，漁獲係数に対する仮定を緩めることができるので，資源量指数を使用してチューニングを行うことが望ましいであろう．また，この場合，漁獲係数の統計的な推定を行っているので，個体数推定値の不確実性を評価することも可能となってくる．

資源量指数を使用して，最終年の漁獲係数を推定することが可能になったが，結果となる漁獲係数は過去のものから大きく乖離しており，これが本当に信用できるか怪しいところである．また，今回，年齢別の相対資源量指数を使用したが，年齢別の資源量指数が利用可能ではなく，総資源量に対応する指数や特定の年齢の資源量指数だけが利用可能な場合もある．資源量指数は資源量に比例するという仮定をおいたが，資源量指数が資源量に比例せず，$CPUE = qN^d$ のように非線形な関係となることもある．そのような場合，年齢別の漁獲係数すべてを推定することは難しく，しばしばある年齢の漁獲係数が非常に大きな値となり，そのコホートの個体数は翌年にはゼロとなるという計算結果が得られることが多い．これは，データに対する過剰適合がひとつの原因であると考えられ，リッジ回帰の考えを応用して，漁獲係数の 2 乗和をペナルティとして加えて，目的関数を最小化する方法が考えられており，リッジ VPA として知られている (Okamura et al. 2017).

リッジ回帰のペナルティの大きさは，クロスバリデーションによって決められるのが普通である．しかし，VPA は，欠測値を許さず，時系列的な取り扱いであること，将来予測ができないこと，過去の資源量より近年の資源量の変動がはるかに大きい，などの理由から，この場合は単純なクロスバリデーションを使用するのは適当ではない．リッジ VPA では，VPA の診断に使用されるレトロスペクティブバイアス（データを最近年から 1 年ずつ取り除いて VPA を適用し，フルデータによる資源量とデータを取り除いた資源量との比較をするもの）を評価し，それを小さくするようにペナルティの大きさを設定するという方法をとっている．

最後に，プラスグループについて述べておこう．上の分析では，最高年齢を 7 歳として扱ったが，実際には 7+歳となっている．7+歳の個体群は，前年の 6 歳の個体群が 7 歳に加入してくるのと前年の 7+歳の個体群の生き残りとの和となっている．すなわち，

$$\begin{aligned} N_{A+,T+1} &= (N_{A-1,T}\exp(-M_{A-1,T}/2) - C_{A-1,T})\exp(-M_{A-1,T}/2) \\ &\quad +(N_{A+,T}\exp(-M_{A+,T}/2) - C_{A+,T})\exp(-M_{A+,T}/2) \end{aligned}$$

となる．ここで，$F_{A+,t} = F_{A-1,t}$ を使用すれば，$N_{A+,T+1}$ のうち，$A-1$ 歳

に属するのものと $A+$ 歳に属するもの割合は $C_{A-1,T} : C_{A+,T}$ となっていると想定されるので，

$$N_{A-1,T} = \frac{C_{A-1,T}}{C_{A-1,T} + C_{A+,T}} N_{A+,T+1} \exp(M_{A-1,T}/2) + C_{A-1,T} \exp(M_{A-1,T}/2)$$

として，$N_{A-1,T}$ などが得られる（$N_{A+,T}$ の場合は，上式右辺の第 1 項分子と第 2 項の $A-1$ を $A+$ で置き換える）．VPA 計算の際に，ある年の年齢別漁獲尾数が 0 であるとき，個体数が計算できないので，0 を 0.1 で置き換えたが，6 と 7+を足し合わせて 6+歳とすれば，0 がなくなり，0 データを置き換えなくても計算することができるようになる．少し計算が複雑になるが，プラスグループの仮定は年齢別個体数の評価においてよく使われるテクニックである．

第7章

個体群動態モデル

第6章では，統計モデルを使用して生物の個体数推定を行う方法を見た．本章では，そうして推定した個体数から，個体数変化を記述する数理モデルも利用することによって，個体群の動態を推定する方法を紹介しよう．個体群の動態とは，時間や場所が変化するにつれて，個体数がどのように変化するか，ということである．

時間的に変化する個体群を考えよう．ある年 t の個体数を N_t と書くとき，翌 $t+1$ 年の個体数 N_{t+1} がどうなるかを知りたい．多くの動植物は子供を生んで増えるので，前年の個体数が多ければ，翌年の個体数もある程度多そうである．逆に前年に少なければ，今年も少なそうである．それゆえ，今年の個体数と翌年の個体数には，$N_{t+1} = g(N_t)$ のような関係があると考えられる（ここで，マルコフ性（Markov property，将来の状態は現在の状態だけで決まり，それ以前の状態とは独立）を仮定しているが，一般には，$N_{t+1} = g(N_0, N_1, \ldots, N_t)$ となり，そのようなモデルも考えられる．しかし，本書では簡単のためマルコフ性を仮定したモデルのみ扱う）．我々が知りたいのは，g がどういう形をしているかである．一方，データには，$N_{t+1} = g(N_t) + \varepsilon_t$ のように誤差が付随する．そのため，データから即座に g の形がわかるわけではなく，ノイズを除去して潜在的な g をデータから推定してやらなければならない．

パラメトリックモデルの場合，g を知ることは，データから g のパラメータ θ を推定することになる．$g(N_t) = rN_t$ であれば，個体群は毎年 r 倍で増える（または減少する）．この場合，個体数の変化率 r を正しく推定することが課題となる．しかし，$g(N_t) = rN_t(1 - N_t/K)$ のような2次式であれば，個体群はどこまでも増えていくことはなく，K に達するとずっとそのままになるだろう．このような関係を推定したいという場合は，r と K が推定すべきパラメータとなる．g をうまく推定することができれば，個体群の将来を正しく予測することができるようになると期待される．本章では，階層モデルなどの統計モデルを利用した個体群の動態変化を予測する方法について取り上げる．

7.1 線形モデルを利用した個体群の評価

「それで，どうだった？」
「駄目だったよ」
「何を観てきたんだよ？」
「ミスター・ブー　アヒルの警備保障」
「おい，おま，なんで，初デートで，ホイ３兄弟の映画なんか...だから，おまえ，絶滅危惧種なんて言われるんだぜ」
「ガキの頃，父ちゃんと観たことがあったんだ...」
「おい，泣くなよ．もう，今日は飲もう．さぁ，ギャンブル大将でも観ながら，飲もうぜ」

まず，最初に単純な個体群動態モデルから考えていこう．t 年の個体数を N_t とする．$t+1$ 年の個体数は，t 年の個体数を r 倍したものだとすると，

$$N_{t+1} = rN_t$$

が成り立つ．この個体群動態モデルは，両辺対数をとることにより，線形モデルとなる．

$$\log(N_{t+1}) = \log r + \log(N_t)$$

Living Planet Database (https://www.livingplanetindex.org/) という様々な脊椎動物の個体数（資源量）の時系列データを集めたデータセットから，サイガというカモシカに似た動物のデータを抜き出して使用してみよう（データのサイズがかなり巨大であるため，サイガのデータだけ抽出した）．

```
library(tidyverse)
```

```
saiga <- read_csv("Saiga_antelope.csv")
```

データを分析しやすいように変換しよう.

```
dat1 <- saiga %>% mutate_at(-(1:28), as.numeric) %>%
  pivot_longer(cols=starts_with("X"), names_prefix="X",
  names_to="Year",values_to="Pop") %>% mutate_at(vars(Year),
  as.numeric) %>% mutate_at(vars(Location), as.factor)
tapply(dat1$Pop, dat1$Location, function(x) sum(!is.na(x)))
```

```
Betpak-dala, Central Kazakhstan           Kalmykia, Kazakhstan
                             30                             21
              Ural, Kazakhstan             Ustiurt, Kazakhstan
                             23                             25
```

データの中で観測された個体数は，ベトパクダラ草原/中央カザフスタンで採集されたものが最も大きなサンプルサイズを有しているが，ここでは最もサンプルサイズが小さいカルムイク/カザフスタンでサンプルされたものを使って個体数の変化を見てみよう.

```
dat_kk <- subset(dat1, Location=="Kalmykia, Kazakhstan")
```

この個体数データから知りたいのは，動態モデル $N_{t+1} = rN_t$ の中の個体数の変化率 r である．この動態モデルは対数をとると線形モデルになるのだった．なので，線形回帰を行えばよいが，この場合自分自身に対する回帰となるので自己回帰 (autoregression) をすることになる．自己回帰をしても良いのであるが，ここでは自己回帰をしないで r を推定する方法を紹介しよう.

まずモデルを,

$$\log(N_{t+1}) = \log(r) + \log(N_t) + \varepsilon_t$$

とする．ここで，$\varepsilon_t \sim N(0, \sigma^2)$ は個体群のモデルからのずれを表す誤差変動である．最初の年の個体数を N_0 とする．翌年の個体数は $\log(N_1) = \log(r) +$

$\log(N_0) + \varepsilon_0$ で，さらに次の年（翌々年）の個体数は $\log(N_2) = \log(r) + \log(N_1) + \varepsilon_1$ である．翌々年の式に，翌年の式を代入すれば，$\log(N_2) = 2\log(r) + \log(N_0) + \varepsilon_0 + \varepsilon_1$ が得られる．このような操作を繰り返すと，年 T の個体数は，

$$\log(N_T) = T\log(r) + \log(N_0) + \eta_T$$

で，$\eta_T \sim N(0, T\sigma^2)$ となる．η_T は，独立な正規分布の和はまた正規分布になるという正規分布の再生性から得られる．

この式の両辺を $\sqrt{T}$ で割ってみよう．すると，

$$\log(N_T)/\sqrt{T} = \log(r)\sqrt{T} + \log(N_0)(1/\sqrt{T}) + \varepsilon_t, \quad \varepsilon_t \sim N(0, \sigma^2)$$

が得られる．これは，誤差分散が一定となっているので，応答変数を $\log(N_t)/\sqrt{T}$ とし，説明変数を $\sqrt{T}$，$1/\sqrt{T}$ とする重回帰となっている（切片項は存在しないことに注意）．実際のデータに上のモデルを適用してみよう．

```
year <- dat_kk$Year[which(!is.na(dat_kk$Pop))]
dat_kk$T <- dat_kk$Year - (min(year)-1)
dat_kk <- dat_kk %>% mutate(Y=log(Pop)/sqrt(T),
 X1=sqrt(T), X2=1/sqrt(T))
mod <- lm(Y ~ X1 + X2 - 1, data=dat_kk)
( parms <- c(r = as.numeric(exp(mod$coef[1])),
 N0 = as.numeric(exp(mod$coef[2]))) )
```

```
            r            N0
9.262811e-01 4.028874e+05
```

最初の説明変数 $X_1{=}\sqrt{T}$ の係数が $\log(r)$ になっているので，増加率 r の推定値は最初の回帰係数を指数変換することにより得られる．同様に，最初の個体数 N_0 の推定値は2番目の回帰係数を指数変換することで得られる．

パラメータ推定の様子を見るために，最尤推定値のまわりで尤度がどのように変化しているかを見てみよう．もし説明変数に共線性のような問題があれば，尤度はかなりフラットになっている（分散が大きいことになる）だろう．

今の場合，推定には最小 2 乗法を利用しているので，尤度は残差の 2 乗和になるが，見やすくするために平均 2 乗誤差の平方根 (root mean square error, RMSE) を使用してプロットする．

```
library(reshape2)
p1 <- sort(mod$coef[1]+seq(-0.5,0.5,by=0.05))
p2 <- sort(mod$coef[2]+seq(-3,3,by=0.1))
p <- expand.grid(p1=p1,p2=p2)
rmse <- function(p, dat) {
  p1 <- as.numeric(p[1])
  p2 <- as.numeric(p[2])

  sqrt(mean((dat$Y-(p1*dat$X1+p2*dat$X2))^2,
   na.rm=TRUE))
}
obj <- matrix(apply(p, 1, rmse, dat=dat_kk),
 nrow=length(p1))
rownames(obj) <- p1
colnames(obj) <- p2
dat_c <- melt(obj)
p1 <- ggplot(dat_c, aes(Var1, Var2, z=value,
 colour=after_stat(level))) + geom_contour() +
 labs(x="log(r)", y="log(N0)") + theme_bw() +
 scale_colour_distiller(palette="PuBu", direction=-1) +
 annotate("text",mod$coef[1],mod$coef[2],label="X",
 colour="red")
print(p1)
```

見たところ，パラメータ推定値のまわりに同心円ができており，最小 2 乗推定値はきちんと山の底に位置していて，この推定がうまくいっていることを伺い知ることができる（図 7.1）．

増加率 r と初期個体数 N_0 の推定値が得られれば，それから各年の個体数の推定値を得ることができる．回帰の応答変数 Y は個体数の対数値を $\sqrt{T}$ で割ったものであることに注意すれば，予測値は

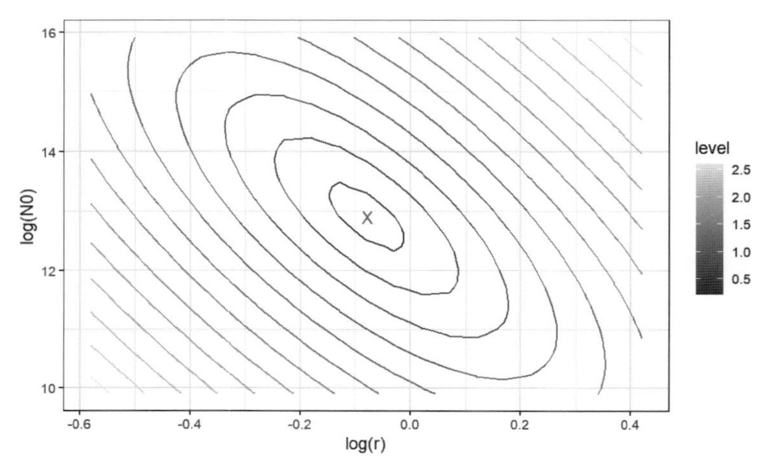

図 **7.1**　回帰係数に対する RMSE の等高線図

```
r <- parms["r"]
N0 <- parms["N0"]
dat_kk$Pred <- exp((log(r)*dat_kk$X1+log(N0)*dat_kk$X2)*
 dat_kk$X1)
```

として計算される．

```
ggplot(dat_kk, aes(x=Year, y=Pop))+geom_point()+
 geom_line(aes(x=Year, y=Pred), color="blue", linetype=
 "dashed")+labs(y="Population Size", title=dat_kk$Location[1])+
 theme_bw()
```

黒丸は個体数の記録値で，青い点線がモデルから予測された個体数の変化である（図 7.2）．個体数は指数的に減少しており，もとのデータのばらつきはあるものの，おおむね個体数の変化傾向をとらえられているように見える．

上記のモデルのひとつの利点は，個体数の欠測値があっても計算が可能なことである．たとえば，ウスチュルト高原/カザフスタン (`Location=="Ustiurt, Kazakhstan"`) のデータは個体数推定値の最も古い記録が 1965 年であり，最

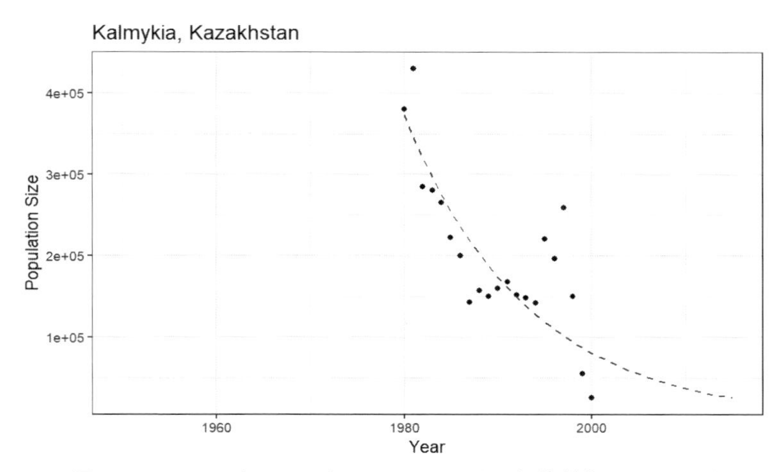

図 **7.2** カルムイク/カザフスタンのサイガ個体数とモデル予測

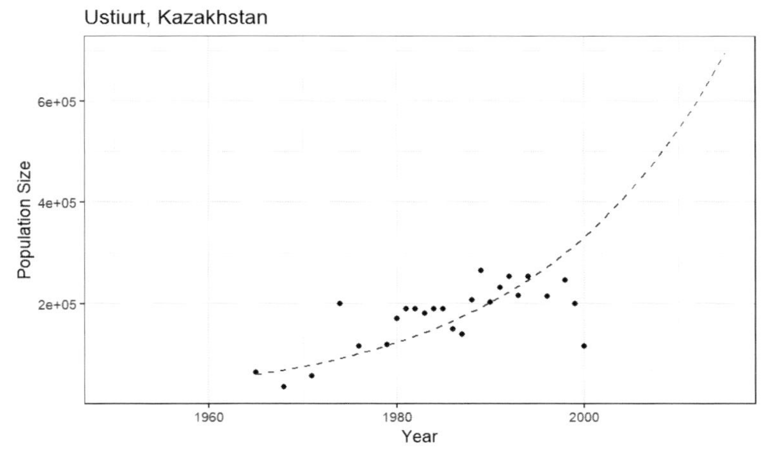

図 **7.3** ウスチュルト高原/カザフスタンのサイガ個体数とモデル予測

新が2000年であるが，その間にいくつか個体数推定値が欠測している（たとえば1970年など）．しかし，上と同じコードでモデルを適用し，増加率などを推定し，個体数を予測することが可能であろう．コードは上と同じなので，読者の宿題とし，ここではプロットだけを示す（図7.3）．

欠測値がある場合，自己回帰でも計算はできるが，欠測値があるときに，モデルの形を変える必要がある（あるいは重み付き回帰を行う）．これは少しややこしいが，重回帰の形にしたモデルなら自然に欠測値を扱えるというわけである．さて，こちらの個体群は，カルムイク/カザフスタン個体群と異なり，個体数は増加しているように見える．こちらは個体数が増えているので（それが問題な場合もあるが），とりあえずは安心であるが，カルムイク/カザフスタンの個体群はどんどん少なくなっている．保全的なことを考えると，これは心配である．これから先，この個体群はどうなっていくのだろう，ということをどのようにして見ていくか，次の節で考えよう．

7.2 個体群の将来予測と絶滅確率の推定

カルムイク/カザフスタンのサイガ個体群がこのままどんどん減ってしまうと心配である．しかし，どのぐらい減っていくのだろうか．また，どのぐらい減ってしまったら困るのだろうか．そうした問いに答えるためのひとつの方法は，国際自然保護連合 (IUCN) が発行しているレッドリスト (red list) である．これは，絶滅のおそれがある種の情報を収集し，その状態を評価して，絶滅の危険度（リスク）の判定をしようというものである．

IUCN では，種の絶滅リスク (extinction risk) を評価する際，その情報の多寡等によって，どのような基準で絶滅リスクを評価するかを定義している．上記のサイガ個体群のように個体数が将来どのように変化するかがわかる（予測できる）という場合には，定量的に絶滅リスクを評価することができるだろう．しかし，個体数の情報などはなく決定的な証拠はなくとも，断片的な情報から絶滅の危険を懸念しなければならないような種もいるであろう．そのような場合，定量的な情報はなくとも警告を発することは重要である．

ここでは，サイガ個体群の個体数トレンドがわかっているので，個体数変化の情報を使って，IUCN の絶滅リスク判定基準に従った絶滅リスクの判定をしてみよう．

IUCN では基準 E として，個体群動態モデルを使用した絶滅リスク評価のガイダンスを与えている．おおまかな定義は表 7.1 のようになっている．絶滅危惧種 (endangered species) と判定された個体群は，CR (Critically Endangered), EN (Endangered), VU (Vulnerable) の順に絶滅リスクの危険度は低くなる．CR と EN には世代という言葉が出てくるが，これは同じ年齢の集団が子供を作る平均期間のことである．人間の世代時間はおおよそ 25 年と言わ

表 7.1 IUCN の基準 E の定義

カテゴリー	定義
絶滅危惧 IA 類 (CR)	10 年間，もしくは 3 世代のどちらか長い期間における絶滅確率が 50% 以上と予測される場合
絶滅危惧 IB 類 (EN)	20 年間，もしくは 5 世代のどちらか長い期間における絶滅確率が 20% 以上と予測される場合
絶滅危惧 II 類 (VU)	100 年間における絶滅確率が 10% 以上と予測される場合

れている．世代時間 (generation time) の計算方法にはいろいろなものがあるが，ひとつの方法として

$$\text{世代時間} = z \times (\text{寿命} - \text{成熟年齢}) + \text{成熟年齢}$$

という簡便な式を使うやり方が知られている．$z = 0.5$ が一般に使用される．人間の性成熟年齢はおおよそ 15 歳ぐらいとして，寿命を 80 歳とすると世代時間は 47.5 年となって，だいぶん大きい．寿命が 50 年なら，32.5 年で 25 年と近くなる．世代時間というのは，長期的な（進化的な時間スケールでの）観点のものなので，現代の情報を使用すると誤ってしまう可能性がある．とはいえ，長期的なスケールで情報を集めるのは大変であるので，現代の情報を参考にしなければならない場合も多いであろう．

サイガの場合，雌雄で成熟年齢や寿命が異なるが，雌は 7 か月で性成熟，10 年で死亡，という情報がある (Milner-Gulland 1994)．これを使って，上記の近似式にあてはめると，世代時間はおよそ 5.3 年となる．3 世代は 16 年，5 世代は 26 年なので，IUCN の定義に従えば，CR 判定の際には 10 年ではなく 16 年，EN 判定の際には 20 年ではなく 26 年で見るべき，となるだろう（後で見るように，個体数が減っているときは，時間が長くなると，絶滅しやすくなる（絶滅するリスクが高くなる）ので，10 年/20 年より長い期間を用いることは，より自然保護的な評価となる）．

将来予測をしていく際に，カルムイク/カザフスタンのサイガの個体数は減少していくであろうが，上の図のように個体数が決まった曲線の上に必ずあるというわけではない．個体数はそのまわりをばらつくはずである．T 年の個

体数は，上のように $\log(N_T) = \log(r)T + \log(N_0) + \eta_T$ ($\eta_T \sim N(0, T\sigma^2)$) となるので，$\eta_T$ だけ個体数は変動すると考えられる．他に個体数が変動する要因はないだろうか？ ある．ここで，$\log(r)$ と $\log(N_0)$ はデータから推測された推定値である．この推定値の不確実性も考慮してやろう．

$\hat{y}_T = E[\log(N_T)]$，$\beta_1 = \log(r)$，$\beta_2 = \log(N_0)$ と書くことにすれば，$\hat{y}_T = \hat{\beta}_1 T + \hat{\beta}_2$ となるので，その分散はデルタ法を利用して，

$$\mathrm{var}(\hat{y}_T) = \begin{pmatrix} T \\ 1 \end{pmatrix}^{\mathsf{T}} \begin{pmatrix} \mathrm{var}(\beta_1) & \mathrm{cov}(\beta_1, \beta_2) \\ \mathrm{cov}(\beta_1, \beta_2) & \mathrm{var}(\beta_2) \end{pmatrix} \begin{pmatrix} T \\ 1 \end{pmatrix}$$

で計算される．この分散を追加分散として考えると，$\log(N_T)$ の分散は，デルタ法による平均の分散と残差の分散 $T\sigma^2$ の和となる．$\hat{y}_T$ も正規分布に従うと仮定すると，

$$\log(N_T) \sim N(\log(\hat{r})T + \log(\hat{N}_0), \mathrm{var}(\hat{y}_T) + T\sigma^2)$$

となると考えられる．T 年後にある個体数 N^* を下回る確率は，正規分布の累積確率分布 $Pr(\log(N_T) \leq \log(N^*))$ を計算すれば良い．$N^* = 1$ として，その閾値を下回る確率を計算してみよう．

```
var_saiga <- function(T) t(c(T, 1))%*%vcov(mod)%*%c(T, 1)+
 T*summary(mod)$sigma^2
future_saiga <- function(T,N=1){
  pnorm(log(N), log(r)*T+log(N0), sqrt(var_saiga(T)))
}
T_obs <- last(dat_kk$T[!is.na(dat_kk$Pop)])
Prob_extinction <- sapply(c(16,26,100),function(t)
 future_saiga(t+T_obs,N=1))
names(Prob_extinction) <- paste0("Time = ",c(16,26,100))
Prob_extinction
```

```
   Time = 16     Time = 26    Time = 100
1.061870e-38 4.886644e-25 2.042463e-02
```

絶滅確率（$N^* = 1$ を切る確率）はかなり低く，安心である．しかし，こ

れは絶滅の閾値を $N^* = 1$ という低い値においたからかもしれない．生態学では，50/500 ルールというものが知られている．近親交配の回避には少なくとも 50 個体は必要であり，遺伝的浮動による悪影響を回避するには 500 個体以上が必要であるというものである（ここでの“個体”は，繁殖に寄与する個体であるので，総個体数で考えると，必要個体数は 50/500 よりもっと多くなると考えられるが，簡単のため 50/500 を総個体数の基準として考える）．これにより，閾値として 50 個体や 500 個体を採用することがあるが，近年ではもっと必要で 5000 個体ぐらいが目安ではないか，という話もある．そこで，$N^* = 50, 500, 5000$ の場合にその閾値を下回る確率も計算してみよう．

```
P_ext <- NULL
for (N in c(1,50,500,5000)){
  Prob_extinction <- sapply(c(16,26,100),function(t)
   future_saiga(t+T_obs,N=N))
  P_ext <- rbind(P_ext, Prob_extinction)
}
colnames(P_ext) <- paste0("Time = ",c(16,26,100))
rownames(P_ext) <- paste0("N* = ",c(1,50,500,5000))
P_ext
```

```
            Time = 16    Time = 26 Time = 100
N* = 1    1.061870e-38 4.886644e-25 0.02042463
N* = 50   1.136989e-15 1.320869e-09 0.56060881
N* = 500  3.463304e-07 3.223764e-04 0.92590925
N* = 5000 2.267400e-02 1.916947e-01 0.99692296
```

閾値を大きくすると絶滅確率は高くなった．特に，$N^* = 50$ であっても 100 年後の絶滅確率は 56% の高さであり，非常に危険な状態であると判断される．将来予測のグラフを描いてみよう．

```
Future_mean_Pop <- exp(log(r)*(T_obs+1:100)+log(N0))
Future_lo_Pop <- sapply(1:100, function(i) exp(log(r)*(T_obs
 +i)+log(N0)-qnorm(0.975)*sqrt(var_saiga(T_obs+i))))
```

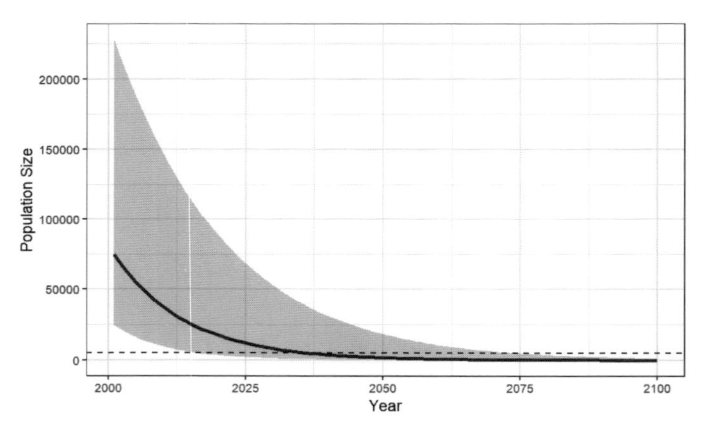

図 **7.4** カルムイク/カザフスタンのサイガ個体群の将来予測

```
Future_up_Pop <- sapply(1:100, function(i) exp(log(r)*(T_obs
 +i)+log(N0)+qnorm(0.975)*sqrt(var_saiga(T_obs+i))))

Future_proj <- data.frame(Year=dat_kk$Year[dat_kk$T==
 T_obs]+1:100, Mean=Future_mean_Pop, Lo=Future_lo_Pop,
 Up=Future_up_Pop)

ggplot(Future_proj, aes(x=Year, y=Mean))+geom_ribbon(aes(ymin=
 Lo, ymax=Up),alpha=0.2)+labs(y="Population Size")+geom_hline(
 yintercept=5000,linetype="dashed")+geom_line(color="blue",
 linewidth=1.2)+theme_bw()
```

青い実線が平均的な個体数で，鼠色の網掛け領域は95% 予測区間である（図7.4）．水平の破線は $N^* = 5000$ の閾値を示している．見れば，26 年後も平均は5000 を越えているが，その後すぐに5000 を下回っていることがわかる．

7.3 非線形モデルと密度効果

ずっといっしょに研究をやってきたんだけどさ．ある日，俺もうやめるって

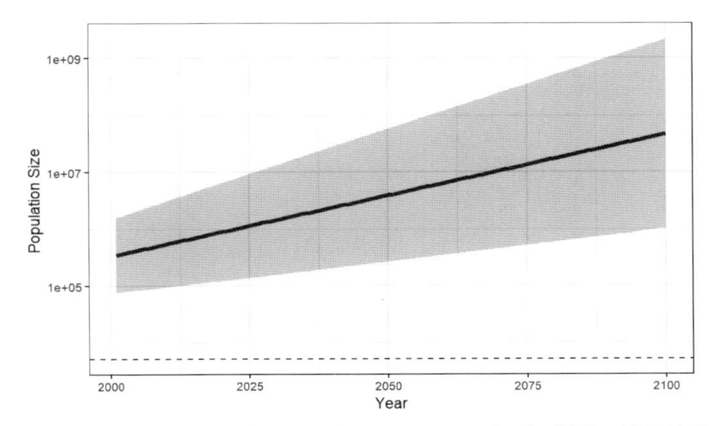

図 7.5 ウスチュルト高原/カザフスタンのサイガ個体群の将来予測

言って，あいつ，故郷に帰っていったんだ．故郷の松戸で漁業をやって生きるんだって．あいつどうしているかな．あいつとはずっと連絡をとっていないし，これからもとることもないんだろうけど，あいつどうしているかなって時々思い出すんだ．研究にいきづまったとき，あいつのことを思い出して，あいつの分もガンバらなきゃ，あいつに負けないようにガンバらなきゃ，って思うと，最後のひと踏んばりで，ずっと悩んでいた問題が解けたりするんだよ．で，俺，それを松戸効果って呼んでるんだ...

カルムイク/カザフスタンのサイガ個体群は大きく減少しており，将来にも減少していき，危険なレベルを下回る可能性が懸念された．読者は，ウスチュルト高原/カザフスタンの個体群データに対しても同様な計算を実行してみよう．今度はどうなったであろうか？ 実際の計算は上のコードで，`dat_kk` を `dat_uk` に変更すればいいだけであるので，読者にお任せして，ここでは将来の個体数変化の図だけを示そう（図 7.5）．

個体数はどんどん増加していき，急激に大きくなる．かなり大きくなって，そのままプロットすると下のほうが見にくくなるので，ここでは y 軸を対数軸でプロットしている．最初の年 2001 年と最後の年 2100 年の個体数の平均値の比 N_{2100}/N_{2001} は 133.5 となった．100 年間でおよそ 130 倍になったのである．そのようなことが起こる確率はゼロでないかもしれないが，さすがに

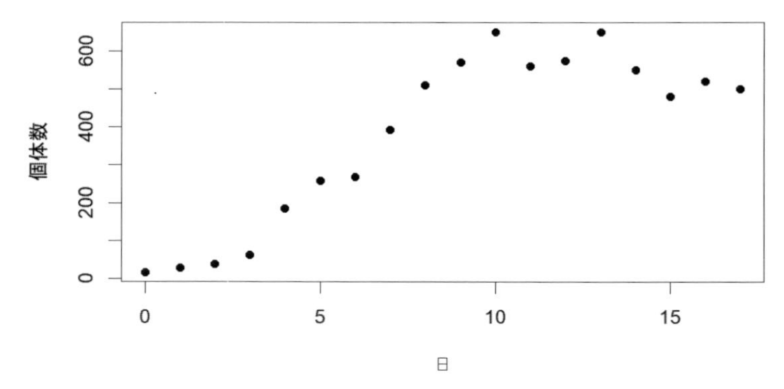

図 7.6 ゾウリムシ個体数変化の観測データ

増えすぎじゃないか，とも思える．なぜこれだけ増えるのかといえば，そういうモデルを仮定したからである．しかし，本当にそのモデルが正しいのだろうか？　もっと良いモデルはないのか？　と考える人がいても不思議ではないだろう．

ジョージ・ガウゼという生物学者は1930年代に実験を行って，個体数はどのように増加していくかを調べた．十分な餌が入った試験管の中にゾウリムシを入れて，時間ごとにゾウリムシの数を数えた．ゾウリムシは素早く増加したが，時間が経過するとある一定の個体数のまわりで変わらなくなるようだった．ゾウリムシのデータを見てみよう．

```
paurelia <- c(17, 29, 39, 63, 185, 258, 267, 392, 510,
 570, 650, 560, 575, 650, 550, 480, 520, 500)
names(paurelia) <- 1:length(paurelia)-1
plot(as.numeric(names(paurelia)), paurelia, pch=16,
 xlab="日", ylab="個体数")
```

ウスチュルト高原/カザフスタンのサイガ個体群とは異なり，ゾウリムシはどこまでも増えてはいかない（図 7.6）．試験管の中の餌やスペースは有限なので，増えたゾウリムシが餌やスペースを取りあうことで，ゾウリムシ個体数の増加は抑制される．このように個体数（または密度=個体数を生息面積などで割って基準化（相対化）したもの）の大小で個体数の増加率が変わることを

密度効果 (density-dependent effect) という．

個体数が増加すると，その増加率は減少していって，ある値に達すると増加率がゼロになり，それより大きい場合はマイナスになってしまうような状況を考えよう．個体数を N で表すと，その変化率は時間 t で微分して dN/dt と書くことができる．1 個体あたりの増加率は，個体数が増加するとともに減っていくとすると，最も簡単なモデルは，

$$\frac{(dN/dt)}{N} = r - \theta N$$

と書くことができる．dN/dt の式にすると，

$$\frac{dN}{dt} = rN\left(1 - \left(\frac{\theta}{r}\right)N\right) = rN\left(1 - \frac{N}{K}\right)$$

となる．ここで，$K = r/\theta$ である．$dN/dt \approx (N_{t+1} - N_t)/\{(t+1) - t\} = N_{t+1} - N_t$ と離散値で近似すると，

$$N_{t+1} = N_t + rN_t\left(1 - \frac{N_t}{K}\right)$$

が得られる．このような方程式をロジスティックモデル (logistic model) という．

$N_t = K$ であるとしよう．右辺の第 2 項はゼロになる．よって，$N_{t+1} = N_t = K$ となって，ずっと変わらないままになる．$N_t < K$ の場合は，どうだろうか？　N_{t+1} は，t 年の個体数 N_t に右辺第 2 項の正の値を足したものなので，$t+1$ 年の個体数は増加する．$N_t > K$ なら，どうだろう？　右辺第 2 項は負の値になるので，今度は $t+1$ 年の個体数は減少する．$N_t = K$ の下側では増加，上側では減少し，$N_t = K$ では個体数は変わらないままになるので，個体数はスタートの値が $N_t > 0$ であれば，いずれは $N_t = K$ に達することになる．この K を環境収容量 (carrying capacity) と呼ぶ．環境が許す最大の個体数量ということである．

$N_t \to 0$ とどんどん小さくしていく場合，どうなるだろうか？　N_t/K はほとんど 0 になる．したがって，右辺第 2 項は $rN_t(1 - N_t/K) \approx rN_t$ となり，ほとんど線形に増加するだろう．まわりに餌や配偶者や生息地を奪い合うライバルがいないので，のびのびすくすくと成長していくのである．r は密度効果による制約を受けない（密度独立な）最大の増加率にあたり，内的自然増加率 (intrinsic rate of increase) と呼ばれる．

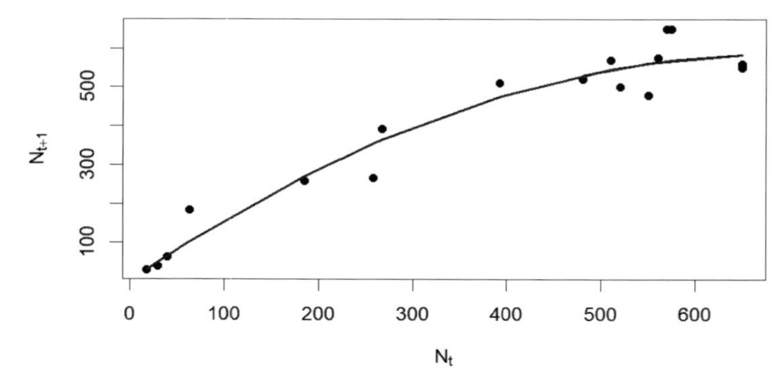

図 7.7 ゾウリムシデータに対するロジスティックモデルのあてはめ結果

このモデルをゾウリムシデータに適用して，増加率 r と環境収容量 K を推定してみよう．第5章のはじめに使用した非線形最小2乗法でパラメータ推定を行う．

```
dat_p <- paurelia %>% as.data.frame %>% rename("N"=1) %>%
 rownames_to_column("Time")
n <- nrow(dat_p)
N2 <- dat_p$N[2:n]
N1 <- dat_p$N[1:(n-1)]
mod_l <- nls(N2~N1+r*N1*(1-N1/K), start=list(r=0.5, K=600))
(params <- c(r=summary(mod_l)$coef[1,1],
 K=summary(mod_l)$coef[2,1]))
plot(N1, N2, xlab=expression(N[t]), ylab=expression(N[t+1]),
 pch=16)
lines(N1, predict(mod_l), col="blue", lwd=2)
```

```
        r           K
0.6919658 566.4559239
```

増加率はおよそ0.7，環境収容量はおよそ570ぐらいと推定された．ロジスティックモデルは，ゾウリムシデータの個体数変化データによくあてはまっているように見える（図7.7）．

資源には限りがあるので，個体数がどこまでも増えていくというのも変である．個体群にはなんらかの自己調整機構のようなものがあり，変動はするもののあるレベルで安定し存続し続けるとすると，それが持続可能性 (sustainability) の鍵になるだろう．もちろん何十億年にわたってずっと一定などということはないだろう．しかし，数十年や数百年で何千倍にも膨れ上がり，さらにどんどん増え続けていくということも，少なくとも大型哺乳類のような動物ではなさそうである．要は，我々が考えたい時間スケール（せいぜい将来数百年先）で，どのようなモデルを仮定するのが妥当だろうか，という問題になるのであろう．

サイガ個体群に対して密度効果を推定してみよう．ロジスティックモデルをあてはめても良いのであるが，上で密度効果を考えないサイガの個体群モデルとして線形モデルに変換して計算する方法を採用したので，同様に漸化式を解くことによるモデルを考えてみよう．今回は，密度効果をもつモデルとして，個体数が増えたときにゾウリムシで見たように個体数がどこまでも増加していかないで頭打ちになるようなモデルを考える．その場合，簡単なモデルとして，

$$N_{t+1} = rN_t^b$$

が考えられる．ここで，b は密度依存効果をコントロールするパラメータで，$0 < b < 1$ とする．対数をとると，

$$\log(N_{t+1}) = \log(r) + b\log(N_t)$$

となるので，この漸化式を解くと，

$$\log(N_T) = \frac{1-b^T}{1-b}\log(r) + b^T\log(N_0)$$

が得られる．このとき，誤差項を考えて，上と同様に，誤差が時間に依存しない一定分散をもつようにすると，

$$\frac{\log(N_T)}{\sqrt{T}} = \log(r)\frac{1-b^T}{(1-b)\sqrt{T}} + \log(N_0)\frac{b^T}{\sqrt{T}} + \varepsilon_t, \quad \varepsilon_t \sim N(0,\sigma^2)$$

が得られる（この回帰モデルは，$b \to 1$ で，密度効果なしの回帰モデルになる）．これは非線形モデルであるので，第 4 章で使用した関数 **nlm** を使って，

数値的最適化でパラメータを推定しよう．

```
dd_saiga <- function(p, dat){
  dat <- subset(dat, !is.na(Y))
  Y <- dat$Y
  T <- dat$T

  log_r <- p[1]
  log_N0 <- p[2]
  b <- 1/(1+exp(-p[3]))

  sum((Y -(log_r*(1-b^T)/(1-b)*1/sqrt(T) +
   b^T*log_N0/sqrt(T)))^2)
}
res <- nlm(dd_saiga, c(0.3,13,3), dat=dat_kk, iterlim=100,
 hessian=TRUE)
( parms <- c(r=exp(res$estimate[1]), N0=exp(res$estimate[2]),
 b=1/(1+exp(-res$estimate[3]))) )
```

```
           r           N0            b
2.060985e+00 4.511098e+05 9.345528e-01
```

初期個体数の大きさはそれほど変わらなかったが，増加率はかなり大きなものとなった．これは，個体数が大きくなると，単位個体あたりの増加率は減少するので，その効果を補うために，個体数が小さいときの増加率はより大きく推定されるためである．密度効果の推定値は1に近く，1に近いほど密度効果なしモデルに近づき，密度効果が弱いと考えられるため，密度効果の大きさはそれほど強くないと考えられる．この結果に基づいて，前と同様に個体群の予測値がどうなっているか見てみよう．

```
r <- parms["r"]
N0 <- parms["N0"]
b <- parms["b"]
dat_kk$Pred2 <- exp((log(r)*(1-b^dat_kk$T)/(1-b)*dat_kk$X2+
```

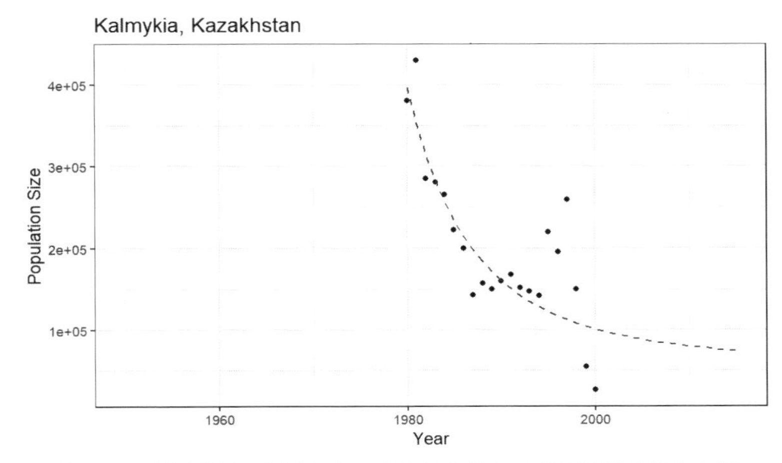

図 **7.8** 密度効果を仮定したモデルによるサイガ個体群動態の予測

```
  b^dat_kk$T*log(N0)*dat_kk$X2)*dat_kk$X1)
ggplot(dat_kk, aes(x=Year, y=Pop))+geom_point()+geom_line(aes(
  x=Year, y=Pred2), color="blue", linetype="dashed")+
  labs(y="Population Size", title=dat_kk$Location[1])+theme_bw()
```

密度効果なしの場合と全体に似たような予測になっているが，最近年の曲線はより曲がりが大きく，絶滅の懸念が若干やわらいだような結果になっている（図 7.8）．これは密度効果を導入したことによる影響であろう．もしサイガ個体群が密度効果の影響も受けて増減しているなら，サイガをどのように管理していくか，というところで適切な方策が変わってくるかもしれない．

7.4 最大持続生産量

前々節では，サイガ個体群は地域によって大きく減少するものもあれば，どんどん増加していくと予測されるものもあった．これは我々がそのような増加か減少かという二択の結果しか導かない単純なモデルを使用したからでもある．一方，前節では密度効果という考えを知った．個体群はどこまでも増加していくわけではなく，個体数が増加して資源が少なくなってくると，個体数増加が抑えられ，個体数は増えも減りもしない状態に維持される．前節の最後に，カルムイク/カザフスタンのサイガ個体群データに密度効果モデルを適用した結果，近年の個体数の減少はより緩やかなものであると予測された．

サイガ個体群の問題のひとつはハンティング（狩猟）である．我々の多くは，野生動物を利用して生きている．皆さんの食卓にお父さんが釣ってきた魚を焼いた料理が出てきたなら，それは野生動物を獲ってきたのかもしれない(実は，お父さんは魚が釣れず，近くの魚屋さんで養殖魚を購入したのかもしれないが...)．だが，みんなが魚を食べたがって，好きなだけ魚をとっていたら，海や川からその魚がいなくなってしまうことだってあるかもしれないのである．そのように魚を必要以上に獲りすぎてしまって，ときには魚個体群の存続を危うくしてしまう問題を乱獲問題という．だが，魚は重要な食料源であり，魚をまったく獲らなければよいというわけでもない．魚を獲るにしても，ちょうど良い分だけ，個体群の存続を危うくしない程度の持続可能な量だけ，しかし，多くの人の食卓に提供できるようにできるだけたくさんの魚を獲りたいのだと人は考えるであろう．では，そのような（ちょうど良い）量とはどういうものなのだろうか？

魚類資源の評価や管理の問題を考える水産資源学では，魚個体群を持続的に維持しつつ，なおかつ最大量となるような漁獲量を最大持続生産量 (maximum sustainable yield, MSY) と呼んでいる．MSY を数式的に求めてみよう．個体群動態は，前節で紹介したロジスティックモデルに従っているとしよう．この個体群から，毎年個体数に比例した数 $F \times N_t$ を間引くことにする．

$$N_{t+1} = N_t + rN_t\left(1 - \frac{N_t}{K}\right) - FN_t$$

まず，この個体群を持続的に利用したいと考えるであろう．持続的，ということは，個体数が時間に関係なくずっと一定の数で維持されるということである．そこで，上の式から，下付き添字の t を削除してみよう．

$$N = N + rN\left(1 - \frac{N}{K}\right) - FN$$

これは，上の式と同じではあるが，上の式では $N_{t+1} \neq N_t$ であり得たが，ここでは $N_{t+1} = N_t = N$ となっているのが違いである．左辺と右辺のすべての項に N が掛かっているので，両辺を N で割れば，式が簡単になって，$F = r(1 - N/K)$ となる．すなわち，漁獲率 F を上の式で与えれば，個体数は N で維持されるということである．逆に，F で個体群を漁獲し続ければ，

個体数は

$$N^* = K\left(1 - \frac{F}{r}\right)$$

で維持される（$F = r$ のとき $N^* = 0$ となるので，内的自然増加率以上の漁獲率で漁獲していけば個体群を絶滅させてしまうことになる）．そのときの個体群維持可能な漁獲尾数は $C = FN^*$ であるので，これを最大にする漁獲率 F を求めれば，そのときの漁獲尾数 C^* が MSY であり，そのときの漁獲率 F^* が MSY を与える漁獲率 F_{MSY} である．C^* は C を F の式にして，F で微分して 0 としたときの解 F^* を計算すれば得られる．

$$\frac{dC}{dF} = d\left[KF\left(1 - \frac{F}{r}\right)\right] \Big/ dF = K\left(1 - \frac{F}{r}\right) - \frac{KF}{r} = K\left(1 - \frac{2F}{r}\right) = 0$$

これから，$F^* = r/2$ が得られる．つまり，内的自然増加率の半分の値で漁獲をし続ければ，最大の持続漁獲量を得つつ，個体数は維持されていくことになる．そのとき維持される個体数は，$N^* = N_{\text{MSY}} = K(1 - F^*/r) = K/2$ と環境収容量の半分になる．個体数的には，環境収容量の半分になるように漁獲し続ければ，収量が最大になるということである．MSY は，$\text{MSY} = C^* = F^*N^* = (r/2)(K/2) = rK/4$ となる．

上では，個体群モデルの余剰生産量 $N_{t+1} - N_t$ を $rN_t(1 - N_t/K)$ であると仮定したが，余剰生産量はこの形に限らない．一般には，

$$N_{t+1} = N_t + \left(\frac{r}{\theta}\right) N_t \left(1 - \left(\frac{N_t}{K}\right)^{\theta}\right) - FN_t$$

というモデルが考えられる．この形のモデルをペラ・トムリンソンモデル (Pella-Tomlinson model) と呼ぶ．ペラ・トムリンソンモデルで，$\theta = 1$ とすると，ロジスティックモデルが得られる．$\theta \to 0$ のときには，

$$N_{t+1} = N_t + rN_t\left(1 - \frac{\log(N_t)}{\log(K)}\right) - FN_t$$

というモデルが得られ，このモデルはフォックスモデル (Fox model) と呼ばれている．上と同様に，フォックスモデルの MSY とそれに関連したパラメータを計算してやれば，$F^* = r/\log(K)$, $N^* = K/e$, $\text{MSY} = rK/(e\log K)$ が得られる（e はネイピア数で，$e = 2.71828\cdots$）．

サイガ個体群に対して，MSY などを計算したいところであるが，サイガの

捕獲数に関する情報がデータについていないので，ここでは前章で使用したパタゴニアヤリイカのデータを使用してみよう．まず，デルーリー法によって各年の初期個体数を推定する．前章では，重量で計算したが，ここでは個体数でモデルを作ってみよう．幸い，パタゴニアヤリイカのデータには Mass として個体の平均重量が記載されているので（単位はグラム．Catch などはトンである），Mass で CPUE と Catch を割って個体数としよう（トンの単位をグラムで割っているので，100万尾単位となる）．

```
delury <- read.csv("DeLury.csv")
delury <- delury %>% mutate(Cat=Catch/Mass, CR=CPUE/Mass)
TC <- delury %>% group_by(Year) %>% summarize(TC=sum(Cat))
del_res <- lapply(1987:2000, function(i) lm(CR~cumsum(Cat),
 data=subset(delury, Year==i)))
lm_res <- sapply(1:length(del_res), function(i)
 c(-del_res[[i]]$coef[2],-del_res[[i]]$coef[1]/
 del_res[[i]]$coef[2]))
lm_res <- rbind(lm_res, TC$TC)
lm_res <- as.data.frame(t(lm_res))
names(lm_res) <- c("q","N0","Catch")
rownames(lm_res) <- 1987:2000
```

推定された初期資源尾数とその年の漁獲尾数のデータに個体群動態モデルを適用して，内的自然増加率 r と環境収容量 K を推定する．まず推定に使用する目的関数を用意しよう．個体数が個体群動態モデル $N_{t+1} = g(N_t)$ に従っていると仮定して，最小2乗法でパラメータを推定するが，対数をとって最小2乗法を行うこととする．すなわち，最小化すべき目的関数は $\sum(\log N_{t+1} - \log g(N_t))^2$ となる．このような変数の対数変換は，パラメータ推定を安定化させるため，また，個体数の分布が対数正規分布のような右裾が重い形となりがちなことから，よく使用されるテクニックのひとつである．ロジスティックモデルとフォックスモデルの2つを使用できるように設定した．

```
obj <- function(p, dat, model="logistic", dd=10^(-6)){
  r <- exp(p[1])
```

```
  K <- exp(p[2])

  nT <- nrow(dat)

  N <- dat$N0
  Cat <- dat$Catch

  like <- 0
  for (i in 1:(nT-1)){
    if (model=="logistic") like <- like + (log(N[i+1]) -
     log(max(N[i]+r*N[i]*(1-N[i]/K)-Cat[i],dd)))^2
    if (model=="fox") like <- like + (log(N[i+1]) -
     log(max(N[i]+r*N[i]*(1-log(N[i])/log(K))-Cat[i],dd)))^2
  }

  like
}
```

最適化関数を使ってこの目的関数を最小化し，パラメータを推定しよう．上のモデルは，非線形モデルなので，必ずしも目的の解（最小 2 乗解）に達するとは限らない．一般に，非線形最適化の場合には，初期値を慎重に決める必要がある．ここでは，個体数のデータがわかっているので，初期資源量は個体数の最大値あたりの値であろうということで，それを初期値にしてみよう．内的自然増加率は，個体数が低くなったときの個体群の変化率となるが，MSY の漁獲率が $r/2$ で与えられることから，大体の値として漁獲率の平均値を初期値としてみよう．

```
dat <- lm_res
p0 <- c(log(mean(dat$Catch/dat$N0)), log(max(dat$N0)))
mod_log <- nlm(obj, p0, dat=dat, model="logistic")
mod_fox <- nlm(obj, p0, dat=dat, model="fox")
print(c(sse_log=mod_log$minimum, sse_fox=mod_fox$minimum), 3)
```

```
sse_log sse_fox
   5.10    4.78
```

最小 2 乗和を見ると，フォックスモデルのほうが小さい値になっている．この後は，フォックスモデルの結果のみを使うことにしよう．

```
dat <- lm_resparms <- exp(mod_fox$estimate)
names(parms) <- c("r", "K")
par_msy <- c(Fmsy=as.numeric(parms["r"]/log(parms["K"])),
 Nmsy=as.numeric(parms["K"]/exp(1)),
 MSY=as.numeric(parms["r"]*parms["K"]/(exp(1)*log(parms
  ["K"]))))
print(par_msy, 2)
```

```
   Fmsy    Nmsy     MSY
   0.48 1418.40  681.96
```

こうして推定した MSY に関連するパラメータは，水産資源を獲りすぎているかどうかの指標になるので（生物学的）管理基準値 ((Biological) Reference Point) と呼ぶ．もし現在の漁獲率が F_{MSY} より大きれば，持続的に最大の漁獲尾数を得られる漁獲率より高いことになり，資源を必要以上に減らし，その結果，持続的な漁獲量を減らす非効率な漁獲になっていることになる．現在の個体数が N_{MSY} より低いならば，個体群は十分な余剰生産を生むことができない状態で，個体数を増加させて最大の持続生産量を実現できる状態まで戻していく必要があるとなるだろう．データの中の個体数と漁獲率をそれぞれの管理基準値で割って，歴史的な値が基準値 1 に対してどのように変化したかを見てみよう．

```
rel_N <- dat$N0/par_msy["Nmsy"]
rel_F <- (dat$Catch/dat$N0)/par_msy["Fmsy"]
out_fox <- data.frame(Y=as.numeric(rownames(dat)), N=rel_N,
 U=rel_F)
min_Y <- min(out_fox$Y)
```

```
max_Y <- max(out_fox$Y)
ggplot(out_fox, aes(x=N,y=U))+theme_bw()+
 geom_rect(xmin=1,xmax=2,ymin=0,ymax=1,fill='green',
  alpha=0.05) +
 geom_rect(xmin=0,xmax=1,ymin=1,ymax=2,fill='red',alpha=0.05) +
 geom_rect(xmin=0,xmax=1,ymin=0,ymax=1,fill='yellow',
  alpha=0.05) +
 geom_rect(xmin=1,xmax=2,ymin=1,ymax=2,fill='orange',
  alpha=0.05) +
 geom_path(linetype=2, linewidth=0.4)+
 geom_point(aes(size=Y, fill=Y), shape=21)+
 scale_fill_continuous(limits=c(min_Y,max_Y),
  breaks=seq(min_Y,max_Y))+
 scale_size_continuous(limits=c(min_Y,max_Y),
  breaks=seq(min_Y,max_Y))+
 labs(y="Fishing Rate",x="Population Size",fill="Year",
  size="Year")+
 guides(fill=guide_legend(),size=guide_legend())+
 scale_y_continuous(limits=c(0,2))+scale_x_continuous(limits
  =c(0,2))
```

管理基準値の上下で色分けがなされている（図 7.9）．x 軸は個体数に対応し，y 軸は漁獲率に対応する（それぞれ管理基準値で割って相対化されている）．個体数は管理基準値以上のほうが良く，漁獲による資源崩壊の危険が小さいことになる．逆に相対個体数が 1 より小さいと，資源崩壊のリスクが高いということになる．漁獲率は個体数と対照的に，管理基準値より大きな値であれば乱獲傾向にあり，資源を不当に減らす危険があるとみなされる．1 より大きい漁獲率を維持することは避けるべきである．1 以下の漁獲率は MSY の観点では獲りすぎではないので安心である．

ということを考えて，右下の個体数が 1 より大きく，漁獲率が 1 より小さい領域は最も安全なゾーンであるということで緑色に塗る．逆に，左上の個体数が 1 より小さく，漁獲率が 1 より大きい領域は最も危険なゾーンであるということで赤色に塗ろう．その他の領域は，個体数か漁獲率のどちらかが

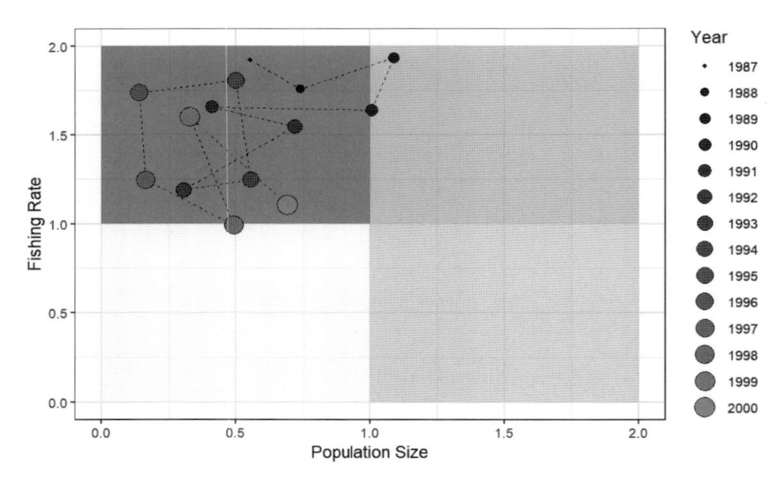

図 7.9　フォックスモデルによる個体群評価の Kobe plot

懸念のある状態になっているので黄色になるが，区別するために左下の領域（個体数が 1 より小さいが，漁獲率は 1 より小さい）を黄色，右上の領域（個体数が 1 より大きいが，漁獲率は 1 より大きい）を橙色で塗る．こうして資源の状態をわかりやすく表示するプロットをこのプロットが誕生した神戸市にちなんで Kobe plot と呼び，魚類資源の診断でしばしば利用される．

このヤリイカ資源は，赤いゾーンにほとんどの点があり，個体数が低く，漁獲率が高いので，獲りすぎの状態と考えられ，あまりよろしくない．しかし，年代順の点の動きを見ると，非常に悪い状態から，徐々に黄色もしくは緑色のゾーンに近づいている様子が見てとれる．これは一縷の希望と言えるであろう．

さて，結果を見るとそうではあるが，本当にこれで良いのだろうか？　観測された（この場合はデルーリー法によって推定された）個体数とモデルによる予測値の比較をしてみよう．

```
N0 <- lm_res$N0
Cat <- lm_res$Catch
r <- parms["r"]
K <- parms["K"]
N1_pred <- N0+r*N0*(1-log(N0)/log(K))-Cat
```

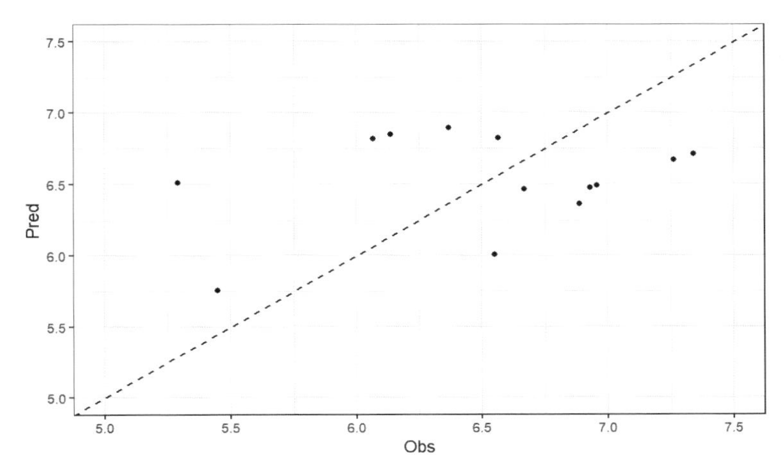

図 **7.10** フォックスモデルによる観測値 (Obs) と予測値 (Pred) の比較

```
dat_fox <- data.frame(Obs=log(N0[-1]),
 Pred=log(N1_pred[-length(N0)]))
ggplot(dat_fox, aes(x=Obs, y=Pred))+geom_point()+
 geom_abline(intercept=0, slope=1, linetype="dashed")+
 xlim(5,7.5)+ylim(5,7.5)+theme_bw()
```

観測値と予測値のプロットは，直線上に載っていて欲しいところである．しかし，直線から結構外れている（図 7.10）．たとえば，一番左端の点は，予測値が観測値より 1 以上大きい．これは対数値のプロットなので，個体数にすれば 3 倍程度大きく予測しているということである．そうなると，あれ，この結果，そんなに信頼して良いのかな...？　となるであろう．なんだか自信がなくなってきちゃった．なにもかもいやになっちゃった．まぁ待ちなさい．まだあきらめるには早すぎる．あきらめたらそこで終わりじゃないか．さぁ，勇気を出して，次の節に飛び込んでみようじゃないか．

7.5 状態空間モデル

バラの花たちにこういって，王子さまは，キツネのところにもどってきました．

「じゃ，さよなら」と，王子さまはいいました．
「さよなら」と，キツネがいいました．「さっきの秘密をいおうかね．なに，なんでもないことだよ．心で見なくちゃ，ものごとはよく見えないってことさ．かんじんなことは，目に見えないんだよ」
「かんじんなことは，目には見えない」と，王子さまは，忘れないようにくりかえしました．

サン＝テグジュペリ作（内藤 濯訳）「星の王子さま」岩波少年文庫

ヤリイカ個体数と漁獲数の時系列データに個体群動態モデルを適用して，増加率や環境収容量を知ることにより，持続的漁獲はどうあるべきかという情報を得た．それによって，過去の獲り方がどのぐらい良かったのか悪かったのか知ることができるようになった．あぁ，良かった．飯がうまい．いや，ちょっと待った．本当にそれで良いのだろうか．

第6章での語りを思い出してみよう．「しかし，これは本当だろうか？ 漁具能率や資源量は一般に前年とそこまで大きく変わらないとも考えられるので，これはデータに対する過剰適合を示唆するものかもしれない．この問題の解決は，次章まで待つことにしよう．」時は来た！ 今がその時である．とりあえず漁具能率と個体数をプロットしてみよう．

```
dat1 <- lm_res %>% rownames_to_column("Year") %>%
 mutate_at(vars(Year), as.numeric)
p1 <- ggplot(dat1, aes(x=Year, y=N0)) + geom_point() +
 geom_line() + ylim(0, 1600) + theme_bw()
p2 <- ggplot(dat1, aes(x=Year, y=q)) + geom_point() +
 geom_line() + theme_bw()
cowplot::plot_grid(p1, p2)
```

個体数も漁具能率も年によって大きく変化している（図7.11）．これは本当なのかもしれないが，本当ではないかもしれない．今，個体数や漁具能率は各年のデータにそれぞれデルーリー法を適用することによって求めている．それは本当にそれで良いのだろうか？ 漁具能率は漁獲の強さに関わるものである．それは毎年そんなに大きく変化するものなのだろうか？ それオーバーフ

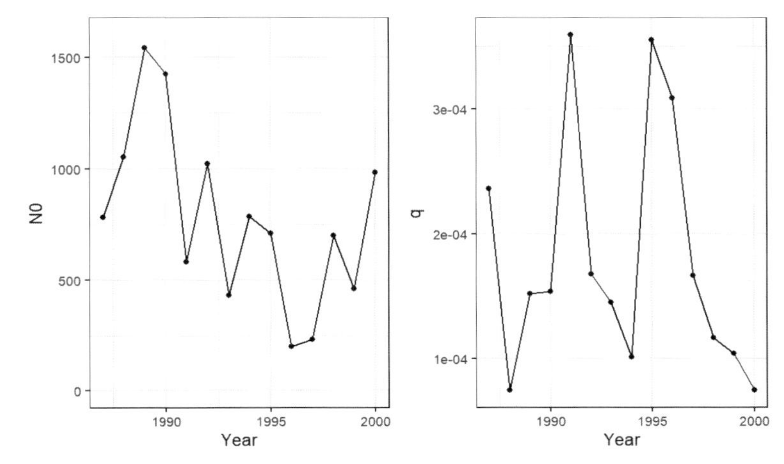

図 7.11 デルーリー法によって予測された初期個体数 (N_0) と漁具能率 (q)

ィットなんじゃないの？ そんな声が聞こえてきそうである．

他の問題もある．個体数と漁獲尾数のデータにモデルをフィットして，増加率などを推定した．漁獲尾数はともかく，個体数はなんだったであろうか？ それはデルーリー法で得られた回帰係数から来たものであった．回帰係数はデータから得られた推定値である．推定値はサンプルが変われば変わるもので，誤差を伴うのだった．その誤差をなかったことのように無視して良いのだろうか？ 誤差を無視して，あたかもそれが正しい値のように扱うことは，どんな問題をもたらすのだろう？ それオーバーフィットなんじゃないの？ 再びそんな声が聞こえてきそうである．

前節の最後に見たように，フォックスモデルをフィットした結果の予測値は，ときには観測値の 3 倍もの値になっていた．あれ，それじゃあ，そういうモデルで予測するのが良くないんじゃないの？ とならないだろうか．

このように，前節で紹介した方法は，基本的な考え方としては良いとしても，実際のデータにあてはめるとなると，いろいろと問題が多い方法なのである．もっと良いやり方はないのだろうか？ もう一度考えてみよう．

我々が考えたのは $N_{t+1} = N_t + rN_t(1 - \log(N_t)/\log(K))$ のような個体群モデルである．最初にこの章でサイガ個体群の絶滅確率を考えたときには，$N_{t+1} = rN_t$ のようなモデルを考えた．このモデルの流れでもう一度，密度効果をもつモデルを考えよう．このモデルを変形すると，$N_{t+1}/N_t = r$ となる．

つまり，個体数の変化率は一定値 r となっているということである．密度効果はそれに対して，個体数が小さいときには増加率は r に近いが，個体数が大きくなると資源の競合などにより増加率が減衰していき最終的には0になるというものであった．したがって，個体数が0のときは1で個体数が大きくなっていくと0になるような関数を r に掛けてやれば良い．そのような単純なモデルは，

$$\frac{N_{t+1}}{N_t} = r\exp(-bN_t) \quad (b > 0)$$

である．右辺 $r\exp(-bN_t)$ は，$N_t \to 0$ のとき r に近づき，$N_t \to \infty$ のとき0に近づく．r に掛かる $\exp(-bN_t)$ が密度効果というわけである．

しかし，さらにもうひと工夫して，フォックスモデルにならって，exp の中を N_t の関数ではなく，$\log N_t$ の関数としてみよう．N_{t+1} の式に戻すと，

$$N_{t+1} = rN_t\exp(-b\log(N_t))$$

となる．このモデルの良いところは，両対数をとれば，

$$\log(N_{t+1}) = \log(r) + \log(N_t) - b\log(N_t) = \log(r) + (1-b)\log(N_t)$$

となって，$\log(N_t)$ の線形モデルになっているところである．もとの N_t のスケールに戻せば，$N_{t+1} = rN_t^{1-b}$ のようなモデルを考えていることになる．あ，そしてこれはあれですよね．見たことあります．あなた，しれっとサイガの個体数データにあてはめてたじゃないですか？ いやぁ，あなたにはかないませんな．そうだ，これ，第3章でやったアロメトリーですよね？ オタクも人が悪いや．そうなんです．ここでまたアロメトリーなんでげす．我々が考えたいモデルは，個体数がどこまでも増えていくようなモデルではなく，個体数の増加が頭打ちになるようなモデルである．ということは，指数 $1-b$ は0から1の範囲にある，すなわち $0 < b < 1$ を仮定すれば良いだろう，となる．

このモデルを使って前節のようにMSYを考えたい．しかし，$N_{t+1} = g(N_t) - C_t$ のようなモデルを考えるのはよろしくない．なぜなら，せっかく対数とって線形モデルにできたのに，その美しさが再び失われることになるからである．どうすれば良いか？ 線形関係を保ってやれば良いのだ．再びもとの式に戻ろう．$N_{t+1} = rN_t\exp(-b\log(N_t))$ という個体群モデルを考えていたのだった．この式に，漁獲による個体数の減耗過程を入れ込みたい．ただ

引き算しては駄目である．引き算が駄目なら掛けたり割ったりしてやれ．ということで，右辺の N_t を漁獲から生き残った尾数 N_tS_t に変えてやろう．S_t は t 年の生残率で 0 から 1 の値をとる．N_{t+1} の式の右辺に N_t の代わりに N_tS_t を代入すれば，

$$N_{t+1} = rN_tS_t \exp(-b\log(N_tS_t))$$

となる．両対数をとって，

$$\log(N_{t+1}) = \log(r) + (1-b)(\log(N_t) + \log(S_t))$$

じゃーん．また線形モデルになった．S_t は漁獲の後の生き残り割合とすると，t 年の漁獲率を U_t とおけば，$S_t = 1 - U_t$ と書ける．

では，このモデルの MSY がどうなるのか，見てみよう．MSY は，一定の漁獲率で獲り続けていったとき，最大となる持続的な漁獲量のことであった．前節でやったようにまず持続個体数を考えるために，年の添字 t を取っ払って，$N_{t+1} = N_t = N$，$S_t = S = 1 - U$ とする．このとき，上の方程式にそれぞれ代入して，N に関して解けば，

$$N = \exp\left(\frac{\log(r) + (1-b)\log(1-U)}{b}\right)$$

となる．MSY は，漁獲量 $C = UN$ を最大にするものなので，$dC/dU = d(UN)/dU = 0$ を解けば良い．N は上で得たように平衡状態（時間に関係なく一定であること）の個体数で U の関数となっているので，それを代入して，微分すると，少しの計算の後，$U^* = b$ となることがわかる．これを再び上の N の式に代入すれば，$N^* = \exp\left([\log(r) + (1-b)\log(1-b)]/b\right)$，$\mathrm{MSY} = U^*N^*$ のように管理基準値が求まる．

これで密度効果を考慮した個体群動態モデルができあがった．別に，ロジスティックモデルでもフォックスモデルでも良かったのだが，密度効果を考慮しつつ，かつ線形モデルで表せるモデルを作って，安定した計算を実現しようというような意図である．我々は個体数の確率変動を考えるので，さらに個体数に誤差を付与しよう．その結果，我々が考える個体数の動態方程式は，

$$\log(N_{t+1}) = \log(r) + (1-b)\left[\log(N_t) + \log(1-U_t)\right] + \varepsilon_t$$

となる．ここで，$\varepsilon_t \sim N(0, \sigma^2)$ とする．

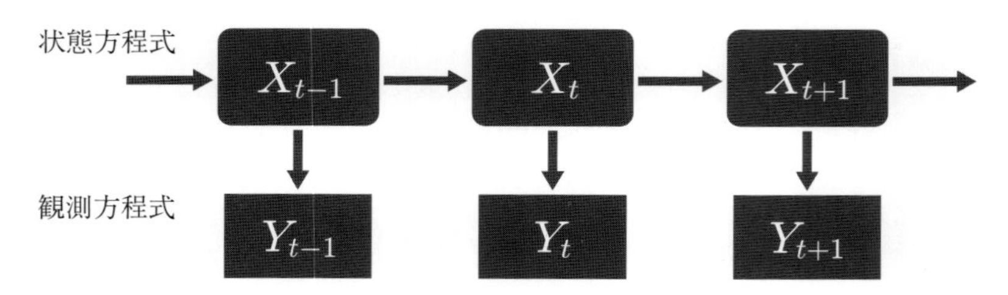

図 7.12 状態空間モデルの概念図

あ，さて，最初の問題を考えようではないか．すなわち，個体数や漁具能率が変動しすぎなのではないか，という問題，そして，個体数は推定値であるのに，それをあたかも真値のように扱って良いのか？ という問題である．このように考えてみよう．個体数は変動する．しかし，我々はその個体数を直接見ることはできない．我々が知り得るのは，その個体数に関連した観測値（ここでは CPUE）だけである．個体数と観測値の関係を図 7.12 のように関連づけよう．個体数は $N(0, \sigma^2)$ に従う確率変動をもち，観測値はその平均が個体数のなんらかの関数となっていて観測誤差 $N(0, \tau^2)$ を伴う．このようなモデルを状態空間モデル (state-space model) という．

前章では，観測値 CPUE はデルーリー法によって（初期）個体数と結び付けられていた．デルーリー法は，$CPUE_t = qN_0 - qCC_t + \nu_t$ のような式で表されたが，これは今の場合は，イマイチよろしくない．漁獲は，CPUE から引かれるというよりは，すでに上記の $\log(N_t)$ の式で引かれていることになっているからである．そこで，デルーリー法を状態空間モデルに従って書き直してみよう．

まずプロセスモデルを考える．これは直接観測できない潜在的な個体数の動態である．上で考えた対数線形モデルを使用したいが，デルーリー法にあわせて少しだけ変更する．ヤリイカデータは年ごと週ごとのデータになっているので，年の記号を y として，週の下付添字を t とする．年 y，週 t の個体数 $N_{y,t}$ は，漁獲によって減耗するとする（簡単のため，自然死亡は考えない）．漁獲率 $U_{y,t}$ で漁獲されるとすると，その生き残りは $1 - U_{y,t}$ となるので，

$$N_{y,t+1} = N_{y,t}(1 - U_{y,t})$$

が成り立つ．これは，年内の個体群の変化（減少）を表している．

年が変わると個体数は更新される．その更新は，先ほどの密度効果を考えた個体数モデルに従うとする．

$$\log N_{y+1,0} = \log(r) + (1-b)\log N_{y,\mathrm{end}} + \varepsilon_y$$

end は，y 年の漁獲シーズン終了時期を表す．ここで，漁獲シーズンの最後の生残個体数は $N_{y,\mathrm{end}} = N_{y,0}\prod(1-U_{y,t})$ で計算できる．誤差変動は，$\varepsilon_y \sim N(0,\sigma^2)$ とする．この式は，$N_{y,0} \rightarrow N_{y+1,0}$ の関係を表すので，初期条件 $N_{0,0}$ を与える必要がある．そこで $y=0$ のとき，$\log N_{0,0} \sim N(\log \tilde{N}_0, \sigma^2/b^2)$ として，$\tilde{N}_0$ を推定するパラメータとする（分散を b^2 で割っているのは，初期状態が平衡状態であるという仮定をおいているため）．

漁獲率は，漁獲尾数 $C_{y,t}$ がわかっているので，$U_{y,t} = C_{y,t}/N_{y,t}$ で与えられる．ただし，この値は 1 を越えないはずなので，そのような制約を設ける必要があるだろう．

我々は，個体数を直接観測することはできない．我々が観測するのは CPUE や漁獲尾数である．そこで，今度は観測モデルについて考えよう．CPUE は一般には個体数の指標値であるので，比例定数 q を掛けて，$E(CPUE_{y,t}) = q_y N_{y,t}$ を仮定する．CPUE の観測値は平均のまわりで変動するとして，

$$\log(CPUE_{y,t}) = \log(q_y N_{y,t}) + \nu_{y,t}$$

というモデルを想定する ($\nu_{y,t} \sim N(0,\tau^2)$)．ここで，$q_y$ はある年 y の漁具能率となっている．漁具能率は年ごとに異なるが，極端に大きく異なるというのも変であり，過剰適合のおそれもある．そこで，q_y は q_{y-1} に似ているが，そのまわりで変動するという仮定をおこう．この場合は，なにか一定の値に収束するようなこともなさそうであるので，ランダムウォークモデルを仮定しよう．すなわち，

$$\log(q_{y+1}) = \log(q_y) + \kappa_y$$

とする ($\kappa_y \sim N(0,\eta^2)$)．この場合も個体数の場合と同様に，初期状態を与える必要がある．そこで，初期状態の漁具能率の対数値 $\log(q_0)$ は $\log(\tilde{q})$ のまわりを変動するという仮定をおこう ($\log(q_0) = \log(\tilde{q}) + \kappa_0$)．$\tilde{q}$ は推定パラメータ（固定効果）である．これで，観測値 CPUE に対するモデルが完成した．

長々としたモデルの説明になってしまった...しかし，これでモデルができあがった．個体数は観測されない潜在変数であり，我々が観測した“データ”はCPUEと漁獲尾数である（今の場合，漁獲尾数は既知の値としているので，確率変数ではない）．潜在変数は，第4章でやったランダム効果モデルのように，積分して取り除いてから，周辺尤度の最大化をすることでパラメータの推定を行う．個体数を積分して消す必要があるが，多重積分になるために，その計算は簡単ではない．第4章で紹介したラプラス近似を使ってやろう．ということで，ここでもTMBを使って計算を行うことになる．

コードを書いてみよう．

```
sink("delury_ss.cpp")
cat("

// State-Space Delury Model

#include <TMB.hpp>
#include <iostream>

template<class Type>
Type objective_function<Type>::operator() ()
{
  // DATA //
  DATA_VECTOR(CPUE);
  DATA_VECTOR(CAT);
  DATA_IVECTOR(YEAR);
  DATA_IVECTOR(START);
  DATA_IVECTOR(END);
  DATA_INTEGER(Y);

  // PARAMETER //
  PARAMETER(log_r);
  PARAMETER(logit_b);
  PARAMETER(tilde_n0);
  PARAMETER(log_tilde_q);
```

```
PARAMETER(log_sigma);
PARAMETER(log_tau);
PARAMETER(log_eta);
PARAMETER_VECTOR(log_q);
PARAMETER_VECTOR(n0);

// PARAMETER TRANSFORMATION //
Type r = exp(log_r);
Type b = Type(1.0)/(Type(1.0)+exp(-logit_b));
Type sigma = exp(log_sigma);
Type tau = exp(log_tau);
Type eta = exp(log_eta);
int T = CPUE.size();

vector<Type> q(Y);
vector<Type> n_last(Y);
vector<Type> N_S(Y);
vector<Type> N_E(Y);
vector<Type> U(T);
vector<Type> n(T);
vector<Type> N(T);
vector<Type> pred_n(T);

Type nll = 0.0;

// DeLury Model

for (int i=0;i<T;i++){
  if (START(i)==1) {
    if (i==0) nll += -dnorm(log_q(YEAR(i)),log_tilde_q,
     eta,true);
    if (i > 0) nll += -dnorm(log_q(YEAR(i)),log_q(YEAR(i)-1),
     eta,true);
    n(i) = n0(YEAR(i));
```

```
    N(i) = exp(n(i));
    N_S(YEAR(i)) = N(i);
    U(i) = CAT(i)/N(i);
  }
  if (START(i)==0) {
    n(i) = n(i-1)+log(Type(1.0)-U(i-1));
    N(i) = exp(n(i));
    U(i) = CAT(i)/N(i);
  }
  U(i) = CppAD::CondExpLe(Type(1.0)-U(i),Type(0.0),
   Type(0.9999),U(i));
  // CppAD:CondEXpLe(x,y,z,w)で, x <= yなら, zを, そうでなければ
  // wを与える.
  // Uは 0から 1の範囲であり, 1を越えないようにするため
  if (END(i)==1){
    n_last(YEAR(i)) = n(i)+log(Type(1.0)-U(i));
    N_E(YEAR(i)) = exp(n_last(YEAR(i)));
  }

  pred_n(i) = log_q(YEAR(i))+n(i);
  nll += -dnorm(log(CPUE(i)),pred_n(i),tau,true);
}

// Density-Dependent Model

nll += -dnorm(n0(0),tilde_n0,sigma/b,true);
for (int i=1;i<Y;i++){
  nll += -dnorm(n0(i),log_r+(Type(1.0)-b)*n_last(i-1),sigma,
   true);
}

q = exp(log_q);
Type Umsy = b;
Type N_eq = exp((log_r+(Type(1.0)-b)*log(Type(1.0)-b))/b);
```

```
  Type MSY = Umsy*N_eq;
  Type N0_new = exp(log_r+(Type(1.0)-b)*n_last(Y-1));

  // ADREPORTS

  ADREPORT(r);
  ADREPORT(b);
  ADREPORT(sigma);
  ADREPORT(tau);
  ADREPORT(eta);
  ADREPORT(q);
  ADREPORT(U);
  ADREPORT(N_S);
  ADREPORT(N_E);
  ADREPORT(Umsy);
  ADREPORT(N_eq);
  ADREPORT(MSY);
  ADREPORT(pred_n);
  ADREPORT(N);
  ADREPORT(N0_new);

  return nll;
}
", fill=TRUE)
sink()
```

わぁ，これまた長いプログラムである．しかし，そんなことはどうでもいい．このプログラムをコンパイルするのだ．怪しい文字列の後に，`[1] 0` のようなメッセージが出ればコンパイル成功である．

```
library(TMB)
compile("delury_ss.cpp")
dyn.load(dynlib("delury_ss"))
```

コンパイルに成功したら，プログラムを走らせてみよう．データ delury を少し変更して，追加の変数を作ろう．START と END は，各年の中のはじめの週と最後の週を表す指示変数である．START は，そのデータがその年の週のはじめであれば TRUE となり，そうでなければ FALSE となっている．END は，逆に，そのデータがその年に漁獲が行われた最後の週であれば TRUE となり，そうでなければ FALSE となっている．年内の開始週には，初期資源尾数の密度依存型の動態モデルを規定する必要があるので，そこを区別しなければならない．年内の最終週には，密度依存モデルの中の説明変数にあたる $N_{y,\mathrm{end}}$ を計算する必要があるので，そのために END が必要である．個体数と漁具能率は，実際に観測されない潜在変数であるので，ランダム効果として積分消去する必要がある．そこで，関数 MakeADFun の中で，random=c("log_q","n0") として，それらが潜在変数であることを指定する．

```
delury1 <- delury %>% mutate(Y=Year-min(Year)) %>%
group_by(Year) %>% mutate(W=Week-min(Week),
 START=(W==0), END=(W==max(W)))
nY <- max(delury1$Y)+1
dat_ss <- list(CPUE=delury1$CR, CAT=delury1$Cat,
 YEAR=delury1$Y, START=as.numeric(delury1$START),
 END=as.numeric(delury1$END), Y=nY)
par_ss <- list(
  log_r=log(6),
  logit_b=0,
  tilde_n0=mean(log(lm_res$N0)),
  log_tilde_q=mean(log(lm_res$q)),
  log_sigma=log(0.2),
  log_tau=log(0.2),
  log_eta=log(0.2),
  log_q=log(lm_res$q),
  n0=log(lm_res$N0)
)
obj <- MakeADFun(dat_ss, par_ss, random=c("log_q","n0"),
 DLL="delury_ss")
```

```
mod_ss <- nlminb(obj$par, obj$fn, obj$gr)
sdrep <- sdreport(obj)
```

プログラムを実行したら，増加率や密度効果の推定値，個体数推定値，漁具能率の推定値，MSY に関係した数値などを取り出そう．手始めに，今回の状態空間デルーリーモデルで計算した初期個体数と漁具能率を，通常の単純な線形回帰で推定した初期個体数と漁具能率と比較してみよう．

```
sum_res <- summary(sdrep)
N0 <- sum_res[rownames(sum_res)=="N_S",]
q <- sum_res[rownames(sum_res)=="q",]
r <- sum_res[rownames(sum_res)=="r",]
TC <- unlist((delury1 %>% group_by(Year) %>%
 summarize(TC=sum(Cat)))[,2])
ss_res <- data.frame(q=q[,1], N0=N0[,1], U=TC/N0[,1])
par_msy_ss <- cbind("Umsy"=sum_res[rownames(sum_res)=="b",],
 "Nmsy"=sum_res[rownames(sum_res)=="N_eq",],"MSY"=
 sum_res[rownames(sum_res)=="MSY",]) %>% as.data.frame()
Year <- as.numeric(rownames(lm_res))
rownames(ss_res) <- Year
p1 <- ggplot(lm_res, aes(x=Year,y=N0))+geom_point()+
 geom_line(data=ss_res, aes(x=Year,y=N0), color="blue")+
 ylim(0, 1600)+theme_bw()
p2 <- ggplot(lm_res, aes(x=Year,y=q))+geom_point()+
 geom_line(data=ss_res, aes(x=Year,y=q), color="blue")+
 theme_bw()
cowplot::plot_grid(p1,p2)
```

黒点は，通常のデルーリー法によって推定した値で，青い線は状態空間密度依存デルーリー法で推定した結果である（図 7.13）．個体数推定値，漁具能率の推定値ともに shrinkage されて，ばらつきが小さくなっているのが見て取れるが，その程度は漁具能率のほうが大きく，個体数推定値はそれほど大きく変化していない．特に最近年の個体数推定値が若干スムーズになっている．

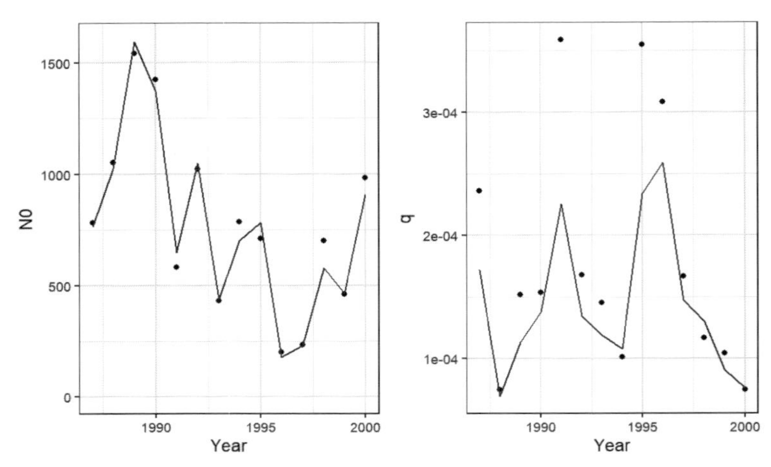

図 7.13 状態空間密度依存デルーリーモデルによる初期個体数 (N_0) と漁具能率 (q) の推定結果

得られた管理基準値を使って，前節のように Kobe plot を描いてみよう．

```
rel_N <- ss_res$N0/par_msy_ss["Nmsy"][1,]
rel_U <- ss_res$U/par_msy_ss["Umsy"][1,]
out_ss <- data.frame(Y=as.numeric(rownames(ss_res)), N=rel_N,
 U=rel_U)
min_Y <- min(out_ss$Y)
max_Y <- max(out_ss$Y)
ggplot(out_ss, aes(x = N, y = U)) + theme_bw() +
 geom_rect(xmin=1, xmax=3, ymin=0, ymax=1, fill='green',
  alpha=0.05)+
 geom_rect(xmin=0, xmax=1, ymin=1, ymax=2, fill='red',
  alpha=0.05)+
 geom_rect(xmin=0, xmax=1, ymin=0, ymax=1, fill='yellow',
  alpha=0.05)+
 geom_rect(xmin=1, xmax=3, ymin=1, ymax=2, fill='orange',
  alpha=0.05)+
 geom_path(linetype = 2, linewidth=0.4) +
 geom_point(aes(size=Y, fill=Y), shape = 21) +
```

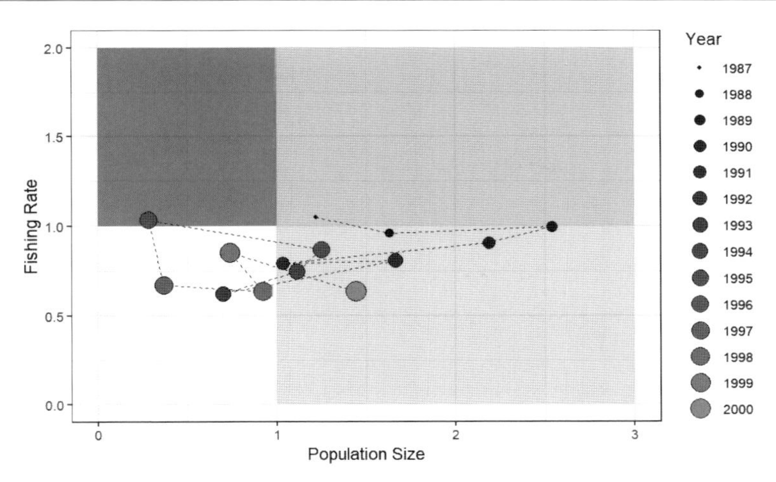

図 **7.14** 状態空間密度依存デルーリーモデルによる Kobe plot

```
scale_fill_continuous(limits=c(min_Y,max_Y),
 breaks=seq(min_Y,max_Y))+
scale_size_continuous(limits=c(min_Y,max_Y),
 breaks=seq(min_Y,max_Y))+
labs(y="Fishing Rate",x="Population Size",fill="Year",
 size="Year")+
guides(fill= guide_legend(),size=guide_legend()) +
scale_y_continuous(limits=c(0,2)) +
scale_x_continuous(limits=c(0,3))
```

漁獲率は最適値を上回ったことはほとんどない（図 7.14）．個体数は最適値を下回っていた時代もあったが，回復して現在は良い状態にあるという結果となった．

前節で見たように，観測値と予測値の比較をしておこう．前節では，デルーリー法で推定した個体数を観測値としてモデルをあてはめた．しかし，本節では，デルーリー法のあてはめと密度依存モデルの推定を同時に行っている．したがって，観測値は CPUE である．CPUE とモデルの予測値をプロットしてみよう．モデルから得られる CPUE の予測値はモデルのアウトプットの中に入っているので，それを使用しよう．

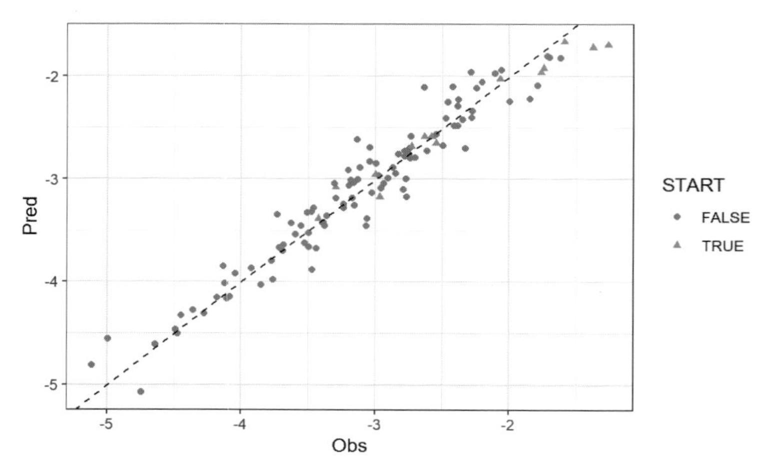

図 **7.15** 観測値 (Obs) と状態空間密度依存デルーリーモデルの予測値 (Pred) の比較

```
Obs <- log(delury1$CR)
Pred <- sum_res[rownames(sum_res)=="pred_n",1]
dat <- data.frame(Obs=Obs,Pred=Pred,START=factor(
 delury1$START))
ggplot(dat, aes(x=Obs,y=Pred,color=START,shape=START))+
 geom_point()+geom_abline(intercept=0,slope=1,linetype=
 "dashed")+theme_bw()
```

各年の初期個体数を青色の三角で，その他を赤色の丸で示している（図 7.15）．前節のフォックスモデルの結果と比較してどうであろうか．だいぶん改善されている．まだ，0.5 程度の乖離は見られるが，1 より大きな差は見られない．かなり直線の上に載っており，だいぶんうまく予測できるようになった印象である．よかった，よかった，あきらめないで本当によかった．

だが，ちょっと待った．また，待て，ですか？ すいません．でも，また待て，なんです．たしかにモデルは改善されたかもしれません．こっちの結果のほうが信頼できるのかもしれません．でも，最適な漁獲率が前節の結果と違いすぎませんか？ 2 つのモデルから得られた管理基準値を並べてみましょう．

```
par_comp <- rbind(par_msy_ss[1,], par_msy, par_msy_ss[1,]/
 par_msy)
rownames(par_comp) <- c("SS","Fox","Ratio")
print(round(par_comp, 3))
```

```
       Umsy     Nmsy     MSY
SS    0.905  627.683 568.364
Fox   0.481 1418.397 681.958
Ratio 1.883    0.443   0.833
```

状態空間モデルから得られたMSYの漁獲率は0.9となっているのに，フォックスモデルは0.5ぐらいです．MSYに対応する個体数も大きく違います．もし，状態空間モデルの結果が間違っていて，前節のフォックスモデルの結果が正しいのだとしたら，ヤリイカは，そしてわたしたちは，一体どうなるのでしょうか？

ご心配のお気持ち，よぉくわかります．しかし，その問題は次章で考えることにしようじゃありませんか．だって，もうだいぶん長い時間この章にいるんですもの．もうすっかり疲れてしまいました．そして今は，忘れないように，この言葉を繰り返しましょう．「かんじんなことは，目には見えない」と．

7.6 ランダム効果を含む統計量のバイアス補正

とある学会に出たときの思い出．
老科学者が講演を始めた．その老科学者は，何年にもわたって同じ場所である動物の個体数を調査し続けていた．そして，その場所の環境の変化とともに，個体数が減少していることをつきとめた．ランダムサンプリングとなるように計画された調査ではなく，系統的なバイアスが生じる可能性があった．しかし，それは力強い迫力に満ちた発表だった．講演が終わり，質疑応答となった．時の統計学の泰斗と目される先生が立ち上がって言った．
「素晴らしい研究に大変な感銘を受けた．わたしが言うことではないかもしれないが...」
先生は少し口ごもり，しかし，決然と言われた．

「バイアスを怖れるな」

生物量の多くは正の値をとり，右裾が重い分布になりがちである．そのため，対数をとって正規分布をあてはめるということがしばしばなされる．このとき，$\log(X)$ の平均値が μ であるとして，$X = \exp(\log(X))$ の平均値は $\exp(\mu)$ であろうか？ 第2章で，対数正規分布というものが出てきた．その平均値は，$E(X) = \exp(\mu + \sigma^2/2)$ であるとなっていた．あれ？ $\exp(\mu)$ じゃないじゃん．そうなのである．あらためて，$Z = \log(X)$ として，Z は平均 μ，分散 σ^2 の正規分布に従うときの X の平均を計算してみよう．

$$
\begin{aligned}
&\int x \frac{1}{\sqrt{2\pi}\sigma} \exp\left(-\frac{(z-\mu)^2}{2\sigma^2}\right) dz = \int \exp(z) N(z|\mu, \sigma^2) dz \\
&= \exp(\mu + \sigma^2/2) \int N(z|\mu + \sigma^2, \sigma^2) dz = \exp(\mu + \sigma^2/2)
\end{aligned}
$$

となって上の対数正規分布の平均値の式が得られる．すなわち，Z の確率分布があれば，平均が計算できるというわけである．そして，一般に，$g(x)$ が x の非線形関数であれば，$E[g(x)] \neq g[E(x)]$ となる．

これまで見てきた個体群モデルでは，個体数の対数値を応答変数とするような場合が多かった．これは，個体数は正の値であるが，対数をとれば，正負の値をとる実数となり，正規分布を仮定するのに便利だからである．状態空間モデルを使うときには，個体数の対数値が未知で，ランダム効果となる．しかし，我々の興味の対象は，個体数の対数値ではなく，個体数そのものであり，個体数そのものの期待値が知りたいと考える場合も多いだろう．その場合，個体数はランダム効果の非線形変換 $g(z) = \exp(z)$ になっていると考えられるが，$g[E(z)] \neq E[g(z)]$ であるので，注意が必要である（$E[g(z)]$ が知りたい量である）．そのような場合，個体数ならば，上の対数正規分布の平均を考えれば良い．

しかし，簡単に計算できない場合もある．たとえば，森林に生息する2種の動物がいるとする．種1の個体数の対数値 z_1 と種2の個体数の対数値 z_2 が正規分布に従うとするとき，森林が食害を受ける確率 P は，2種の個体数の和の関数 $P = 1/(1 + \exp(-\beta[g(z_1) + g(z_2)]))$ となるとする場合，その期待確率を計算するにはどうすればいいだろうか？ もちろん期待値の定義に従って，解析的に積分すれば良いのだが，ランダム効果の数が増えてくると計算が大変になる．もしあなたがベイズ推定を行っているなら，それは難しくはない．あなたは z_1 と z_2 の事後サンプルをもっているであろうから，それを代入して P を計算し，平均をとれば良い．しかし，最尤法による推定の場合，ランダム効果 z_1, z_2 の平均や標準誤差はわかれども，事後サンプルに対応するものがないのである．最尤推定において，ランダム効果を含むなんらかの量の不偏な期待値や分散を得たいという場合に，この節で紹介する考え方が力を発揮することになる．この節は，すこし難解で，マニアックな内容なので，TMB を利用したモデリングに慣れていって，必要になった際に読むと良いかもしれない（このあとの章では使用しない）．

前節までの例では，初期個体数の対数値 $n_0 = \log(N_0)$ をランダム効果として，推定が実行された．上述のように，我々は個体数に関心があるので，N_0 を知りたいわけであるが，$\hat{N}_0 = \exp(\hat{n}_0)$ で良いのか，というのが問題である（非線形変換したものの期待値，という観点では良くない）．今，問題を一般化して，固定効果 θ，ランダム効果 u，データ x がある状況を考えよう．固定効果とランダム効果から計算されるある量 $\phi = f(\theta, u|x)$ の不偏推定量を求めたい．θ は固定効果なので定数であるが，u はランダム効果なので確率変数である．固定効果の最尤推定量は，ランダム効果を積分した周辺尤度から得られるのだった．θ と u の同時確率密度から得られる対数尤度を $l(\theta, u|x)$ と書けば，固定効果は周辺尤度の最大化により，

$$\hat{\theta} = \mathrm{argmax}_\theta \log\left(\int \exp(l(\theta, u|x))du\right)$$

として得られる．$\phi = f(\theta, u|x)$ の期待値は，ベイズ推定であれば u の事後確率によって平均することで得られる．通常，ベイズ推定では MCMC 法などによって事後分布からのサンプルが得られるので，それで平均を求めれば，それが事後平均値となってすむ話なのである．しかし，この場合は最尤法なので，ランダム効果 u の平均や分散はわかっているものの，その確率分布（またはその実現としての事後サンプル）はわかっていない．

そこで，上の（相対）尤度を事後確率の代わりに使おう．このとき，ϕ の期待値は，

$$E[\phi|x] = \frac{\int \exp(l(\theta, u|x))f(\theta, u|x)du}{\int \exp(l(\theta, u|x))du}$$

で与えられる．これを計算すれば ϕ の不偏な推定値が得られるわけであるが，

問題は積分計算をしなければいけないことで，一般にランダム効果 u は多次元であるので高次の重積分が必要になる．パラメータ推定のために，周辺尤度の最大化で，すでに積分計算をした上で，最適化を実行しているのではあるが，周辺尤度とは少し形も違っているため，再度の計算が必要になる．しかし，上の式には，分母・分子に重積分が入っており，そのままだと計算負荷が大きい．そこで，ε というパラメータを追加して，

$$g(\theta, u, \varepsilon|x) = -\log\left(\int \exp(l(\theta, u|x) - \varepsilon f(\theta, u|x))du\right)$$

を最適化することを考える．このとき，g を ε で微分すれば，

$$\frac{\partial g(\theta, u, \varepsilon|x)}{\partial \varepsilon} = \frac{\int \exp(l(\theta, u|x) - \varepsilon f(\theta, u|x)) f(\theta, u|x) du}{\int \exp(l(\theta, u|x) - \varepsilon f(\theta, u|x)) du}$$

が得られる．ここで，$\varepsilon = 0$ としてやろう．さらに，θ を $\hat{\theta}$ で置き換える（固定効果 θ は，もともとのパラメータ推定の最適化で推定されているので，ここで改めて推定する必要はない）．そのとき，上の式は，

$$\left.\frac{\partial g(\hat{\theta}, u, \varepsilon|x)}{\partial \varepsilon}\right|_{\varepsilon=0} = \frac{\int \exp(l(\hat{\theta}, u|x)) f(\hat{\theta}, u|x) du}{\int \exp(l(\hat{\theta}, u|x)) du} = E[\phi|x]$$

となり，目的の期待値が得られる．つまり，ε を導入した関数 g の最適化を行えば，$\varepsilon = 0$ としたときの ε に関する導関数 (gradient) が期待値に対応するものになっている，ということである．

ϕ の分散の推定量についても同様に考えてみよう．$\partial g/\partial \varepsilon$ を再び ε で微分する．式が煩雑になるので，$l(\theta, u|x) = l$, $f(\theta, u|x) = f$ などと簡略化しよう．

$$\begin{aligned}
&\frac{\partial^2 g(\theta, u, \varepsilon|x)}{\partial \varepsilon^2} \\
&\qquad = -\frac{\int \exp(l - \varepsilon f) f^2 du \int \exp(l - \varepsilon f) du - (\int \exp(l - \varepsilon f) f du)^2}{(\int \exp(l - \varepsilon f) du)^2} \\
&\qquad = -\left[\frac{\int \exp(l - \varepsilon f) f^2 du}{\int \exp(l - \varepsilon f) du} - \left(\frac{\int \exp(l - \varepsilon f) f du}{\int \exp(l - \varepsilon f) du}\right)^2\right]
\end{aligned}$$

出てきた式は，$\varepsilon = 0$ とするとき，θ が与えられたもとでの $-(E(f^2) - E(f)^2) = -\mathrm{var}(f)$ となっている．したがって，g の ε による負の2階微分が分散の推定量となっているが，ϕ は θ と u の関数であるので，θ の不確実性を考慮する必要がある．θ の不確実性（分散共分散行列 $\mathrm{var}(\theta)$）は事前の最適化

によってすでにその推定値が得られているので，それを使って，デルタ法により ϕ の θ に起因する不確実性を求めることができる．結局，分散の推定量は，

$$\begin{aligned}\mathrm{var}(\phi|x) = &-\frac{\partial^2 g(\theta,u,\varepsilon|x)}{\partial\theta^2} \\ &+ \left.\frac{\partial}{\partial\theta}\frac{\partial}{\partial\varepsilon}(g(\theta,u,\varepsilon|x))^{\mathsf{T}}\mathrm{var}(\theta)\frac{\partial}{\partial\theta}\frac{\partial}{\partial\varepsilon}(g(\theta,u,\varepsilon|x))\right|_{\varepsilon=0,\theta=\hat{\theta}}\end{aligned}$$

となる．このような ε を用いて，最適化により，ランダム効果の非線形変換が入った変数の期待値や分散を推定する方法は，イプシロン (ε) 法 (epsilon method) と呼ばれている (Thorson and Kristensen 2016)．イプシロン法によるバイアス補正は，関数 `sdreport` の中で，`bias.correct=TRUE` などと指定してやることで実行可能である．上記の式にしたがって分散もバイアス補正したければ，引数に `bias.correct.control = list(sd = TRUE)` と加えれば良い．しかし，分散のバイアス補正にはかなりの計算時間が必要となるので，ここでは平均補正だけをやってみよう．

```
sdrep_bc <- sdreport(obj, bias.correct=TRUE)
# sdrep_bc <- sdreport(obj, bias.correct=TRUE,
# bias.correct.control = list(sd = TRUE))
```

今，個体数の対数値 (n) が正規分布に従っているとしているので，個体数はその指数変換 $N = \exp(n)$ となる．最尤推定量は，$\hat{N} = \exp(\hat{n})$ となって，それはそれで良いのであるが，これは不偏推定とはなっていない．バイアス補正した結果は，不偏推定量に対応している．バイアス補正前後の推定値を比較してみよう．

```
NO <- summary(sdrep_bc)[rownames(summary(sdrep_bc))=="N_S",1:2]
NO_bc <- summary(sdrep_bc)[rownames(summary(sdrep_bc))==
 "N_S",3:4]
ggplot(dat=NO, aes(x=Year,y=NO[,1]))+geom_line()+geom_line(
 aes(x=Year,y=NO_bc[,1]),color="blue",linetype="dashed")+
 labs(x="Year", y="Population Size")+theme_bw()
```

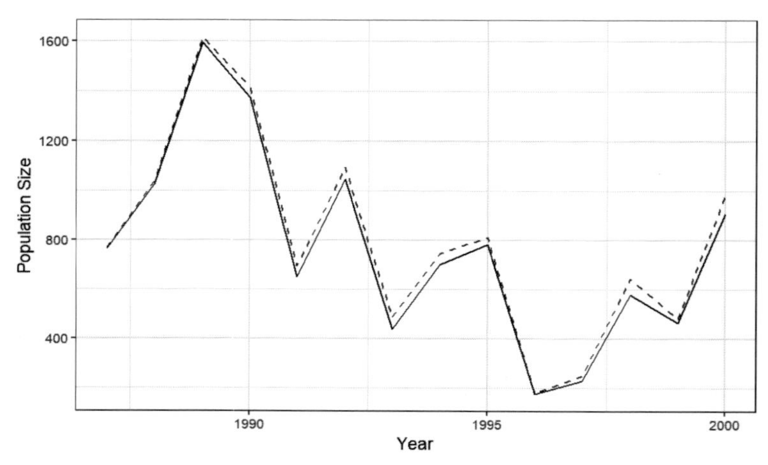

図 **7.16** バイアス補正前後の個体数の比較

この場合，それほど大きな差は見られない（図 7.16）．$\exp(\hat{\mu})$ は最尤推定の不変性から最尤推定量ではある．しかし，不偏推定量が必要になる場合もあり，そのようなものを使わないと問題になる場合も起こり得る．ランダム効果の非線形変換を含む統計量に対して，バイアス補正の方法があるということを知っておいて損はないであろう．

第8章

シミュレーションと意思決定科学

第7章で個体群動態モデルを扱い，個体数の変化の様子が見られるようになった．たとえば，魚の個体群から漁獲によって間引きを行うとき，魚の個体群が将来どのようになっていくか，その漁獲は個体群を維持可能なやり方で獲っているのか，あるいは，もっと多く獲れるのに獲らないでいるということはないだろうか，そんなことを知ることができるようになったのだった．だが，個体群評価は不確実性を伴う．そして，その不確実性はしばしばかなり大きい．N_{MSY} や F_{MSY} などの基準値は，それ自体統計量であるので，データが変われば値が変わり，不確かさをもつものである．

また，第7章で見たように，個体群モデルの形は，なんらかの仮定をして決めることが多い．どのような個体群モデルを仮定し，どのような分析手法を使用するかで，個体数推定値や基準値が大きく変わってしまうかもしれない．これはまた，我々の未来に大きな影響を与える要因となり得るだろう．このように我々は多くの不確実性がうずまく中で，自分たちが必要なだけの恩恵を自然から受け続けながら，個体群を絶滅させないように細心の注意を払って個体群を利用する必要がある．しかし，明日のことはわからない．明日どうなるかわからないなかで，我々は明日の行動を決めてやらなければならないのである．明日のことをどうやって知れば良いのだろうか...？

なんとはなしにテレビをつける．テレビはニュース番組をやっている．「明日の降水確率は80% です」そうか，では明日外出する際には傘を忘れないようにしなくては．あなた，それよ，それだわ．えっ，それってなに？　降水確率よ．明日，魚が絶滅する確率がわかれば，今日なにをするべきかわかるんじゃないかしら？　なるほど．様々な不確実性があっても，その不確実性を考えたうえで，今日の行動によって明日なにが起こるのかその確率が計算できれば，今日の行動を決められるってわけだな．よし，それじゃあ，そうだな，てはじめに，どんな不確実性があるのか考えてみようじゃないか．ふふふ．どうした？　だって，急にはりきって，腕まくりなんかしちゃって，泣いたカラスがもう笑う，みたいなんだもの．わははは．だって，嬉しかったのさ．だが，喜んでばかりはいられない．まだまだこれからなんだもの．さぁ，気を引き締めて，もうひと頑張りやろうじゃないか．

8.1　個体群評価と資源管理

第7章において，個体群評価について学んだ．個体群動態の推定結果から，MSYのような最適な基準を知ることができるようになった．漁獲率をコントロールすることにより個体数がどのように変化していくか知ることができるようになり，自分たちが行っている漁獲が良いものか悪いものか判断できるようになった．"良い"というのは，少なくともそれが持続的であるものである．個体群を絶滅させてしまっては元も子もない（外来種駆除など，根絶させるのが目的の場合もあるが）．持続性を担保したうえで，利用という観点では，そこから得られる利益をできるだけ大きくしたいだろう（これについても，文化の保護が目的の場合など，必ずしも最大化が目指されるわけではないが）．そうすると，我々は，できるだけMSYに近い状態で野生生物を利用していきたいということになる．しかし，第7章で見たように，個体群評価によってすべてがかちっと決まるわけではない．MSYのような値は，統計モデルによる評価の結果であり，不確実性を伴っている．最尤推定値が正しい場合はうまくいくかもしれないが，たとえば増加率のようなパラメータの真値が信頼区間の下限値に近いなら，最尤推定値を正しいと信じて行う管理は失敗するかもしれない．

第7章の最後のほうでは，どのような個体群評価モデルを用いるかで，MSYやそれに関連した基準値 N_{MSY} や F_{MSY} が大きく異なる可能性があることがわかった．真のデータ生成モデルは不明なので，どのモデルを使うかで運命は大きく異なるだろう．調査をしっかり行って十分なサンプルを収集した場合と，少々いいかげんに集めたデータでサンプルサイズもかなり貧弱という場合で，同じような管理をしていて大丈夫なのだろうか．生物によって変動の仕方は大きく異なる．クジラのように長く生きる動物は再生産の量も少なく，その管理は慎重に行う必要があるだろう．一方で，いっぺんにたくさんの子孫を残し，何倍にもなるというような動物であれば，クジラと同じような管理をするのが適切であるとはならないであろう．

他の不確実性もある．我々が統計モデルを駆使して個体群評価を行い，様々な不確実性のもとでも適切に持続的な利用が行える管理方策を作り出したとしよう．しかし，その方策を誰も使用しなければ，持続的な利用がなされることはないだろう．読者は，囚人のジレンマや共有地の悲劇のような話に思いを馳せるかもしれない．適切な方法がわかっていても，それが守られなければ，それを守る動機が適切に与えられないならば，宝の持ち腐れで終わってしまう．

第7章で見たような個体群評価は大変有用な知識である．が，それだけで持続的利用が実現できるわけではないのである．ベストな個体群評価が得られれば，それをもとにして管理をしていけばいいだろう，というのが従来の考え方であった．だが，ベストなものだけを利用すれば，それで解決するわけではない．ベスト=真実，ではないわけである．たとえば，競馬をする際に，一番良い馬に単勝で，というだけで勝負する人は少ないだろう．一番人気を買う人も，二番目，三番目，あと大穴の馬券もちょっと買ったり，一番と他の番号の組み合わせで買ったりするだろう．しかし，資金には限りがあり，全部の組み合わせを買うなどということはしないだろう．資金と予測に従って，自分の持ち金を適当に配分することだろう．そうしないと有り金すべてをすってしまうかもしれないのだ．同じように，もし野生生物の管理に失敗すれば，その損害は大きなものとなる．できるだけ失敗しないように，様々な不確実性があるもとで，できるだけ成功する方策を採用したい．しかし，もちろん，どの馬がベストで，どの馬は可能性が極めて低い（低いがあたったときは利益が大きいとか），というような情報はできるだけ利用したいとなる．まったく情報なしで，好きな番号だからそれにします，というだけで長く勝負を続ける人はいないだろう．

どのようにすれば勝てるのだろうか．レース前日に実際の馬とそっくり同じ馬をクローンで何頭も作り，同じ競馬場で，レースを一斉に行おう．一番人気が勝つ結果もあれば，負ける結果もあるだろう．だが，結果の多くは，似たようなものになり，めったに起こらないことはやはりめったに起こらない．よく起こるパターンの中で，自分の予算の中で，十分なもうけが得られる馬券を買う組み合わせを考え，翌日の本番のレースに臨めば，負ける場合もあるかもしれないが，長期的にはうまくいって十分な利益を得られるだろう．難しいのは，レース前日に実際の馬とそっくりのクローンを作って，レースを一斉に行う，ことである．

そんなこと，ドラえもんでもいないと不可能ではないか．馬鹿な想像しちゃったな，と机の引き出しを開けると，中にはノートパソコンがあって，喋りだす．「ボクは，君の未来を変えるためにやってきたんだ」ノートパソコンの電源を入れると，そのモニターの向こう側には現実の馬たちにそっくりな馬がいて，明日行われるはずのレースが開催されていた...「君が買おうとしていた馬券はみなハズレになるよ．でも，もしこういう買い方をしていたら，明日君はしずちゃんとデートに行けるよ．未来は変えられるんだよ！」

実際に馬のクローンを作って，競馬場を借りて，レースを繰り返すなんてことは不可能である．しかし，コンピュータの中でなら，それは不可能ではない．ノートパソコえもんは4.73次元ポケットからひみつ道具を取り出して言った．「シミュレーショ〜ン！」ちゃんちゃらっちゃちゃんちゃんちゃん．

大きな不確実性のもとで，ベストなものだけに依存するわけにはいかない．どのような方策を採用すれば持続的管理が実現できるのかはっきりしない．資源保護をしつつ，利益を最大化したいが，どれだけの保護をするのがいいのだろうか．そうした疑問に答えるための強力な道具がシミュレーションである．この本でも，多くの場面でシミュレーションを行ってきた．シミュレーションは我々が体験できず実感できないようなことにもしっかりしたビジョンを与えてくれる．ここでは，実際の問題にシミュレーションを活用して，持続的利用のような難しい問題に貢献する方法について紹介しよう．個体群評価の結果を活用しつつ，利用可能な情報に基づいて，とるべき管理方策を選択する方法，意思決定の問題について学習することが本章のテーマである．具体的にどのようなことをやるのかを見るために，第7章で扱ったパタゴニアヤリイカのデータとその個体群評価結果を再び取り上げよう．

8.2　シミュレーションモデルの作成

第7章で考えた個体群モデルで個体群の動態を推定し，漁獲を行っていく場合に，本当に持続可能な漁獲になっているのか，ということを知りたい．それにはまず個体群動態と漁獲プロセスを模倣するシミュレーションモデルを作る必要がある．シミュレーションでは，真の個体数や個体数の変化率，どのぐらい漁獲をするべきか，ということがあらかじめ設定されているので，それらを既知とみなせる．すなわち，真の値に対して実際の観測値はどうであるのか，観測値ではなくその背後にある真の個体数はどれだけ減少しているのか，などを容易に知ることができる．そうすると，その推定のやり方が良いのか，あるいはその漁獲のやり方が良いのか悪いのか，本当に我々の目的に沿っているものなのか，ということを適切に判断できる．もし，その判断が悪かった場合，最悪の場合，個体群を絶滅させてしまうかもしれない．しかし，それがコンピュータの中であれば，個体群をいくら絶滅させたところで，誰も文句を言わないだろう．むしろ，やる前にそのような行動が良くない，ということをはっきりと教えてくれるのだから，大変ありがたい．

まず最初は，個体群評価の結果に基づいてシミュレーションデータを作ってみよう．データ生成モデルと推定モデルが同じなのだから，真の値をきちんと推定できるのは当然ではないかと思われるかもしれない．しかし，そうとは限らない．同じモデルだとしてもサンプルサイズが小さい場合，必ずしも最尤推定がうまくいくわけではない．また，すべてのデータを使えるわけではない状況もあるだろう．真のモデルでは与えられていたとしても，推定モデルではそれは知らない（欠測している）として扱うという場合，そのパラメータをうまく推定できるかどうかはわからない．そもそも真のモデルと推定モデルが同じ場合にうまく推定できないようでは，真のモデルと推定モデルが異なる場合にうまくいくということは期待できないだろう．

もしあなたが教師で，ある学生の試験の答えが，やさしい問題は全部バツだが，すごく難しい問題だけ正解するという場合，どういうことだろう？ と思うだろう．お前はドカベンの岩鬼か？ と思うだろう．基本的な試験にパスする能力をもった上で，難しい試験にもパスする，ということが期待されるのが普通である．そこで，まずに基本的な場合にうまくいくということを確かめたい，それが素直な感性であろう．

前章（第 7 章）の結果を使用する．個体群動態モデル推定に使用したデータ `dat_ss` や結果 `obj` や `sdrep`，もとのデータ `delury` などが res_ss.rda というファイルにセーブされているとしよう．そのファイルを読み込もう．そして，`sdrep` から，推定したパラメータを取り出そう．個体群動態の再現に必要なものは，初期状態のパラメータ $\tilde{N}_0$，増加率 r，密度効果 b，プロセス誤差 σ，観測誤差 τ，漁具能率 q の初期値 $\tilde{q}$ とその変動を司るパラメータ η である．

```
library(mvtnorm)
library(TMB)
library(tidyverse)
load("res_ss.rda")
set.seed(1)
mu_p <- sdrep$par.fixed
Sigma_p <- sdrep$cov.fixed
Cor_p <- cov2cor(Sigma_p)
Sim <- 100
gen_par <- rmvnorm(Sim, mu_p, Sigma_p)
```

推定パラメータの相関行列を見ると，パラメータ $\log(r)$ と $\mathrm{logit}(b)$ の相関が 0.986 となっていて，非常に大きいことがわかる．これは，増加率と密度効果の分離が非常に難しくなっており，それぞれを別個に推定するのが困難な状況であることを示唆している．増加率と密度効果を区別して推定することは一般に困難であることに加えて，もともと時系列としては 14 年間分しかなく，かなり短いことによる情報不足も原因のひとつだろう．密度効果を確信をもって推定するには非常に難しい状況になっていると考えられる．

しかし，いったんその問題は置いておいて，シミュレーションプログラムを作っていこう．まず現在の個体群の動態をシミュレーションで再現してみよう．推定されたパラメータを使用して個体群動態を再現する．初期個体数の対数値，増加率の対数値がパラメータとして与えられているので，それを使おう．それらは推定値であり，推定誤差をもつので，推定誤差の大きさに従って変動させることにしよう．初期個体数は，密度効果を含む線形モデルによって変化する．すなわち，$n_{y+1,0} = \log(r) + (1-b) \times n_{y,\mathrm{end}} + \varepsilon_y$ が成り立っているとする．ここで，$n_{y,0}$ は y 年の漁獲開始前の個体数の対数値，$n_{y,\mathrm{end}}$ は y 年の漁獲による死亡を間引いた後の個体数（生き残った個体数）の対数値である．初期個体数は，漁獲によって間引かれていくが，各年各週の漁獲率とその誤差は推定されているので，それを使用する．

個体群動態において密度効果は特に重要なパラメータであるが，それが0.9というかなり大きな値となっていたことを思い出そう．さらに，この値の不確実性は大きい．しかし，密度効果のパラメータが1や0のような値になってしまうと，個体群の動態としては非現実的で不自然なものとなってしまう．そこで，密度効果 b の上限と下限を設定し，それ以上/以下の値をとらないようにしよう．ここでは，上限を0.95，下限を0.05に設定する．

後の一般化のために必要な関数を設定し，個体群動態をシミュレーションする関数 `Pop_simulator` を定義する．

```
logit <- function(x) log(x/(1-x))
ilogit <- function(x) 1/(1+exp(-x))
pop_update <- function(p,x,eps) p[,1]+(1-p[,2])*x+eps
transform_b <- function(pars, b_max, b_min){
  logit_b <- ifelse(pars$logit_b < logit(b_min), logit(b_min),
   ifelse(pars$logit_b > logit(b_max), logit(b_max),
   pars$logit_b))
  return(logit_b)
}
make_b <- function(x) ilogit(x)
make_Umsy <- function(x,y) y
Pop_simulator <- function(parms, sdrep, dat, seed0=1,
 b_max=0.95, b_min=0.05, b_type="logit_b"){
  pars <- as.data.frame(parms)
  Sim <- nrow(pars)
  nY <- dat$Y
  nT <- length(dat$CPUE)
  n0 <- n_last <- matrix(NA, nrow=nY, ncol=Sim)
  n <- u <- matrix(NA, nrow=nT, ncol=Sim)
  log_r <- pars$log_r
  pars[,b_type] <- transform_b(pars, b_max, b_min)
  b <- make_b(pars[,b_type])
  sigma <- exp(pars$log_sigma)
  eps <- matrix(rnorm(nY*Sim,0,sigma),nrow=nY,ncol=Sim,
```

```
    byrow=TRUE)
  YEAR <- dat$YEAR+1
  START <- dat$START
  END <- dat$END
  U <- summary(sdrep)[rownames(summary(sdrep))=="U",]
  logit_U <- cbind(logit(U[,1]), (1/(U[,1]*(1-U[,1])))*U[,2])
  Umsy <- make_Umsy(log_r,b)
  set.seed(seed0)

  for (i in 1:nT){
      u[i,] <- ilogit(rnorm(Sim, logit_U[i,1], logit_U[i,2]))
      if (START[i]==1) {
        if (i==1) n0[YEAR[i],] <- pars$tilde_n0 else
         n0[YEAR[i],] <- pop_update(cbind(log_r,b),
         n_last[YEAR[i]-1,],eps[YEAR[i]-1,])
        n[i,] <- n0[YEAR[i],]
      }
      if (START[i]==0) n[i,] <- n[i-1,]+log(1-u[i-1,])
      if (END[i]==1) n_last[YEAR[i],] <- n[i,]+log(1-u[i,])
  }
  n0_new <- pop_update(cbind(log_r,b),n_last[nY,],eps[nY,])
  list(parms=pars, Umsy=Umsy, n0=n0, n_last=n_last,
   n0_new=n0_new, n=n, u=u)
}
pops <- Pop_simulator(gen_par, sdrep, dat_ss)
```

生成された個体数をプロットしてみよう．

```
mean_n0 <- rowMeans(pops$n0)
ci_n0 <- apply(pops$n0, 1, quantile, probs=c(0.025, 0.975))
est_n0 <- summary(sdrep)[rownames(summary(sdrep))=="n0",1]
dat1 <- data.frame(Year=unique(delury$Year), n0=mean_n0,
 lo=ci_n0[1,], up=ci_n0[2,], est_n0=est_n0)
ggplot(dat1, aes(x=Year, y=n0))+geom_ribbon(aes(ymin=lo,
```

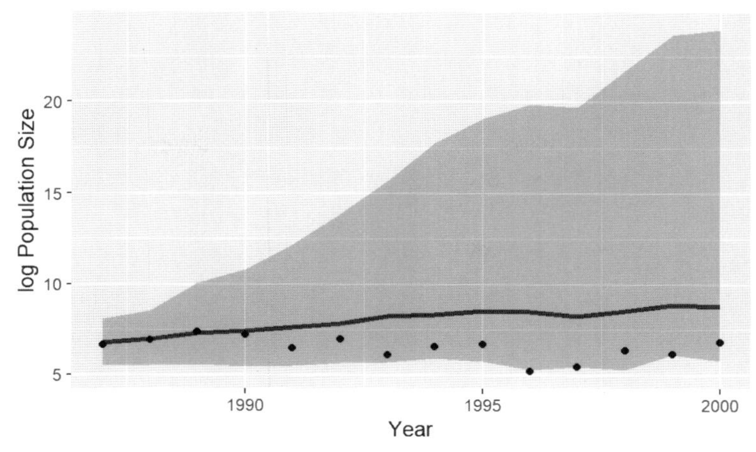

図 **8.1**　個体数のシミュレーションデータ

```
  ymax=up),alpha=0.2) + labs(y="log Population Size")+
  geom_line(color="blue",linewidth=1.2)+
  geom_point(aes(y=est_n0))
```

黒丸点はもともとの推定された個体数の対数値であるが，シミュレーションの期待値とは特に後半においてあまり合っていないように見える（図 8.1）．これは，一番最初の年の初期個体数は推定パラメータから生成しているものの，その後の年の初期個体数はモデル式と誤差から生成し，必ずしも現在得られている個体数推定値の時系列に合うとは限らないためである．今，シミュレーションでは，漁獲率をロジット変換したもののまわりで正規分布にしたがう変動を加えた後，逆ロジット変換で戻すという操作を行っている．これはどういう影響を生むかを簡単に見てみよう．

```
set.seed(1)
(1-ilogit(logit(0.2)))^10
mean((1-ilogit(logit(0.2)+rnorm(10000,0,0.2)))^10)
```

```
[1] 0.1073742
[1] 0.112781
```

漁獲率 20% で 10 年間漁獲すると 10.7% 程度の個体数まで減少するはずである．しかし，20% の漁獲率に確率変動を与えて，平均をとると漁獲率は 11.3% になる．つまり，各年の最終的な個体数 N_{end} は期待よりもほんの少し大きくなるということである．これは，翌年の個体数を大きくするので，この漁獲のインパクトが若干小さめになるという傾向が繰り返されれば，だんだん個体数が大きくなるであろう．しかし，実際には個体数はそのように増加していないわけである．

このように，できるだけ現実的なパラメータの値を使用したとしても，シミュレーションデータが十分に現実のデータと合わないことが起こり得る．そのようなとき，現実のデータに合うようにシミュレーションデータを調整したいだろう．もし非現実的なデータで，なにか重要そうな結果が得られたとしても，それは現実とは異なっているのだから，価値がないと批判されることになるだろう．しかし，十分に現実感のあるデータのもとで，ある重要な結果を得たならば，それは信じるに値するとなるだろう．ということで，これから生成されたデータをもとに将来予測をしていきたいのであるが，今のように実際のデータにあてはまっていないシミュレーションデータを使用するのには不安がある．ここは，将来予測を行うのはいったん待って，まずは実際のデータにあてはまっているシミュレーションデータを作成する方法を考えてみよう．

まず，上と同じようにパラメータを生成する．しかし，そうしてできたパラメータでシミュレーションしたものは，推定結果には（平均的に）あっていない．そこで，推定した初期個体数の対数値を真として，シミュレーションで出てきた初期個体数の対数値 $n^s_{y,0}$ を観測値とする平均対数尤度を計算する．対応する真の初期個体数の対数値を $\hat{n}_{y,0}$ と書き，年 y は，$y = 1, \ldots, n$ とする（今の場合，データから推定した $\hat{n}_{y,0}$ を真値としてシミュレーションデータを作っているので，真値のほうに ˆ がついている）．各シミュレーションデータ $s = 1, \ldots, S$ に対する平均対数尤度は，

$$mll_s = \frac{1}{n}\sum_{y=1}^{n} \log(N(n^s_{y,0}|\hat{n}_{y,0}, \mathrm{se}(\hat{n}_{y,0})))$$

と計算される．この値は，シミュレーションで出てきた初期個体数がもとの推定結果に近いなら大きな値となり，遠いなら小さな値になるはずである．そこで，これを指数変換して正値として扱い，全シミュレーションデータに対する

その値の和で割ることにより相対値にして，そのデータの尤もらしさの指標値とみなす．この指標値をシミュレーションデータに対する重み W_s として使用する．

$$W_s = \frac{\exp(mll_s)}{\sum_u \exp(mll_u)}$$

先にシミュレーションしたパラメータの中から，この重みの大きさを確率としてパラメータを選別する．シミュレーションされた結果が推定結果に近い場合は重みが大きく，抽出確率も大きくなるが，遠い場合は重みが小さく，抽出確率は小さくなる．結果として，推定結果に近いシミュレーションデータが選択されることになるだろう．一度サンプリングしてから，それを尤度の重みでもう一度サンプリングすることから，この種の方法は Sampling-Importance-Resampling 法（SIR 法）と呼ばれている．Importance とは尤度の重み計算部分に該当する．早速，実装してみよう．

```
mean_n0_old <- mean_n0
set.seed(1)
Sim <- 1000
gen_par <- rmvnorm(Sim, mu_p, Sigma_p)

pops <- Pop_simulator(gen_par, sdrep, dat_ss)
n <- dat_ss$Y
se_n0 <- summary(sdrep)[rownames(summary(sdrep))=="n0",2]

W <- sapply(1:Sim, function(i) 1/n*sum(dnorm(pops$n0[,i],
 est_n0,se_n0,log=TRUE)))
W <- W-max(W)
P <- exp(W)/sum(exp(W))

id <- sample(Sim,0.1*Sim,prob=P)

mean_n0_new <- rowMeans(pops$n0[,id])
ci_n0_new <- apply(pops$n0[,id], 1, quantile,
 probs=c(0.025, 0.975))
```

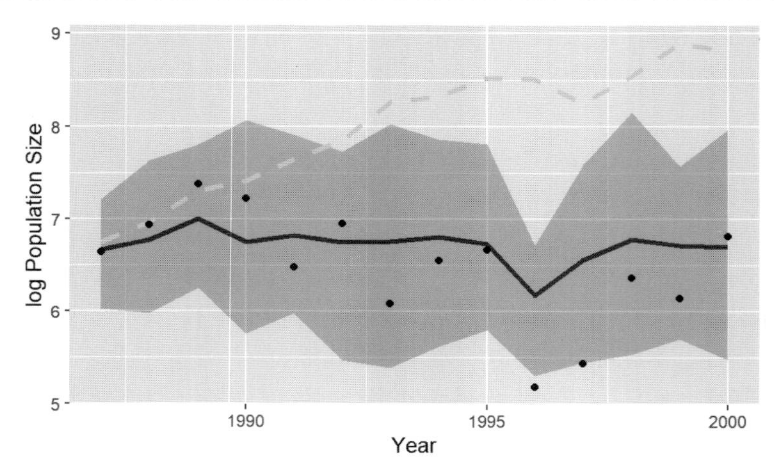

図 **8.2** SIR 法によって抽出された個体数のシミュレーションデータ

```
dat2 <- data.frame(Year=unique(delury$Year), n0=mean_n0_new,
 lo=ci_n0_new[1,], up=ci_n0_new[2,], est_n0=est_n0, old_n0=
 mean_n0_old)

ggplot(dat2, aes(x=Year, y=n0))+geom_ribbon(aes(ymin=lo, ymax=
 up), alpha=0.2)+labs(y="log Population Size")+geom_line(aes(y=
 old_n0), color="green",linetype="dashed",linewidth=1.2)+
 geom_line(color="blue",linewidth=1.2)+
 geom_point(aes(y=est_n0))
```

1000個のシミュレーションデータを発生させて，そのうち10分の1の100個のデータを尤度による重み（重要度）でリサンプリングした．先のシミュレーション結果による初期個体数も一緒にプロットしてみたが，先の初期個体数が上側にずれていっているのに対して，SIR法によって抽出されたシミュレーションデータは，推定個体数の傾向をとらえているように見える（図8.2）．このようにシミュレーションデータを実際の評価結果に合わせて現実的なものにする操作をコンディショニング (conditioning) といったり，データ同化 (data assimilation) といったりする．

シミュレーションで生成した初期個体数を，平均的に推定個体数にあうようなものにすることができた．しかし，これで十分なのだろうか？ 個体数は，初期個体数だけでなく，漁獲を経て減少していく．漁獲から生き残った個体数のシミュレーションデータもまた推定されたものに合うようになっているのだろうか？ それを確認するために，漁獲後の個体数 $\log N_{y,\mathrm{end}}$ がどのようになっているかを見てみよう．

```
mean_n_last <- rowMeans(pops$n_last[,id])
ci_n_last <- apply(pops$n_last[,id], 1, quantile, probs=
 c(0.025, 0.975))
est_n_last <- log(summary(sdrep)[rownames(summary(sdrep))==
 "N_E",1])
dat3 <- data.frame(Year=unique(delury$Year), n_last=
 mean_n_last, lo=ci_n_last[1,], up=ci_n_last[2,], est_n_last=
 est_n_last)
ggplot(dat3, aes(x=Year, y=n_last))+geom_ribbon(aes(ymin=lo,
 ymax=up), alpha=0.2) + labs(y="log Population Size")+
 geom_line(color="blue", linewidth=1.2)+
 geom_point(aes(y=est_n_last))
```

うまく傾向をとらえている感じである（図 8.3）（コンディショニングしない場合の漁獲後個体数を同様にプロットしてみると，年の後半で過大推定となってしまうことが見てとれる）．

どうやら良さそうである．一連の操作をシミュレーションデータを作成する関数としてまとめてみよう．

```
Simulated_data <- function(dat, sdrep, Sim=1000, p=0.1,
 seed0=1, b_max=0.95, b_min=0.05, b_type="logit_b"){
  set.seed(seed0)
  YEAR <- dat$YEAR+1
  START <- dat$START
  END <- dat$END
```

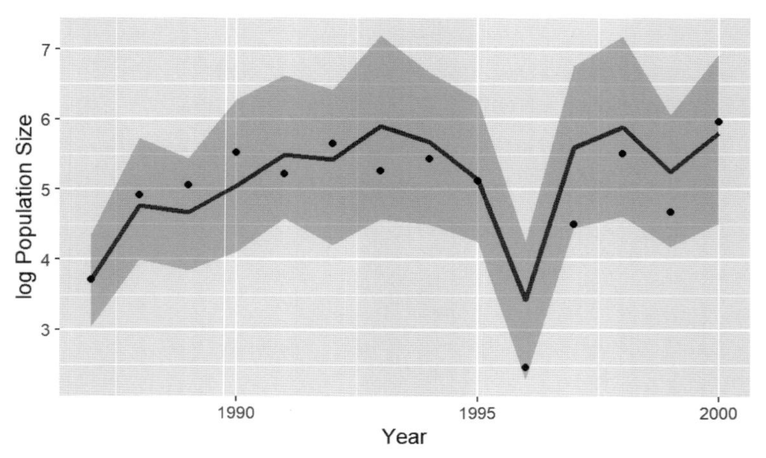

図 **8.3**　SIR 法で得られた $\log(N_{\mathrm{end}})$ のシミュレーションデータ

```
mu_p <- sdrep$par.fixed
Sigma_p <- sdrep$cov.fixed

gen_par <- rmvnorm(Sim, mu_p, Sigma_p)
pops <- Pop_simulator(gen_par, sdrep, dat, seed0, b_max,
 b_min, b_type)
nY <- dat$Y
est_n0 <- summary(sdrep)[rownames(summary(sdrep))=="n0",]
Umsy <- pops$Umsy

W <- sapply(1:Sim, function(i) 1/nY*sum(dnorm(pops$n0[,i],
 est_n0[,1],est_n0[,2],log=TRUE)))
W <- W-max(W)
P <- exp(W)/sum(exp(W))
m <- round(p*Sim)
id <- sample(Sim,m,prob=P)
nt <- length(dat$CPUE)

parms <- gen_par[id,]
n <- pops$n[,id]
```

```
  u <- pops$u[,id]
  Umsy <- pops$Umsy[id]
  n0 <- pops$n0[,id]
  n_last <- pops$n_last[,id]
  n0_new <- pops$n0_new[id]

  catch <- exp(n)*u

  log_tilde_q <- parms[,"log_tilde_q"]
  tau <- exp(parms[,"log_tau"])
  eta <- exp(parms[,"log_eta"])
  z <- matrix(rnorm(nt*m), nrow=nt, ncol=m)
  z2 <- matrix(rnorm(nY*m), nrow=nY, ncol=m)
  log_cpue <- matrix(NA, nrow=nt, ncol=m)
  log_q <- matrix(NA, nrow=nY, ncol=m)
  log_q[1,] <- rnorm(m, log_tilde_q, eta)

  for (i in 1:nt){
    if (i>1 & START[i]==1) log_q[YEAR[i],] <-
     log_q[YEAR[i]-1,]+eta*z2[YEAR[i]-1,]
    log_cpue[i,] <- log_q[YEAR[i],]+n[i,]+tau*z[i,]
  }

  tcat <- sapply(1:m, function(i) tapply(catch[,i], YEAR, sum))

  list(m=m, parms=parms, Umsy=Umsy, YEAR=YEAR-1,
   START=START, END=END, n0=n0, n_last=n_last, n0_new=
   n0_new, n=n, u=u, cpue=exp(log_cpue), catch=catch,
   tcat=tcat, q=exp(log_q))
}
Sim_dat <- Simulated_data(dat_ss, sdrep)
```

このようにしてシミュレーションデータができあがった．このシミュレーションデータに対して，第7章で作った delury_ss プログラムを実行してパラメータを推定しよう．個体群モデルをフィットする際に初期値を設定する必要があるが，この場合は真のパラメータ値がわかっているので，それらを初期値として利用すれば，速く収束すると期待される．しかし，真値を初期値としたからといって必ずしもうまくいくわけではない．今の場合，個体数から漁獲尾数を間引くモデルになっているので，個体数の初期値が漁獲尾数より小さいと計算上問題である．そこで，個体数の初期値を少し大きめに設定するなど，計算が失敗しないための工夫を行う．

増加率や密度効果は収束させるのが難しいパラメータではあるので，すこし小さめの値に設定しておこう．また，初期個体数が小さすぎると，漁獲尾数より小さくなる可能性が高くなり，これも推定の問題となる可能性があるので，初期個体数は高めに設定しておく．データは第 7 章で作った TMB 用データの中の CPUE と漁獲尾数をシミュレーションで作ったものに置き換えてやれば良い．

加えて，密度効果が 1 や 0 に近い値に推定された場合，持続的利用において問題となることが予想されるので，ここでも密度効果 b に上限 0.95，下限 0.05 の制約をおくことにする．

```
make_dat <- function(x,i){
  list(CPUE=x$cpue[,i], CAT=x$catch[,i], YEAR=x$YEAR,
   START=as.numeric(x$START), END=as.numeric(x$END),
   Y=nrow(x$n0))
}
make_par <- function(x,i,b_max,b_min,b_fix,b_ini){
  list(log_r=x$parms[i,1]-0.1,
       logit_b=ifelse(b_fix, logit(b_ini),
        max(min(x$parms[i,2],logit(b_max)-0.2),
        logit(b_min)+0.2)),
       tilde_n0=x$parms[i,3]+0.2,
       log_tilde_q=x$parms[i,4]-0.1,
       log_sigma=x$parms[i,5],
       log_tau=x$parms[i,6],
       log_eta=x$parms[i,7],
       log_q=log(x$q[,i])-0.5,
```

```
      n0=x$n0[,i]+0.5
     )
}
sim2est <- function(Sim_dat,b_max=0.95,b_min=0.05,b_fix=
 FALSE,b_ini=0.8,filename="delury_ss",lo=c(-10,logit(b_min),
 rep(-10,5)),up=c(10,logit(b_max),rep(10,5))){
  Res_sim <- list()
  m <- Sim_dat$m
  last_n <- last(Sim_dat$n)
  maps <- NULL
  if (b_fix) {
    maps$logit_b <- factor(NA)
    lo <- lo[-2]
    up <- up[-2]
  }

  for (i in 1:m){
    if (exp(last_n[i]) > 0){
      dat_sim <- make_dat(Sim_dat,i)
      par_sim <- make_par(Sim_dat,i,b_max,b_min,b_fix,b_ini)
      obj_sim <- MakeADFun(dat_sim, par_sim, map=maps,
       random=c("log_q","n0"), DLL=filename, silent=TRUE)
      mod_sim <- nlminb(obj_sim$par, obj_sim$fn, obj_sim$gr,
       lower=lo, upper=up)
      sdrep_sim <- sdreport(obj_sim)
      Res_sim[[i]] <- list(b_fix=b_fix,b_ini=b_ini,obj=obj_sim,
       mod=mod_sim,sdrep=sdrep_sim)
    } else {
      temp1 <- matrix(0, nrow=4, ncol=2)
      rownames(temp1) <- c("b","N0_new","log_r","q")
      temp1[4,1] <- 0.000001
      colnames(temp1) <- c("Estimate","Std. Error")
      Res_sim[[i]] <- list(b_fix=b_fix,b_ini=b_ini,sdrep=temp1)
    }
```

```
  }
  return(Res_sim)
}
Res_sim <- sim2est(Sim_dat)
```

100 個のシミュレーションデータにモデルを適用してパラメータを推定するので，少々時間がかかる．結果として得られた推定値が真の値の推定値として良いものとなっているかを見るために，MSY の漁獲率 $U_{\mathrm{MSY}} = MSY/N_{\mathrm{MSY}}$（のロジット変換）とデータが有効な期間の翌年（2001 年）の初期個体数 $N_{0,\mathrm{new}}$（の対数値）のバイアスを計算してプロットしてみよう．

```
Bias_plot <- function(res,dat,main="密度効果推定"){
  m <- dat$m
  Umsy_est <- logit(as.numeric(sapply(1:m, function(i)
   summary(res[[i]]$sdrep)[rownames(summary(res[[i]]$sdrep))==
   "Umsy",1])))
  Umsy_true <- logit(as.numeric(dat$Umsy))
  Umsy_bias <- Umsy_est-Umsy_true

  N0_new_est <- log(as.numeric(sapply(1:m, function(i)
   summary(res[[i]]$sdrep)[rownames(summary(res[[i]]$sdrep))==
   "N0_new",1])))
  N0_new_true <- dat$n0_new
  N0_new_bias <- N0_new_est-N0_new_true

  dat_rb <- data.frame(Bias=c(Umsy_bias, N0_new_bias),Type=
   factor(c(rep("Umsy (logit)",m),rep("N0_new (log)",m)),
   levels=c("Umsy (logit)","N0_new (log)")))

  mB <- dat_rb %>% group_by(Type) %>% summarize(mB=mean(Bias))

  p1 <- ggplot(dat_rb, aes(x=Type,y=Bias,fill=Type))+
   geom_boxplot()+theme_bw()+annotate("text", x=c(1,2),
   y=c(3,3), label=c(round(mean(Umsy_bias),2),
```

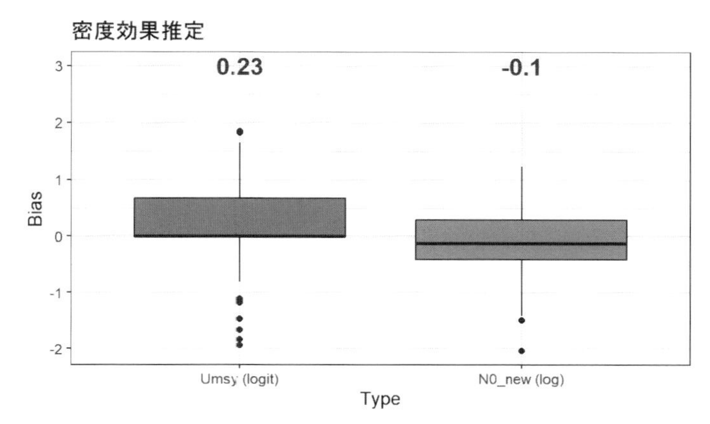

図 8.4 密度効果パラメータを推定した場合の MSY の漁獲率 (U_{MSY}) と新規個体数 ($N_{0,\mathrm{new}}$) の相対バイアス

```
    round(mean(N0_new_bias),2)), color="blue", size=5,
    fontface="bold")+ggtitle(main)+theme(legend.position="none")

  print(p1)
  return(mB$mB)
}
mB <- Bias_plot(Res_sim, Sim_dat)
```

グラフ上部の数字はバイアスの平均値である（図 8.4）．MSY の漁獲率は過大推定，翌年の初期個体数は過小推定となる傾向がある．特に，漁獲率の過大推定が大きく，これは推定された U_{MSY} のほとんどが上限値の 0.95 となっているためである．このことは，そもそも密度効果の推定が困難なことも理由のひとつであろう．0.95 の値はかなり高い値であり，この値を信じて獲っていくとした場合，個体群の大部分を漁獲することになり，もし間違いがあった場合に個体数の保護の観点で影響が大きそうである．そこで，思い切って密度効果の推定をあきらめ，密度効果をあらかじめ決めた値に固定して扱うことを考えよう．密度効果パラメータ b は 0 から 1 までの値をとり，推定結果は 0.9 であった．そこまで低い値であるとも考えられないが，高すぎるのも問題である．そこで，0.8 という値に設定してみよう．

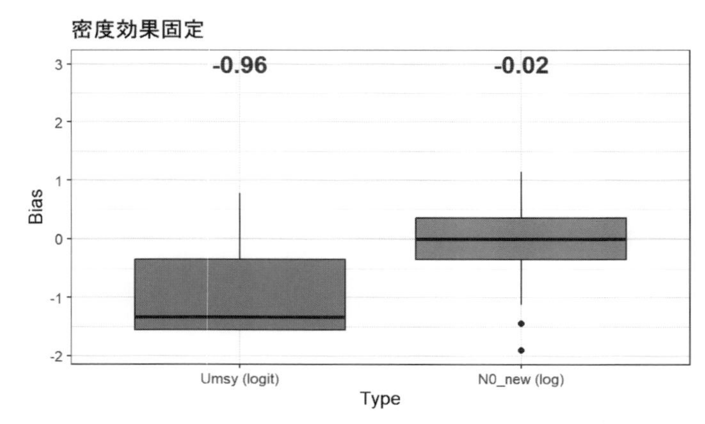

図 8.5 密度効果パラメータを固定した場合の MSY の漁獲率 (U_{MSY}) と新規個体数 ($N_{0,\mathrm{new}}$) の相対バイアス

```
Res_sim1 <- sim2est(Sim_dat, b_fix=TRUE, b_ini=0.8)
mB1 <- Bias_plot(Res_sim1, Sim_dat, main="密度効果固定")
```

この場合，MSY の漁獲率はかなりの過小評価となる（図 8.5）．しかし，個体数の推定バイアスは小さくなっている．その都度推定しないであらかじめ設定した値を与えるというのは，機械学習の超パラメータの取り扱いに似た考え方である．0.8 ではなく，0.7 や 0.9 がいいかもしれず，いろいろな値でシミュレーションを行い，その性能を調べて，最適なものを選ぶことができる．しかし，そうした計算は結構大変なので，ここでは 0.8 の値だけを使用することにする．次節では，密度効果を推定するか，あらかじめ決めた値で固定するかで，将来漁獲していった場合にどのように異なるかを調べてみよう．

8.3 将来予測シミュレーション

前節では，個体群動態データを模倣するシミュレーションデータを作成し，それに個体群モデルをフィットすることで，パラメータを推定するということをやった．そうして推定したパラメータから，最適な漁獲率を計算し，それによる漁獲を将来にわたって続けていった場合に，本当に持続的な管理が可能であろうか，またその漁獲の仕方は持続性の観点で本当に良いものとなっているのだろうか，というようなことが知りたいことである．そのために，将来予測 (future projection) をしていく必要がある．

前節で構築したシミュレーションデータをもとにして，将来予測をしていこう．将来の漁獲率を決めてやらないといけない．個体群モデルによって，最適な漁獲率 $U_{\mathrm{MSY}} = b$ がわかっているので，これで漁獲することを考えよう．ただし，現実には，想定した漁獲率で正確に漁獲していけるわけではない．漁獲率は，漁獲尾数を個体数で割ったもので，個体数は観測できない隠れ変数である．我々が観測できるのは漁獲尾数であるので，漁獲率と個体数の情報から，漁獲尾数を計算して，その漁獲尾数を個体群から間引くことにしよう．実際には漁獲率も個体数もわからないため，データから推定してやらなければならないのであるが，それは後で考えることにして，ここではシミュレーションによって真の値がわかっているので，ひとまずは真の値を使用してみよう．

漁獲率と個体数がわかれば，漁獲尾数が計算できる．漁獲は何週かにわたって行われるので，既存のデータを参考にして，その年に何週間漁獲するかをランダムに生成してから，総漁獲尾数が想定したものになるように，各週の漁獲尾数を決定する．その漁獲尾数を初期個体数から除いていくことにする．漁獲率は最適なものを使用するが，それに調整係数 β を掛けた $\beta \times U_{\mathrm{MSY}}$ を使用した結果も計算しよう．結果，将来の t 年に漁獲される漁獲尾数は $\beta U_{\mathrm{MSY}} N_t$ とする．

まずは少々ややこしいが，将来予測シミュレーションのプログラムを見てみよう．

```
make_sigma <- function(Res){
  m <- length(Res)
  Umsy <- sapply(1:m, function(i) summary(Res[[i]]$sdrep)[
   rownames(summary(Res[[i]]$sdrep))=="Umsy",1])
  sigma_Umsy <- mean(sapply(1:m, function(i) summary(
   Res[[i]]$sdrep)[rownames(summary(Res[[i]]$sdrep))==
   "Umsy",2])/(Umsy*(1-Umsy)),na.rm=TRUE)
  sigma_n0_new <- mean(sapply(1:m, function(i) summary(
   Res[[i]]$sdrep)[rownames(summary(Res[[i]]$sdrep))==
```

```
    "N0_new",2])/sapply(1:m, function(i) summary(
    Res[[i]]$sdrep)[rownames(summary(Res[[i]]$sdrep))==
    "N0_new",1]),na.rm=TRUE)
  c(sigma_Umsy, sigma_n0_new)
}
Future_Sim <- function(Sim_dat, Res_sim, FY=20,
 Strategy="true", beta=1.0, scale_tau=1, max_u=0.95,
 min_u=0.05, bias=c(0,0), seed0=1){
  set.seed(seed0)
  m <- Sim_dat$m
  parms <- Sim_dat$parms

  log_r <- parms[,"log_r"]
  if (colnames(parms)[2]=="logit_b") b <-
   1/(1+exp(-parms[,2])) else b <- exp(parms[,2])

  Umsy <- Sim_dat$Umsy
  sigma <- exp(parms[,"log_sigma"])

  period <- sample(as.numeric(table(Sim_dat$YEAR)),
   FY,replace=TRUE)

  U <- surv <- Cat <- matrix(NA, nrow=sum(period), ncol=m)

  sigmas <- make_sigma(Res_sim)
  Umsy_fixed <- Res_sim[[1]]$b_fix
  Umsy_ini <- as.numeric(Res_sim[[1]]$b_ini)

  eps <- matrix(rnorm(FY*m,0,sigma),nrow=FY,ncol=m,
   byrow=TRUE)

  cp <- c(0,cumsum(period))

  for (j in 1:FY){
```

```
if (Strategy=="true"){
  U0 <- pmin(as.numeric(ifelse(exp(last(Sim_dat$n)) >
   0, beta*pmax(pmin(Umsy,max_u),min_u), 0.00001)),1)
  Tcat <- U0*as.numeric(ifelse(exp(last(Sim_dat$n)) >
   0, exp(Sim_dat$n0_new), 0))
}
if (Strategy=="est"){
  if (Umsy_fixed) U0 <- pmax(pmin(beta*Umsy_ini,max_u),
   min_u) else U0 <- pmin(as.numeric(ifelse(exp(last(
   Sim_dat$n)) > 0, pmax(pmin(beta*ilogit(rnorm(m,
   logit(Umsy)+bias[1],sigmas[1])),max_u),min_u),
    0.00001)),1)
  N0_new_est <- as.numeric(ifelse(exp(last(Sim_dat$n)) >
   0,exp(rnorm(m,Sim_dat$n0_new+bias[2],sigmas[2])),0))
  Tcat <- U0*N0_new_est
}
nr <- cp[j+1]-cp[j]
U[(cp[j]+1):cp[j+1],] <- matrix(1-(1-U0)^(1/period[j]),
 nrow=nr,ncol=m,byrow=TRUE)
surv[(cp[j]+1):cp[j+1],] <- (1-U[(cp[j]+1):cp[j+1],])^(
 0:(period[j]-1))
US <- U[(cp[j]+1):cp[j+1],]*surv[(cp[j]+1):cp[j+1],]

cats <- sapply(1:m, function(i) rmultinom(1,round(
 Tcat[i]),US[,i]))
Cat[(cp[j]+1):cp[j+1],] <- cats
ccats <- rbind(0,apply(cats,2,cumsum))

real_N0 <- matrix(exp(Sim_dat$n0_new),nrow=nr+1,ncol=m,
 byrow=TRUE)
real_N <- real_N0-ccats
real_N[real_N < 0] <- 0
real_Catch <- ifelse(ccats[2:(nr+1),] > real_N0[2:(nr+1),],
 real_N[1:nr,], cats)
```

```
    n0_new <- pop_update(cbind(log_r,b), log(real_N[nr+1,]),
     eps[j,])

    tau <- exp(parms[,"log_tau"])
    eta <- exp(parms[,"log_eta"])
    z <- matrix(rnorm(nr*m), nrow=nr, ncol=m)
    z2 <- rnorm(m)
    log_cpue <- matrix(NA, nrow=nr, ncol=m)
    log_q <- log(last(Sim_dat$q))+eta*z2

    for (i in 1:nr){
      log_cpue[i,] <- log_q+log(real_N[i,])+scale_tau*tau*z[i,]
    }

    Sim_dat$YEAR <- c(Sim_dat$YEAR, rep(last(Sim_dat$YEAR)+1,
     nr))
    Sim_dat$START <- c(Sim_dat$START, c(1,rep(0,nr-1)))
    Sim_dat$END <- c(Sim_dat$END, c(rep(0,nr-1),1))
    Sim_dat$n0 <- rbind(Sim_dat$n0, Sim_dat$n0_new)
    Sim_dat$n_last <- rbind(Sim_dat$n_last, log(real_N[nr+1,]))
    Sim_dat$n0_new <- n0_new
    Sim_dat$n <- rbind(Sim_dat$n, log(real_N[1:nr,]))
    Sim_dat$u <- rbind(Sim_dat$u, real_Catch/real_N[1:nr,])
    Sim_dat$cpue <- rbind(Sim_dat$cpue, exp(log_cpue))
    Sim_dat$catch <- rbind(Sim_dat$catch, real_Catch)
    Sim_dat$q <- rbind(Sim_dat$q, exp(log_q))
  }

  Sim_dat$tcat <- sapply(1:m,
   function(i) tapply(Sim_dat$catch[,i], Sim_dat$YEAR, sum))
  Sim_dat$bias <- bias
  Sim_dat$sigmas <- sigmas
```

```
  return(Sim_dat)
}
```

このプログラムを使って将来予測を行ってみよう．長期的な結果を見るために，100 年先までのシミュレーションを行う．100 年後の漁獲尾数と個体数がどのようになっているかを確認しよう．100 年後の漁獲尾数も個体数も多いほうが良いだろう．だが，どのぐらい多ければ良いのだろうか．基準となる数字がいる．真の増加率や密度効果が与えられたときの理論的に得られる MSY や N_{MSY} を基準としてやろう．それより大きな値が得られれば良いし，小さいとしてもできるだけ近い値になっているのが良いだろう．

シミュレーションでは 100 個の値が得られるので，100 個の平均値を比較する．真の最適漁獲率 $U_{\mathrm{MSY}} = b$ と真の個体数を使用するので，`Strategy ="true"`とする．また，前節で見たように個体群の絶滅確率も計算しよう．たくさん獲れたとしても，個体群がなくなってしまっては元も子もない．絶滅確率はなるべく低く抑えたい．

```
b_true <- ilogit(Sim_dat$parms[,"logit_b"])
log_r_true <- Sim_dat$parms[,"log_r"]
Neq_true <- exp((log_r_true+(1-b_true)*log(1-b_true))/b_true)
Base_Stat <- data.frame(
  MSY=b_true*Neq_true,
  Nmsy=Neq_true
)
Res_Fut_Sim <- list()
beta_range <- seq(0.1,1.2,by=0.1)
Sim_Stat <- NULL
for (i in 1:length(beta_range)){
  Res_Fut_Sim[[i]] <- Future_Sim(Sim_dat, Res_sim,
   Strategy="true", beta=beta_range[i], FY=100)
  sim_stat <- data.frame(beta=beta_range[i],
   Catch=as.numeric(last(Res_Fut_Sim[[i]]$tcat)),
   N=as.numeric(last(exp(Res_Fut_Sim[[i]]$n0))))
  sim_stat <- sim_stat %>% mutate(RC=Catch/Base_Stat$MSY,
```

```
    RN=N/Base_Stat$Nmsy)
   Sim_Stat <- rbind(Sim_Stat,sim_stat)
   }
 ( Table_1 <- Sim_Stat %>% group_by(beta) %>% summarize(mRC=
  mean(RC), mRN=mean(RN), pE=mean(RN==0)) )
```

```
# A tibble: 12 × 4
    beta   mRC   mRN    pE
   <dbl> <dbl> <dbl> <dbl>
 1   0.1 0.142 1.43   0
 2   0.2 0.280 1.41   0
 3   0.3 0.415 1.40   0
 4   0.4 0.546 1.38   0
 5   0.5 0.671 1.36   0
 6   0.6 0.792 1.33   0
 7   0.7 0.904 1.30   0
 8   0.8 1.01  1.27   0
 9   0.9 1.09  1.23   0
10   1   1.15  1.16   0
11   1.1 0.382 0.347  0.64
12   1.2 0.192 0.160  0.77
```

最適な漁獲率 U_{MSY} で漁獲した結果（上の表で beta=1.0 のとき），個体数は N_{MSY} とほぼ等しく，漁獲割合も U_{MSY} にほぼ等しくなった（どちらもおよそ真値+15%）．この例では，U_{MSY} が 1 に近いため，最適漁獲率を少し上回ると，個体数が減少し，結果として漁獲量が少なくなる．絶滅確率も受け入れられないほど高いものになっており，beta が 1 以下であれば，個体数が 0 になることはないが，beta が 1 より大きくなると個体数が 0 になってしまう確率が急激に上昇することが見てとれる．一方，最適漁獲率より低い漁獲率であっても，漁獲量が大きく減少することはなさそうであり，最適漁獲率の 60% 程度であっても漁獲量はそれほど減らない．これは，漁獲率を減らした分，個体数が増加し，個体数増加の補償のほうが大きいためである．高い漁獲率にする場合，それより少し上回ると個体群へかなりの悪影響があることを考えると，最適な漁獲率のおよそ7–8割程度で漁獲を続けることは，よりメリットがあるものと考えられる．

しかし，この結果は，真の最適漁獲率と真の個体数を知っているという前提に基づいたものである．現実には，真の最適漁獲率も真の個体数も知ることはできない．我々が知ることができるのは，CPUEと漁獲尾数の時系列である．そこで，それらの時系列から個体数や密度効果を推定し，その値を使って漁獲可能な漁獲尾数を推定し，それを個体群から間引くことにする．この場合，将来の t 年に漁獲される漁獲尾数は $\beta\hat{U}_{\mathrm{MSY}}\hat{N}_t$ とする．漁獲率も個体数も推定値であり，正確な値ではない．将来予測シミュレーションデータに対して，毎度，状態空間モデルをフィットしてパラメータ推定を行えば良いのだが，その計算負荷は大きい．また，毎回計算すると，収束の問題などが生じ，調整が難しいところである．そこでパラメータ推定を毎度行うことを回避して，近似的な計算を行うことにする．推定値であることを再現するために，真の最適漁獲率と真の個体数に推定誤差を加味して，変動させよう．この推定誤差の大きさは，状態空間デルーリーモデルで推定された値を参考にする．さらに，モデルから得られる推定値の使用によって生じるバイアスとして，前節で計算されたバイアスを使用しよう．

```
Res_Fut_Sim1_0 <- list()
Sim_Stat1_0 <- NULL
for (i in 1:length(beta_range)){
  Res_Fut_Sim1_0[[i]] <- Future_Sim(Sim_dat, Res_sim, Strategy=
   "est", beta=beta_range[i], bias=mB, FY=100)
  sim_stat1_0 <- data.frame(beta=beta_range[i], Catch=
   as.numeric(last(Res_Fut_Sim1_0[[i]]$tcat)),
   N=as.numeric(last(exp(Res_Fut_Sim1_0[[i]]$n0))))
  sim_stat1_0 <- sim_stat1_0 %>% mutate(RC=Catch/
   Base_Stat$MSY, RN=N/Base_Stat$Nmsy)
  Sim_Stat1_0 <- rbind(Sim_Stat1_0,sim_stat1_0)
  }
( Table_2 <- Sim_Stat1_0 %>% group_by(beta) %>%
 summarize(mRC=mean(RC), mRN=mean(RN), pE=mean(RN==0)) )
```

```
# A tibble: 12 × 4
    beta     mRC     mRN    pE
   <dbl>   <dbl>   <dbl> <dbl>
 1   0.1 0.123   1.43     0
 2   0.2 0.245   1.42     0
 3   0.3 0.382   1.40     0
 4   0.4 0.484   1.38     0
 5   0.5 0.586   1.37     0
 6   0.6 0.731   1.33     0.01
 7   0.7 0.703   1.15     0.15
 8   0.8 0.156   0.256    0.76
 9   0.9 0.00342 0.00310  0.99
10   1   0       0        1
11   1.1 0       0        1
12   1.2 0       0        1
```

真の値がわかっている場合に比して，推定誤差があって真値からのずれがある場合には，その推定値を真値と思って漁獲を続けると管理に失敗することになる．正しい値を使用していたときには，最適な漁獲率を使用していれば（`beta=1` のとき），個体数が 0 になることはなかったが，推定した U_{MSY} を真値だと思って漁獲を続けていくと 100% 絶滅に至る．推定に不確実性があるためである．しかし，上の表を見ると，MSY の漁獲率の 6–7 割程度で漁獲していけば，MSY の 7 割弱の漁獲量を得ることができる．そのとき，個体数は N_{MSY} の 1.2–1.3 倍ほどになる．個体群が崩壊する確率は，`beta=0.6` にすれば，1% とかなり低く抑えられる．`beta` が 0.8 以上の場合には，個体群の崩壊率が高く，そのような漁獲方式を受け入れるのは難しいだろう．漁獲率や個体数に推定誤差があるときには，推定した最適漁獲率の 6–7 割程度を漁獲すれば良いという結論が得られた．

資源保護が重要である，とだけ言われても，なぜなのか理由がなければなかなか納得がいかない．そこに資源があるなら，やっちゃえやっちゃえ，と思っちゃうだろう．保護しろ，と言われたって，どの程度保護すればいいのさ？保護してなんの得があるのさ？となるかもしれない．しかし，上の結果が提示されれば，どうだろう．不確実性が大きい場合には，たくさん獲りすぎれば，資源が崩壊するリスクが大きくなる．そして，長期的には漁獲量としても損をする．しかし，6–7 割程度の漁獲率を維持すれば，資源崩壊のリスクを小さく抑え（持続性を担保しながら），長期的には最大に近い漁獲量を得ることができる．ならば，ある程度保護をしながら，漁獲を行っていくのが良いと考えられないだろうか．

それでも，たくさんのイカをめいっぱい獲りたいんだ，というなら，そのとき，そうするメリットを，そのめいっぱい獲りたいんだという人が説明しなければならない．少し保護するのがいいか，そうしないほうがいいのか，上で与えられた情報も考えて，どのような行動が良いのかを決定することができる．実際に正しい選択がされるかどうかはわからないが，少なくとも，正しい意思決定をするための情報が得られたわけである（これがなければ，不確実性があるのだから，少し保護して獲ればいいという結論に合意するのが難しいであろう．なぜなら，少し保護するって言われても，どんだけ？となって，結局結論にいたらない，となりがちだからである）．

この結果は，密度効果 b を推定したことも影響している．密度効果は過大評価される傾向がある．そうならば，いっそのこと密度効果推定をあきらめて，それらしい値で固定して扱うという手もあるだろう．密度効果のパラメータ b を 0.8 に固定した場合，結果は次のようになる．

```
Res_Fut_Sim1_1 <- list()
Sim_Stat1_1 <- NULL
for (i in 1:length(beta_range)){
  Res_Fut_Sim1_1[[i]] <- Future_Sim(Sim_dat, Res_sim1,
   Strategy="est", beta=beta_range[i], bias=mB1, FY=100)
  sim_stat1_1 <- data.frame(beta=beta_range[i],
   Catch=as.numeric(last(Res_Fut_Sim1_1[[i]]$tcat)),
   N=as.numeric(last(exp(Res_Fut_Sim1_1[[i]]$n0))))
  sim_stat1_1 <- sim_stat1_1 %>% mutate(RC=Catch/
   Base_Stat$MSY, RN=N/Base_Stat$Nmsy)
  Sim_Stat1_1 <- rbind(Sim_Stat1_1,sim_stat1_1)
  }
( Table_3 <- Sim_Stat1_1 %>% group_by(beta) %>%
 summarize(mRC=mean(RC), mRN=mean(RN), pE=mean(RN==0)) )
```

```
# A tibble: 12 × 4
    beta    mRC    mRN    pE
   <dbl>  <dbl>  <dbl> <dbl>
 1   0.1 0.132  1.43    0
 2   0.2 0.248  1.41    0
 3   0.3 0.365  1.40    0
 4   0.4 0.489  1.38    0
 5   0.5 0.599  1.36    0
 6   0.6 0.704  1.33    0
 7   0.7 0.770  1.21    0.06
 8   0.8 0.706  0.974   0.25
 9   0.9 0.0717 0.0950  0.93
10   1   0      0       1
11   1.1 0      0       1
12   1.2 0      0       1
```

この場合も，MSY の漁獲率の 6–7 割に対応する漁獲が良いとなるが，漁獲できる量はこちらのほうが大きい．7 割の漁獲で，MSY の 77% が得られ，なおかつ絶滅確率も 6% とかなり低く抑えられる．その場合の，漁獲尾数と個体数の将来の変化をプロットしてみよう．

```
years <- unique(delury$Year)
i <- 7
mcat <- apply(Res_Fut_Sim1_1[[i]]$tcat,1,median)
lcat <- apply(Res_Fut_Sim1_1[[i]]$tcat, 1, quantile,
 prob=0.025)
ucat <- apply(Res_Fut_Sim1_1[[i]]$tcat, 1, quantile,
 prob=0.975)
mN0 <- rowMeans(exp(Res_Fut_Sim1_1[[i]]$n0))

dat_f1 <- data.frame(Year=c(years, last(years)+1:100),
 mcat=mcat, mN0=mN0, lcat=lcat, ucat=ucat)

ggplot(dat_f1, aes(x=Year, y=mcat))+geom_ribbon(aes(ymin=lcat,
 ymax=ucat),alpha=0.2) + labs(y="Catch / Population Size") +
```

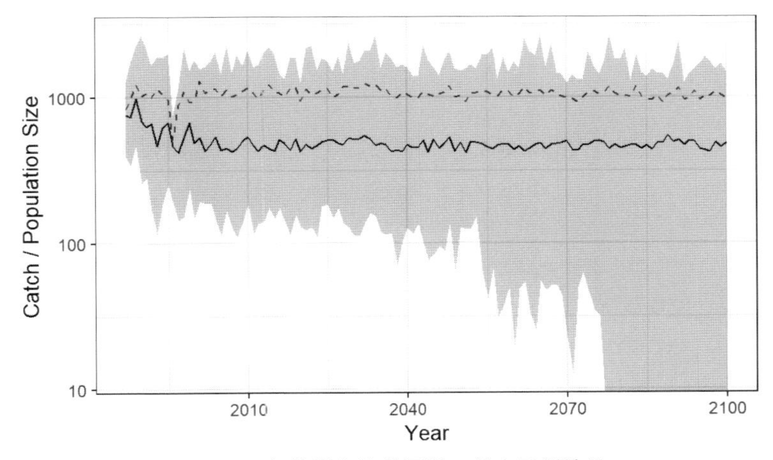

図 **8.6** 個体数と漁獲尾数の将来予測結果

```
geom_line() + geom_line(aes(x=Year, y=mN0), col="blue",
linetype="dashed") + scale_y_log10() + theme_bw()
```

青破線は個体数の平均値，黒実線は漁獲尾数の中央値で，灰色の網は漁獲尾数の 95% 予測区間である（図 8.6）．最初の頃の漁獲は少し過剰であったが，近年の漁獲量は最適な漁獲量の中央値に近く，推定された最適漁獲率の 7 割を漁獲するという戦略を続けていけば，個体群を維持しながら持続的に利用していけそうである．だが，これで十分だろうか．もう少し考えてみよう．

8.4 不確実性に対する頑健性の評価

お前，行くんだね．行ってしまうのだね．
おっかさん．ごめんなさい．おっかさんの期待に沿えなくてごめんなさい．不確かな未来を選んでいるってわかっているの．だけど，これがあたしのやりたいことなの．だから，行くの．
いいんだよ．謝ることはないさ．お前が選んだ道なんだもの．それでいいんだよ．やりたいようにおやり．お前ならできるさ．きっとできるさ．
さよなら．さよなら．振り返れば，じっと立ってこちらを見ていた．もう会えないんだね．さよなら．角を曲がったら見えなくなった．さよなら．きっとやるよ．きっとやるよ．

前節で将来予測が行えるようになった．推定の不確実性がある場合，最適漁獲率の6-7割程度で漁獲していけば，個体群を持続的に利用することができそうであった．しかし，前節のシミュレーションでは，正しい個体群モデルを使ってデータを発生しており，その個体群モデルが正しいということを我々が知っていると仮定していることになる．現実には，個体群モデルがどんなものなのかは不明であり，正しいものを用いているかどうかはわからない．本節では，様々な不確実性を扱えるようにシミュレーションモデルを拡張することを考えよう．

ここでは，重要な不確実性の要因の一例として，再生産関係（初期個体数の変化のモデル）の不確実性を考えよう．第7章では，最終的に，初期個体数のモデルとして，

$$N_{y+1,0} = rN_{y,\mathrm{end}}^{1-b} \times e^{\varepsilon_t}$$

というモデルを考えた．しかし，真のモデルはその前に考えたフォックスモデル

$$N_{y+1,0} = rN_{y,\mathrm{end}}\left(1 - \frac{\log N_{y,\mathrm{end}}}{\log b}\right) \times e^{\varepsilon_t}$$

に従うと仮定してみよう．このようなフォックスモデルを仮定したとき，

$$U_{\mathrm{MSY}} = \frac{r}{r + \log(b)},$$
$$N_{\mathrm{MSY}} = \frac{b}{1 - U_{\mathrm{MSY}}} \exp\left[-\frac{\log(b)}{r(1 - U_{\mathrm{MSY}})}\right]$$

などが得られる（前章と同様に，平衡状態個体数 N_{eq} を求めて，$d(UN_{\mathrm{eq}})/dU = 0$ として，U_{MSY} を求める）．この場合の b は，環境収容量に対応し，$b > 0$ であるので，パラメータは $\mathrm{logit}(b)$ ではなく，$\log(b)$ としよう．初期平衡状態時の分散はフォックスモデルが非線形モデルであることにより計算が難しいので，$\log(1 - x) \approx -x$ で近似して求める．もとのプログラム delury_ss.cpp を読み込んで，フォックスモデルに変更するのに必要な部分を書き換え，書き換えたプログラムを delury_ss2.cpp としよう．

```
prog  <- readLines("delury_ss.cpp")
prog[21] <- "  PARAMETER(log_b);"
prog[32] <- "  Type b = exp(log_b);"
prog[77] <- "  nll += -dnorm(n0(0),tilde_n0,log_b*sigma,true);"
prog[79] <- "    nll += -dnorm(n0(i),log_r+n_last(i-1)+
 log(Type(1.0)-n_last(i-1)/log_b),sigma,true);"
prog[83] <- "  Type Umsy = r/(r+log_b);"
prog[84] <- "  Type N_eq = b/(1-Umsy)*exp(-log_b/
 (r*(1-Umsy)));"
prog[86] <- "  Type N0_new = exp(log_r+n_last(Y-1)+
 log(Type(1.0)-n_last(Y-1)/log_b));"
writeLines(prog, con = "delury_ss2.cpp")
```

書き換えたプログラムをコンパイルする.

```
library(TMB)
compile("delury_ss2.cpp")
dyn.load(dynlib("delury_ss2"))
```

無事にコンパイルできたので，今度はデータとパラメータの初期値を与える．パラメータの初期値のいくつかは，delury_ss によってすでに推定された結果を使うことにする.

```
dat_ss2 <- dat_ss
par_ss2 <- list(
  log_r=log(4),
  log_b=log(3000),
  tilde_n0=mean(par_ss$n0)+0.5,
  log_tilde_q=mean(par_ss$log_q)-0.5,
  log_sigma=sdrep$par.fixed["log_sigma"],
  log_tau=sdrep$par.fixed["log_tau"],
  log_eta=sdrep$par.fixed["log_eta"],
  log_q=par_ss$log_q-0.5,
```

```
  n0=par_ss$n0+0.5
)
obj2 <- MakeADFun(dat_ss2, par_ss2, random=c("log_q",
 "n0"), DLL="delury_ss2", silent=TRUE)
mod_ss2 <- nlminb(obj2$par, obj2$fn, obj2$gr)
sdrep2 <- sdreport(obj2)
```

幸い，うまく収束した．これらの推定パラメータを使って，フォックスモデルを基本としたシミュレーションデータを作成してみよう．

```
pop_update <- function(p,x,eps) p[,1]+x+log(1-pmin(pmax(x,
 -1e6)/log(p[,2]),0.999))+eps
transform_b <- function(pars, b_max, b_min){
  log_b <- ifelse(pars$log_b < log(b_min), log(b_min),
   ifelse(pars$log_b > log(b_max), log(b_max), pars$log_b))
  return(log_b)
}
make_b <- function(x) exp(x)
make_Umsy <- function(x,y) exp(x)/(exp(x)+log(y))
Sim_dat2 <- Simulated_data(dat_ss, sdrep2, b_max=exp(6.7),
 b_min=exp(5.7), b_type="log_b")
```

このシミュレーションデータに前節と同様に，（真のモデル（=シミュレーションデータの生成モデル）とは異なる）もとの対数線形モデルを適用して MSY などを推定する．そのようにして，モデルが間違っているときの影響を評価することができる．前節と同じく，密度効果を推定する場合と，密度効果を 0.8 に固定した場合の 2 通りを検討する．

```
Res_sim2_0 <- sim2est(Sim_dat2)
Res_sim2_1 <- sim2est(Sim_dat2, b_fix=TRUE, b_ini=0.8)
mB2 <- Bias_plot(Res_sim2_0, Sim_dat2)
mB3 <- Bias_plot(Res_sim2_1, Sim_dat2, main="密度効果固定")
```

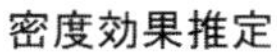

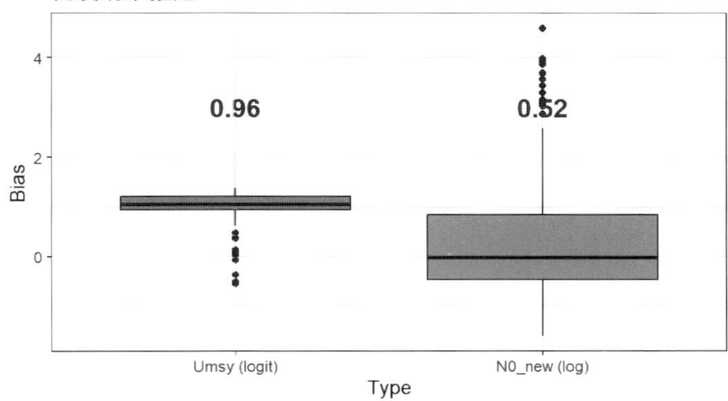

図 8.7 真のモデルと推定モデルが異なる場合で，密度効果を推定した場合の MSY の漁獲率 (U_{MSY}) と新規個体数 ($N_{0,\mathrm{new}}$) の相対バイアス

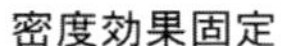

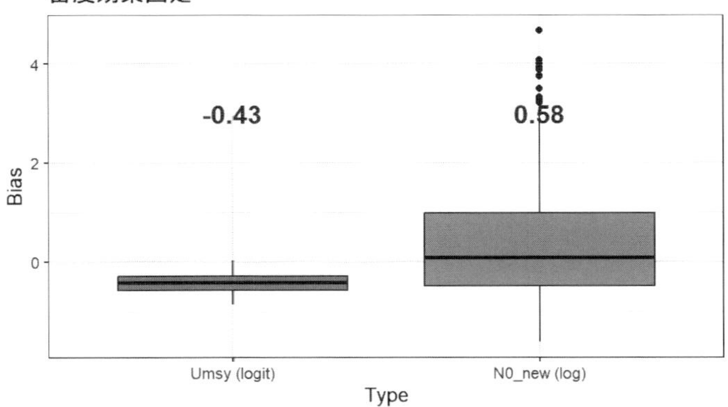

図 8.8 真のモデルと推定モデルが異なる場合で，密度効果を固定した場合の MSY の漁獲率 (U_{MSY}) と新規個体数 ($N_{0,\mathrm{new}}$) の相対バイアス

密度効果を推定した場合は，MSY の漁獲率と翌年の個体数の両方を過大推定する傾向がある（図 8.7）．一方，密度効果を固定した場合は，MSY の漁獲率は過小評価となり，個体数推定値は密度効果を推定した場合とよく似たレベルの過大評価となった（図 8.8）．それぞれの場合に将来の漁獲尾数と個体数がどうなるかを見てみよう．

最初に密度効果を推定した場合の結果を示す．

```
b_true <- exp(Sim_dat2$parms[,"log_b"])
log_r_true <- Sim_dat2$parms[,"log_r"]
Umsy_true <-  exp(log_r_true)/(exp(log_r_true)+log(b_true))
Neq_true <- b_true/(1-Umsy_true)*exp(-log(b_true)/
 (exp(log_r_true)*(1-Umsy_true)))
Base_Stat2 <- data.frame(
  MSY=Umsy_true*Neq_true,
  Nmsy=Neq_true
)
Res_Fut_Sim2_0 <- list()
Sim_Stat2_0 <- NULL
for (i in 1:length(beta_range)){
  Res_Fut_Sim2_0[[i]] <- Future_Sim(Sim_dat2, Res_sim2_0,
   Strategy="est", beta=beta_range[i], bias=mB2, FY=100)
  sim_stat2_0 <- data.frame(beta=beta_range[i],
   Catch=as.numeric(last(Res_Fut_Sim2_0[[i]]$tcat)),
   N=as.numeric(last(exp(Res_Fut_Sim2_0[[i]]$n0))))
  sim_stat2_0 <- sim_stat2_0 %>% mutate(RC=Catch/
   Base_Stat2$MSY, RN=N/Base_Stat2$Nmsy)
  Sim_Stat2_0 <- rbind(Sim_Stat2_0,sim_stat2_0)
  }
( Table_3 <- Sim_Stat2_0 %>% group_by(beta) %>%
 summarize(mRC=mean(RC), mRN=mean(RN), pE=mean(RN==0)) )
```

```
# A tibble: 12 × 4
   beta     mRC    mRN    pE
  <dbl>   <dbl>  <dbl> <dbl>
1   0.1 0.0826  0.478   0
2   0.2 0.216   0.599   0
3   0.3 0.211   0.392   0.24
4   0.4 0.00639 0.0116  0.99
5   0.5 0       0       1
6   0.6 0       0       1
```

```
 7    0.7 0       0       1
 8    0.8 0       0       1
 9    0.9 0       0       1
10    1   0       0       1
11    1.1 0       0       1
12    1.2 0       0       1
```

ほとんどの場合，個体群を絶滅に追いやってしまう．beta=0.3 のとき，漁獲を持続してはいるが，MSY の 21% 程度の漁獲になってしまう．しかも，絶滅確率が 24% ほどであり，十分に低く抑えられているとは言い難い．密度効果を固定した場合はどうであろうか．

```
Res_Fut_Sim2_1 <- list()
Sim_Stat2_1 <- NULL
for (i in 1:length(beta_range)){
  Res_Fut_Sim2_1[[i]] <- Future_Sim(Sim_dat2, Res_sim2_1,
   Strategy="est", beta=beta_range[i], bias=mB3, FY=100)
  sim_stat2_1 <- data.frame(beta=beta_range[i],
   Catch=as.numeric(last(Res_Fut_Sim2_1[[i]]$tcat)),
   N=as.numeric(last(exp(Res_Fut_Sim2_1[[i]]$n0))))
  sim_stat2_1 <- sim_stat2_1 %>% mutate(RC=Catch/
   Base_Stat2$MSY, RN=N/Base_Stat2$Nmsy)
  Sim_Stat2_1 <- rbind(Sim_Stat2_1, sim_stat2_1)
  }
( Table_4 <- Sim_Stat2_1 %>% group_by(beta) %>%
 summarize(mRC=mean(RC), mRN=mean(RN), pE=mean(RN==0)) )
```

```
# A tibble: 12 × 4
   beta    mRC   mRN    pE
  <dbl>  <dbl> <dbl> <dbl>
1   0.1 0.0876 0.462  0
2   0.2 0.165  0.488  0
3   0.3 0.269  0.529  0.03
4   0.4 0.0810 0.123  0.83
```

```
 5   0.5 0      0      1
 6   0.6 0      0      1
 7   0.7 0      0      1
 8   0.8 0      0      1
 9   0.9 0      0      1
10   1   0      0      1
11   1.1 0      0      1
12   1.2 0      0      1
```

この場合にも，beta=0.3のときに最大の漁獲尾数となった．平均的な漁獲尾数は，密度効果を推定した場合よりも少し高くなっている（MSYの27%）．絶滅確率は3% 程度となり，24% と比較するとかなり低くなった．シミュレーションに使用する個体群モデルと推定個体群モデルが同じときは，beta=0.3としたとき，MSYの4割程度の漁獲尾数となるのだった．つまり，個体群モデルの不確実性に頑健であろうとする場合，漁獲尾数を犠牲にして保護的な戦略をとる必要があると考えられる．

しかし，この結果は，推定個体群モデルを限定し，漁獲戦略も $\beta \times U_{\mathrm{MSY}}$ というシンプルな戦略のみを考えているので，推定法の工夫や漁獲戦略の工夫により，上記ほど漁獲尾数を犠牲にすることなく，絶滅確率を低く抑えた漁獲を実現することが可能になるかもしれない．そのあたりのことは読者の宿題として残すことにしよう．

ここでは，個体群モデルの不確実性の影響を見たが，その他の様々な不確実性（観測誤差やプロセス誤差がもっと大きい場合とか，個体数推定により大きいバイアスがある場合，漁獲戦略が正しく実行されない場合，など）の影響をシミュレーションによって調べることができる．それらの不確実性が現実にあり得るものであるならば，そうした不確実性に頑健な漁獲戦略が好ましいということになるだろう．

8.5 管理戦略評価

第7章で個体群評価のための統計モデルについて見た．そこで，持続的な漁獲量の考えについて議論したが，最大増加率や密度効果のような個体群モデルのパラメータにしろ，それらから得られる最大持続生産量 (MSY) にしろ，それはデータから得られた推定値であり，不確実性を伴うものである．それらはサンプルするデータが異なっていれば，異なる結果となる．さらに，どのような個体群モデルを仮定してパラメータを推定するかで，MSY やそれに伴うパラメータ（U_{MSY} や N_{MSY}）はまた大きく異なるものとなり得る．それ故，ひとつの結果をもとに，その値で漁獲していけば持続的な漁獲を達成できるとは限らない．個体群評価に付随する不確実性は大きく，持続的な漁獲を行っているつもりで，実際は非持続的な漁獲となっていたということになりかねない．ベストな評価結果を求めるだけでは，問題の解決とはならないのである．むしろ，どのような不確実性があるのかを正しく判断し，そのような不確実性のもとでも持続的に漁獲が可能な“不確実性に頑健な”漁獲戦略を求める必要がある．

第 8 章 2–4 節では，パタゴニアヤリイカの個体群評価結果に基づいてシミュレーションデータを作成し，そのシミュレーションデータに対して，どのような漁獲を行えば持続的な漁獲となり得るのかを調べた．個体群モデルパラメータの正確な値がわかっているときは理論通りにうまくいくが，パラメータをデータから推定して最適漁獲割合を決めるというような（現実的な）状況では，最適な漁獲割合は最適とはならず個体群を危険にさらしてしまう可能性が高いものとなった．パラメータ推定に伴う不確実性下で持続的な漁獲が可能となる漁獲手法は，推定された最適漁獲率の 70% ほどを漁獲する漁獲手法であった．さらに，密度効果の推定は不安定性が高く，密度効果の推定を行わず，一定の低めの値に固定したもので扱うという戦略は，70% 程度を漁獲すべきという結果は同じであるものの，より高い漁獲尾数が得られ，絶滅確率もより小さいものとなり，より頑健性が高いものになっていた．

そのような結果は，シミュレーションデータ発生の個体群動態モデルと推定のための個体群動態モデルが同じ場合に得られたものである．実際には，シミュレーションデータ発生のための個体群モデルが推定モデルと同じであるとは限らない．そこで，シミュレーションデータ発生のための個体群モデルを異なるモデルとした場合の漁獲戦略への影響をシミュレーションで調べた．その結果，70% では個体群を絶滅させてしまう危険があり，最適漁獲率の 30% まで漁獲を減らすべきであるという結果が得られた．この場合にも，密度効果を推定せず，0.8 の固定値を使用したほうが高い漁獲量と低い絶滅確率を達成できることがわかった．

もちろん現実に起こり得る不確実性はこれだけではない．シミュレーションモデルの中でCPUEは個体数に比例しているということが仮定されているが，実際にはCPUEと個体数は非線形の関係となっている場合がある．たとえば，大西洋のタラ資源では，個体数が減ると魚が集中分布をする傾向が増し，そのような集中した魚を漁船が目ざとく見つけて漁獲するために，個体数の減少に応じてCPUEが下がらないというhyperstabilityと呼ばれる現象が起こっていたと考えられている．これは，大西洋のタラ漁業が崩壊した原因のひとつであると目されている．そのような不確実性に対して，頑健な漁獲戦略はどういうものであろうか．

これについても，そのようなシミュレーションデータを用意し，そのようなデータに対して推定モデルを適用することにより，良い漁獲戦略を探索することができる．推定モデルは，CPUEが個体数に比例すると仮定する場合もあるであろうし，非線形の関係を仮定する場合もあるだろう．密度効果を推定する場合と推定しない場合で見たように，推定したほうが良いという場合もあるし，推定しないでなんらかの値を仮定したほうが良いという場合もあるだろう．いずれにしろ，様々な不確実性があり，その不確実性を取り扱うシミュレーションによって，そのような不確実性のもとでどのような漁獲戦略が良いものなのかを調べることが可能である．このように現実を模倣した様々な不確実性を考慮したシミュレーションモデルによって，良い漁獲戦略（管理戦略）を選ぶというやり方を管理戦略評価(management strategy evaluation, MSE)という（我が国の漁業資源に対して行われた管理戦略評価については，岡村(2023)を読まれたし）．

野生生物の評価において不確実性があることは必然的なことであり，不確実性が大きい場合，より慎重な（保護的な）管理を行う必要がある．しかし，その大きな不確実性は，しばしば意見の対立につながる．たとえば，MSYなどはどのようなモデルを仮定するかで変わるものであるし，個体群は環境の変化などで大きく影響を受けるのだから，そのようなものを使って管理することはできないという意見がよく見られる．その結果，MSYによる管理はやめて，現状維持でやっていこうということになる．その現状維持がMSYによる漁獲よりはるかに高いものであっても，である．現状維持を訴える人たちの合理性としては，そのような信用できない不確実な根拠をもとに，少なくとも今うまくいっている漁業を控えるなどということは良くない，ということになるであろう.

しかし，漁業の崩壊はゆっくりと徐々に起こるのではない．それは多くの場合，突然やってくるのである．それまで獲れていた魚が，ある年にほとんどまったく獲れなくなり，その後漁獲をやめたとしても，個体群は回復してこないという多くの前例がある．もちろん上のシミュレーションで見たように，なんらかのモデルを仮定してデータから推定した MSY にあたる漁獲率で漁獲することが真に持続的であるわけではない．大きな不確実性があることを考えれば，それは非持続的であり，個体群を危険にさらす可能性がある．上記シミュレーションでは，MSY に対応する最適漁獲率で漁獲するのではなく，最適漁獲率の 30–70% の漁獲率で漁獲することで，個体群の絶滅や漁業崩壊リスクを低く抑えることができるという結果となった．このように，現実的に起こりえる不確実性のもとで，どのような漁獲戦略をとるのが良いのかという問いに対して，拡張的なシミュレーションが答えを与えてくれる．

管理戦略評価は一般に次のように進められる．1）管理目標（個体群の絶滅リスクをできるだけ小さくする，（長期的な）平均漁獲量の最大化を行う，漁獲可能量の変動を小さく抑える，など）の設定とそれらの優先順位付け，2）管理目標の数値化・数量化（たとえば，絶滅リスクを小さくする，というのは，100 年後の個体数がある閾値を下回る確率を 5% 以下とする，など），3）個体群動態と現実に起こりえる様々な不確実性を模すことができるシミュレーションモデルの構築，4）比較する漁獲戦略の選出，5）広範囲の現実的な不確実性を考慮したシミュレーションモデルに基づく漁獲戦略の性能評価，6）その評価に基づく各漁獲戦略の性能評価とランキング（性能評価とランキングは最初に決めた管理目標とその数値化した基準で決定される），7）管理目標に合う（バランスのとれた，不確実性に頑健な）漁獲戦略の採択．このようにして，選ばれた漁獲戦略は，その性能や将来のリスクについて定量化されており，複数の候補のうちで管理目標を全体として最も良く満たすものとなっている．

複数の（対立する）管理目標に対するトレードオフが数字で明らかになるので，それに基づく意思決定がしやすくなる．たとえば，近い将来の漁獲量は非常に多いが，資源崩壊のリスクが極端に高い漁獲戦略はあらかじめはじかれることになるだろうし，その逆に漁獲量を大きく減らして資源保護を確実にするような漁獲戦略は，漁獲量が安定せず，特に新しい漁獲戦略の導入直後にすぐに禁漁になってしまうということで漁業推進派からの反対により採用されないことになるだろう．不確実性に対する頑健さ，リスク確率，管理目標の達成度，という形で漁獲戦略の性能が明確に評価されるため，漁獲戦略の採択は合理的な判断に基づきやすくなるのである．

管理戦略評価は，大きな不確実性のもとで持続的に利用する方法を教えてくれる重要な手法である．大規模なシミュレーション評価を必要とすることから，コンピュータを利用した現代的な統計計算技術がふんだんに利用されることになる．管理戦略評価をもってして，不確実性が大きくてなにもわからないのだから，このままなにもしないで現状維持で行きましょう，という『言い訳』は通用しなくなる．大きな不確実性のもとで，現状維持で行く危険性が明らかにされるので，それが他の漁獲戦略より良いという根拠なしに，それをいつまでも採用していくことは難しくなるだろう．とはいえ，管理戦略評価によって，すべての問題が解決されるというわけではない．管理戦略評価を行い，それを受け入れるためには，かなりの専門知識が必要とされる．また，そのような新しい管理のあり方を受け入れる環境が整備される必要もあるだろう．様々な管理目標・価値観をもった人たちが参加する中で，どのように折り合いをつけていくのか，コミュニケーションを円滑に進めるための中立的な人（たち）の役割が重要になる場面もあるだろう．しかし，まだまだ課題はあるとはいえ，難しい状況において持続的利用を行っていく技術をもっているという事実は喜ばしく，ひとつの希望ではあるだろう．

8.6 統計学と個体群生態学

固い決心で女は座っていた．男は女を見つめながら，困ったことになったと思っていた．
「俺はあんたといっしょにはなれないんだ．俺は靴職人だ．俺にはやりたいことがある．作りたいものがある．そんなとき俺はおかしくなっちまって，あんたのことを忘れっちまうのさ．だからあんたを寂しく悲しい気持ちにさせるだろう．それは申し訳ない．だから，だから，わかってくれ」
女はしばらく無言だった．だが意を決したように懐に手を入れるとおずおずとなにかを差し出した．
「なんだい，それは」

男はそれを手にとって，はっと息を飲む.
「こ，これはお前さんが作ったのかい？　こ，これは，これは見事なものだ」
女が取り出したものは，靴下だった．だが，ただの靴下ではない．それは作品だった．優れた職人のみが作りえる作品だった．そして，その靴下をはくことによって，男の靴は完成する，完全なる調和がそこにはあった.
「あたしもそうなんです．職人なんです．あたしの靴下にはあんたの靴がいるんです．そして，あなたの靴にはあたしの靴下がきっとすっぽり収まるんです」
男は目を閉じて，黙っていた．女のなみなみならぬ決意を前に，男も心を決めなければならなかった.

データがある．だが，そのデータは，いつでもそれに内在する真実を即座に語ってくれるわけではない．真実の姿にノイズが加わって，そのノイズは真実をすっぽりと覆いこんでしまう．データは，まるでそんなことは知らないわ，といった顔をしている．しかし，我々が知りたいのは真実の姿である．データがもつノイズを取り除いて，真実の姿を明らかにする必要がある．なぜ明らかにする必要があるのだろうか．それは知りたいからである．真実がなんなのかを知りたい．そして知ることはきっと楽しいに違いないからだ．だが知ってしまったあとは，そのことはもう楽しくなくなるだろう．知りたかったことを知ってしまったら，知りたいことはもうないのだから．だが幸いなことに，他の知りたいことがまだまだいくらでもある．知りたいことを内に秘めたデータはそこかしこにいくらでもあるのだ.

この本では，個体群生態学にまつわる話を見てきた．我々は個体群についての秘密を知りたかった．たとえば，「海の中の大きなクジラはいったい何頭いるのだろうか？」たとえば，「このまま森の中を歩いていけば，一体何羽のイスカに出会うのだろうか？」たとえば，「サイガという大きな鼻をもった牛のような鹿のような動物は，このままどんどん少なくなってこの世界からいなくなってしまうのだろうか？」たとえば，「パタゴニアヤリイカは毎年どのように変化するのだろうか，そしてそのように変化するヤリイカをできるだけたくさんずっと獲り続ける方法はどんなやり方なんだろうか？」そのような問いに対する答えを知るために，我々はデータを利用する．だが，データを見ているだけでは，その答えは得られない．データを解析して，それがもつ真実に迫っていかなければならない．

データがもつ真実に近づくための方法が統計的データ解析法である．第1章から第5章までを使って，様々なデータ解析手法を見てきた．これらはたくさんのデータ解析手法のほんの一部であり，データによって，問題によって，この本では紹介されなかった方法を必要とすることになるであろう．もしかしたら，どの本でも紹介されていない方法が必要になる場合もあるかもしれない．そのようなとき，読者は自分自身でそのような方法を見つけ出す必要があるかもしれない．しかし，心配はご無用である．なぜなら，そこに至るまでの道はもうほとんどできあがっているのだから．読者に必要なのは，ほんの一歩か二歩を踏み出すことだけなのだ．

個体群生態学と統計学は異なる学問である．しかし，それらが手をとりあって進んでいくことは，真に持続的に発展していく社会を構築するために必要なことになるだろう．この本の読者の皆さんは，きっとそのような発展に力をそそがれることだろう．個体群生態学と統計学と読者であるあなたが手をとりあって進んでいくときに，この本がひとつの道標としてあなたたちの役に立つならば，きっとボクは嬉しくて，ケラケラと笑うだろう．あなたはそれを見て，また歩きだす．責任を果たすために．あなたが知りたかったことを知り，会いたかった人に会うために．そして物語は続いていく．

「あんたの想い，しかと受けとった．俺の靴はあんたの靴下があってより良くなるだろう．あんたの靴下は俺の靴にぴったりあって，履く人を幸福にするだろう．今度は，俺がお願いする番だよ．一緒に歩んでくれないか．一緒に夢を見てはくれないか」
「よろしくお願いします．あなたの靴に負けない靴下を作ってみせるわ」
男は女の手をとって強く握った．涙がこぼれ落ちる．ふたりとも黙ったまま時が過ぎていく．やがて男の口が開く．
「修羅の道ぞ」
しかし，男の声は柔和で，まるで笑っているかのようだった．女は男をじっとみつめ，静かに頷いた．
月明かり．静寂が夜を包む．

＜了＞

Template Model Builder (TMB) の簡単なガイド

本書では，R のパッケージ TMB を使用する．TMB は，Template Model Builder の頭文字であり，最適化を行う目的関数を記述した C++のプログラムコードを自動微分して，目的関数の微分に対応する R の関数（目的関数の勾配関数）を作ってくれるパッケージである．プログラムコードは C++言語で書かれているので，事前にコンパイルする必要がある．パラメータの中にランダム効果がある場合，そのパラメータがランダム効果であるとあらかじめ指定することにより，ランダム効果を積分した尤度をラプラス近似することで周辺尤度を近似的に評価することが可能になる．その際には，ランダム効果の推定と固定効果の推定を交互に繰り返すため，ランダム効果推定は内部に組み込まれた最適化によって行われる．この計算法は，状態空間モデルのような複雑なモデルに対してかなりの計算高速化をもたらしてくれるので重宝されている．以下では，TMB のインストールの仕方，基本的なコードの書き方，諸注意などについて簡単に述べよう．

A.1 インストール

TMB は R のパッケージであり，R で install package(s)... を選ぶことにより，インストールできる．ミラーサイトとしては，Japan (Yonezawa) を選ぶのが良いだろう．ミラーサイト選択後に出てくるパッケージのリストの中に，TMB があるので，それを選択してインストールしよう．また，`install.packages("TMB")` と直接打ち込んでも良い．OS として Windows を使用している場合，Rtools という R 上で C 言語や C++言語の使用を支援してくれるソフトを別に入れておく必要がある．Rtools をインストールしたあとで，どこからでも TMB が利用可能になるようにパスを通すための設定をする必要がある．設定の仕方については，

https://cran.r-project.org/bin/windows/Rtools/rtools40.html

を参照のこと．

インストールしたら，簡単なプログラムを走らせてみよう．正規分布の平均を推定するプログラムを書いてみる．正規分布は，平均と標準偏差の 2 つのパラメータをもつが，ここでは標準偏差は外から与えて，平均だけを推定するものとする．

```
sink("norm.cpp")
cat("
// Normal distribution

#include <TMB.hpp>
#include <iostream>

template<class Type>
Type objective_function<Type>::operator() ()
{
  // DATA //
  DATA_VECTOR(x);
  DATA_SCALAR(SD);

  // PARAMETER //
   PARAMETER(m);

  // Main
  int N = x.size();
  Type nll = 0.0;
```

```
  for (int i=0;i<N;i++) nll -= dnorm(x(i), m, SD, true);

  return nll;
}
", fill=TRUE)
sink()
```

プログラムをコンパイルしよう．

```
library(TMB)
compile("norm.cpp")
dyn.load(dynlib("norm"))
```

最後に，“[1] 0” と表示されたら，コンパイル成功である．プログラムにバグがあるときには，エラーメッセージがいくつか出たあとに，“Error in compile("norm.cpp") : Compilation failed” と表示されるだろう．その場合には，なんらかのバグがあるので，コードを修正して実行し直そう．

プログラムを実行するときには，データとパラメータをリスト形式で作成する．今の場合，データは x と SD，推定したいパラメータは m のひとつである．データ x は，平均 3，標準偏差 1 の正規分布からランダムに 5 個のデータを発生させて作る．m の最尤推定値は，生成されたデータの平均値で 3.13 となるはずである．m の初期値は 0 として計算してみよう．

```
set.seed(1)
dat <- list(x=rnorm(5,3),SD=1)
pars <- list(m=0)
obj <- MakeADFun(dat, pars, DLL="norm", silent=TRUE)
mod <- nlminb(obj$par, obj$fn, obj$gr)
mod$par
```

```
      m
3.12927
```

2 回の繰り返しで収束し，正しい推定値 3.13 が得られた．

ここで，TMB の関数は MakeADFun であり，この関数によって自動微分を実行している．MakeADFun は，データとパラメータの引数をもち，DLL はコンパイルした関数の名前である．silent=TRUE とすると計算の経過が表示されなくなる（デフォルトは silent=FALSE なので，計算経過が表示される）．ランダム効果がある場合には，random="z" などで指定することにより，パラメータ z はランダム効果として扱われる．そうした例はあとで見ることにしよう．MakeADFun は，C++で書いた目的関数を求めるコードを R のコードにし，パラメータによる微分（勾配）の関数も与えてくれる．最適化には R に組み込まれている最適化関数を使用する．R の最適化関数は，一般に，パラメータの偏微分である勾配 (gradient) を与えることができるようになっているが，そこに MakeADFun で得られた勾配の関数を与えることで，高速な計算が可能となる．R でよく使われる最適化関数は，nlm，optim，nlminb など複数あるのだが，nlminb がパラメータの探索範囲の制約の設定なども容易で，計算速度が速いこともあり，使用されることが多い．

MakeADFun で作成された勾配の関数が，きちんと勾配を計算できているかどうか見てみよう．

```
f <- function(m) -sum(dnorm(dat$x,m,1,log=TRUE))
ff <- function(m,d=0.000001) (f(m+d)-f(m-d))/(2*d)     # 数値微分
( res0 <- sapply(seq(-2,5), ff) )
( res1 <- sapply(seq(-2,5), function(x) obj$gr(x)) )
```

```
[1] -25.6463495 -20.6463495 -15.6463495 -10.6463495  -5.6463495  -0.6463495
[7]   4.3536505   9.3536505
[1] -25.6463495 -20.6463495 -15.6463495 -10.6463495  -5.6463495  -0.6463495
[7]   4.3536505   9.3536505
```

obj の中の gr という関数は，きちんと勾配を与える関数になっていることが確認できた．

A.2 TMB コードの書き方

TMB によるコードの書き方について簡単に説明する．上記のように，

```
Type objective_function::operator() ()
{
...
}
```

とある中にコードを書いていくことになる．コードは，最初にデータ，次にパラメータ，そして計算する目的関数と続くことになる．

データは推定対象とはならない固定値であり，データがどのような形式のものかを指定する必要がある．上の例では，データ x は実数値のベクトルなので，DATA_VECTOR であると指定されており，SD はひとつの値の実数値であるから DATA_SCALAR と指定されている．第 7 章の状態空間モデルのコードで見たように，整数を扱うときには DATA_INTEGER（スカラーの場合）や DATA_IVECTOR（ベクトルの場合）を使用する．データが行列形式の場合は DATA_MATRIX を，さらに高次元（3 次元以上）のデータを扱う場合は DATA_ARRAY を使用する．その他，様々なデータの型がある．詳細は，

https://kaskr.github.io/adcomp/group__macros.html

を見られたし．

次にパラメータを指定する必要がある．パラメータは，それがスカラーであれば，単に PARAMETER(変数名) として設定する．ランダム効果などは，パラメータがベクトルや行列になるので，PARAMETER_VECTOR や PARAMETER_MATRIX，PARAMETER_ARRAY を使用することになる．

データとパラメータを設定したら，その後に目的関数を計算するためのプログラムコードを書くことになる．最初は，通常，必要なパラメータの設定や変換を行うコードを書く．たとえば，パラメータが増加率の対数値 log_r であれば，第 7 章にあったように，

```
Type r = exp(log_r);
```

とする．実数変数は Type，整数変数は int と型を指定する．ベクトルのときは，vector<Type>とする．プログラム中で，ベクトルを指定するときは，ベクトルのサイズを規定する必要があるので，第 7 章にあるように，q の要素数が Y であれば

```
vector<Type> q(Y);
```

と書く．データやパラメータの読み込み時にはサイズを指定する必要はないが，プログラム中で矛盾が生じる場合（データのサイズよりパラメータのサイズが多い．読み込んだパラメータの初期値より大きなサイズのパラメータを指定する，など），エラーが出ることになり，悪いときにはプログラムがクラッシュして R の再起動が必要になる場合があるので，変数のサイズには注意が必要である．matrix<Type>，array<Type>もあるので，状況に応じて適宜使い分けしよう．

最小化したい目的関数の値の入れ物を

```
Type nll = 0.0;
```

と設定する．nll は negative log likelihood の頭文字であるが，どのような名前にしても良い．この場合は，標準偏差を一定値 SD として，平均値を推定するので，サンプルサイズの分だけ正規分布の負の対数尤度を nll に足していく（=対数尤度を引いていく）．

```
for (int i=0;i < N;i++) nll -= dnorm(x(i), m, SD, true);
```

C++では，変数の要素の最初の番号は 0 からである．R は 1 からなので，変数の数などでエラーとなりやすいところであり，注意が必要なところである．dnorm の最後の true は対数値ですよ，ということを示している．最後に，

```
return nll;
```

として目的関数の値を戻す.

A.3 ランダム効果がある場合のコード

今度はランダム効果を含むコードを実装してみよう.

```
sink("norm_r.cpp")
cat("
// Normal distribution with random effects

#include <TMB.hpp>
#include <iostream>

template<class Type>
Type objective_function<Type>::operator() ()
{
  // DATA //
  DATA_VECTOR(x);
  DATA_IVECTOR(ID);
  DATA_SCALAR(RE);

  // PARAMETER //
    PARAMETER(m);
    PARAMETER(log_sigma);
    PARAMETER(log_tau);
    PARAMETER_VECTOR(z);

  // Main
  int N = x.size();
  int M = z.size();
  Type sigma = exp(log_sigma);
  Type tau = exp(log_tau);
  Type nll = 0.0;
```

```
  for (int j=0;j<M;j++)
    nll -= RE*dnorm(z(j), Type(0.0), tau, true);
  for (int i=0;i<N;i++)
    nll -= dnorm(x(i), m+z(ID(i)), sigma, true);

  REPORT(sigma);
  ADREPORT(tau);

  return nll;
}
", fill=TRUE)
sink()
```

さっきと似たようなモデルであるが，データは`x`，`ID`，`RE`の3つとなっている．`ID`は0から4までの5水準で，それぞれの場合に平均に差（ランダム効果）をもたらすことになる．全体の平均は3である．`RE`は，ランダム効果の尤度をありにするかなしにするかをコントロールするためのもので後で使用する．データに付随する測定誤差の標準偏差`sigma`とランダム効果の変動に関する誤差の標準偏差`tau`の2つを推定する必要がある．2つの誤差はパラメータとしては対数値をとったもの`log_sigma`，`log_tau`としているので，プログラム内で通常のスケールに変換している．こうすることで，もとのパラメータは実数の範囲内 $(-\infty \sim \infty)$ を自由に動けるようになる．このような変換はよく行われる．最尤推定量の不変性により，最尤推定値としての特徴は保存されるが，不偏性などは非線形変換によって保存されない性質であるので注意が必要である．ランダム効果の不偏性については第7章でも見た．尤度は，`z`に関するものと`x`に関するものの2つで構成される．最適化の際には，`z`は積分消去されることになるのであるが，積分をラプラス近似で行うことになる．`nll`を return する前に，

```
REPORT(sigma);
```

```
ADREPORT(tau);
```

というコードが加えられている．これは，**sigma** をレポートしますよ，**tau** を誤差も含めてレポートしますよ，という命令である．アウトプットの見方については，後で解説することにして，まずはコンパイルしよう．

```
library(TMB)
compile("norm_r.cpp")
dyn.load(dynlib("norm_r"))
```

しばらくの待ち時間の後，[1] 0 と出ればコンパイル成功である．プログラムを実行する．

```
set.seed(1)
tau <- 0.4
z <- rnorm(5,0,tau)
ID <- rep(1:5,2)
x <- 3+z[ID]+rnorm(10,0,0.2)
dat <- list(x=x, ID=ID-1, RE=1)
pars <- list(m=0, log_sigma=log(0.2), log_tau=log(0.3),
 z=rep(0,5))
obj <- MakeADFun(dat, pars, random="z", DLL="norm_r",
 silent=TRUE)
mod <- nlminb(obj$par, obj$fn, obj$gr)
sdrep <- sdreport(obj)
mod$par
```

```
       m log_sigma   log_tau
3.069034 -1.340317 -1.521646
```

全体の期待値は 3 であるので，その推定はうまくいっている．真の **sigma** は 0.2，**tau** は 0.4 となっているが，推定結果では $\hat{\sigma} = \exp(-1.34) = 0.26$, $\hat{\tau} = \exp(-1.52) = 0.22$ となっており，特に **tau** が過小評価になっている．

REPORT と **ADREPORT** の違いを見てみよう．**REPORT** はパラメータの推定値をレポートするものであり，**obj** の中に作られる．**obj$report()** とすれば，レポートするように指定された変数が記載されている．sigma のように，パラメータを変換したものなどを表示するのに便利である．ADREPORT は，パラメータの標準誤差も表示したいときに使用される．標準誤差の計算はデルタ法のような近似計算を必要とするので，sdreport という関数で必要な追加の計算を行う．summary(sdrep) などで sdreport を実行した結果の詳細を見ることができる．その他，第 7 章で見たように，分散共分散行列の取り出しやランダム効果の非線形変換を含む変数のバイアス補正などもできるが，詳しい使い方は ?sdreport で確認して欲しい．

```
obj$report()
summary(sdrep)
```

```
$sigma
[1] 0.2617627

             Estimate Std. Error
m          3.06903381  0.1280137
log_sigma -1.34031691  0.3162277
log_tau   -1.52164616  0.5890534
z         -0.14575123  0.1850912
z          0.05362052  0.1633133
z         -0.22785006  0.2166305
z          0.23576931  0.2201031
z          0.08421149  0.1685614
tau        0.21835215  0.1286211
```

summary の結果は，summary(sdrep, select=c("random")) など，select の中を変えることにより，アウトプットされる情報を制限することができる (デフォルトは "all"．"fixed", "random", "report" に変えることができるので，お試しあれ)．

上でランダム効果を含むモデルを実行したが，ランダム効果をランダム効果でなくしたらどうなるだろうか？ というような計算をすることも可能である．計算するには，tau を固定する必要がある．さらに，ランダム効果の尤度

をなしにするため，データの中の RE を 0 とする．その場合，

```
dat$RE <- 0
pars <- list(m=0, log_sigma=log(0.2), log_tau=log(0.00001),
 z=rep(0,5))
maps <- list(log_tau=factor(NA))
obj1 <- MakeADFun(dat, pars, map=maps, DLL="norm_r",
 silent=TRUE)
mod1 <- nlminb(obj1$par, obj1$fn, obj1$gr)
sdrep1 <- sdreport(obj1)
plot(dat$x,pch=15,ylab="x")
points(mod$par[1]+rep(summary(sdrep)[rownames(summary
 (sdrep))=="z",1],2),col="red",pch=16)
points(mod1$par[1]+rep(mod1$par[3:7],2),col="green",pch=17)
legend("topleft",c("観測値","ランダム効果モデル",
 "ランダム効果なしモデル"),pch=15:17,col=c("black","red",
 "green"),cex=0.9)
```

という結果になる（図 A.1）．ランダム効果モデルでは，tau が過小評価されているので，少しばらつきが小さくなっているが，全体的な傾向はとらえている感じである．

tau と z を固定するために，MakeADFun の引数 map に log_tau は推定しませんよ，という情報を与えている．このようなやり方で，必要な場合は，パラメータを初期値で制約することが可能である．また，たくさんのパラメータがある場合，一部を固定して推定してから，結果となるパラメータを初期値として，先ほどは固定したパラメータも含めてあらためて全部のパラメータを推定するというやり方をする場合もある（いくつかのパラメータを固定して収束させてから，あらためてそれらを初期値として再実行する際は，推定結果のパラメータのリストを objenvparList(mod$par) として取り出して初期値とすればよい）．そうすることによってパラメータ推定を安定化させることが可能であり，また，推定が難しい（または不可能な）パラメータを特定するためにも役に立つ．

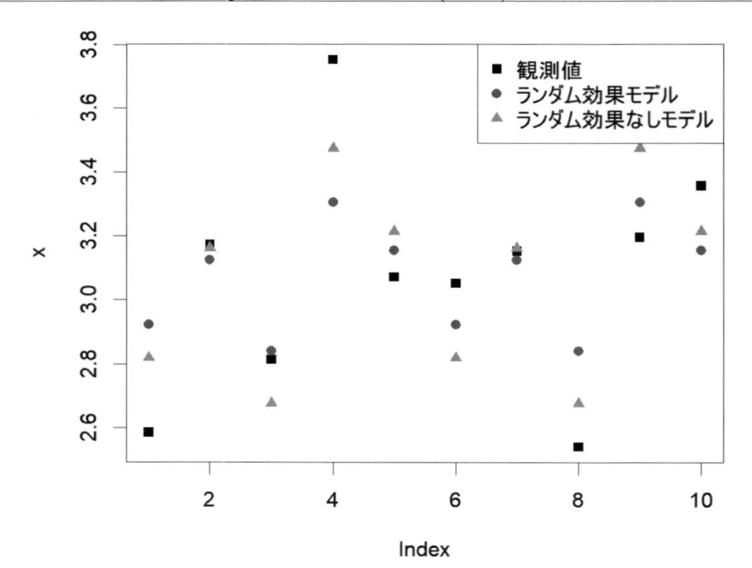

図 **A.1** ランダム効果あるなしのモデル結果の比較

TMB の使い方の詳細については,

`https://kaskr.github.io/adcomp/index.html`

`https://kaskr.github.io/adcomp/_book/Introduction.html`

のようなページを参考にされることをお薦めする.

参考文献

[1] 麻生 英樹・津田 宏治・村田 昇. 2003. パターン認識と学習の統計学 –新しい概念と手法–. 岩波書店.

[2] 岡村 寛. 2023. 水産資源の持続的利用をめざして：最大持続生産量と計量生物学. 計量生物学 43 (2): 189–230.

[3] 川野 秀一・松井 秀俊・廣瀬 慧. 2018. スパース推定法による統計モデリング. 共立出版.

[4] 佐伯 胖. 1995.「わかる」ということの意味（新版）. 岩波書店.

[5] サン=テグジュペリ（内藤 濯訳） 星の王子さま. 岩波少年文庫.

[6] 竹村 彰通. 2020. 現代数理統計学（新装改訂版）. 学術図書出版社.

[7] トーベ・ヤンソン（山室 静訳）2011. ムーミン谷の冬. 講談社.

[8] 藤澤 洋徳. 2006. 確率と統計. 朝倉書店.

[9] 増田 俊也. 2013. 七帝柔道記. 角川書店.

[10] Buckland, S. T., Anderson, D. R., Burnham, K. P., Laake, J. L., Borchers, D. L. and Thomas, L. 2001. Introduction to Distance Sampling: Estimating Abundance of Biological Populations. Oxford University Press.

[11] Burnham, K. P. and Anderson, D. R. 2002. Model Selection and Inference: A Practical Information-Theoretic Approach, Second Edition. Springer.

[12] Casella, G. and Berger, R. L. 2024. Statistical Inference (Second Edition). Chapman & Hall.

[13] Efron, B., and Hastie, T. 2016. Computer Age Statistical Inference: Algorithms, Evidence, and Data Science. Cambridge University Press.（訳書：藤澤 洋徳・井出 剛（監訳）2020. 大規模計算時代の統計推論 [原理と発展]. 共立出版）

[14] Hastie, T., Tibshirani, R., and Friedman, J. 2009. The Elements of Statistical Learning – Data Mining, Inference, and Prediction –. Second Edition. Springer.（訳書：杉山 将・井出 剛・神嶌 敏弘・栗田 多喜男・前田 英作（監訳）2014. 統計的学習の基礎–データマイニング・推論・予測–. 共立出版）

[15] Hilborn, R. and Hilborn, U. 2012. Overfishing: What Everyone Needs to Know. Oxford University Press.（訳書：市野川 桃子・岡村 寛（訳）2015. 乱獲：漁業資源の今とこれから. 東海大学出版部）

[16] James, G., Witten, D., Hastie, T., Tibshirani, R. 2013. An Introduction to Statistical Learning: With Applications in R. Springer. (訳書：落海 浩・首藤 信通（訳）2018. R による統計的学習入門. 朝倉書店）

[17] Kanamori, Y., Takasuka, A., Nishijima, S., and Okamura, H. 2019. Climate change shifts the spawning ground northward and extends the spawning period of chub mackerel in the western North Pacific. Marine Ecology Progress Series 624: 155–166.

[18] Mayhew, P. J. 2006. Discovering Evolutionary Ecology: Bringing Together Ecology and Evolution. Oxford University Press. (訳書：江副 日出夫・高倉 耕一・巖 圭介・石原 道博（訳）. 2009. これからの進化生態学 – 生態学と進化学の融合 –. 共立出版）

[19] McAllister, M. K., Hill, S. L., Agnew. D. J., Kirkwood, G. P. and Beddington, J. R. 2004. A Bayesian hierarchical formulation of the De Lury stock assessment model for abundance estimation of Falkland Islands' squid (*Loligo gahi*). Canadian Journal of Fisheries and Aquatic Sciences 61: 1048–1059.

[20] McElreath, R. 2020. Statistical Rethinking – A Bayesian Course with Examples in R and Stan – Second Edition. CRC Press.

[21] Milner-Gulland, E. J. 1994. A population model for the management of the saiga antelope. Journal of Animal Ecology 31(1): 25–39.

[22] Okamura, H., Yamashita, Y. and Ichinokawa, M. 2017. Ridge virtual population analysis to reduce the instability of fishing mortalities in the terminal year. ICES Journal of Marine Science, 74: 2427–2436.

[23] Pawitan, Y. 2001. In All Likelihood: Statistical Modelling and Inference Using Likelihood. Oxford University Press.

[24] Royle, J. A. and Nichols, J. D. 2003. Estimating abundance from repeated presence-absence data or point counts. Ecology 84(3): 777–790.

[25] Thorson, J. and Kristensen, K. 2016. Implementing a generic method for bias correction in statistical models using random effects, with spatial and population dynamics examples. Fisheries Research 175: 66–74.

索　引

【英数字】

【ア行】

【カ行】

【サ行】

【マ行】

【ヤ行】

【ラ行】

Memorandum

Memorandum

Memorandum

Memorandum

〈著者紹介〉

岡村　寛（おかむら ひろし）

最終学歴　2003 年　東京大学大学院農学生命科学研究科 博士（農学）
主な経歴　1995 年　水産庁 遠洋水産研究所 外洋資源部 小型鯨類研究室 研究員，
　　　　　2012 年　独立行政法人 水産総合研究センター 中央水産研究所
　　　　　　　　　資源管理研究センター 資源管理グループ グループ長，
　　　　　2021 年　国立研究開発法人 水産研究・教育機構 水産資源研究所
　　　　　　　　　主幹研究員
　　　　　などを経て
現　　在　横浜市立大学 データサイエンス学部 データサイエンス学科 教授
専　　門　生物統計学，水産資源学
受　　賞　計量生物学会奨励賞（2009 年），若手農林水産研究者表彰（2009 年），
　　　　　日本水産学会水産学進歩賞（2017 年）
主　　著　『乱獲：漁業資源の今とこれから』，共訳，東海大学出版部，2015.

R で学ぶ個体群生態学と統計モデリング

Population Ecology and Statistical Modeling Using R and TMB

2025 年 4 月 25 日　初版 1 刷発行

著　者　岡村　寛　© 2025
発行者　南條光章
発行所　**共立出版株式会社**
〒112-0006
東京都文京区小日向 4-6-19
電話番号　03-3947-2511（代表）
振替口座　00110-2-57035
www.kyoritsu-pub.co.jp

印　刷　大日本法令印刷
製　本　加藤製本

一般社団法人
自然科学書協会
会員

検印廃止
NDC 468, 461.9, 417, 663.6, 460

ISBN 978-4-320-05845-3

Printed in Japan